Wege zur Anpassung an den Klimawandel

Hendrik Biebeler / Hubertus Bardt / Esther Chrischilles /
Mahammad Mahammadzadeh / Jennifer Striebeck (Hrsg.)

Wege zur Anpassung an den Klimawandel

Regionale Netzwerke, Strategien und Maßnahmen

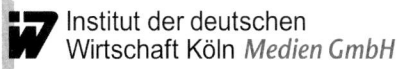
Institut der deutschen
Wirtschaft Köln *Medien GmbH*

Bibliografische Information der Deutschen Nationalbibliothek.
Die Deutsche Nationalbibliothek verzeichnet diese Publikation in der Deutschen Nationalbibliografie. Detaillierte bibliografische Daten sind im Internet über http://www.dnb.de abrufbar.

ISBN 978-3-602-14932-2 (Druckausgabe)
ISBN 978-3-602-45550-8 (E-Book|PDF)

Gefördert durch das Bundesministerium für Bildung und Forschung.

Redaktion/Lektorat: Dr. Hendrik Biebeler, Dr. Benjamin Scharnagel;
Astrid Leber, Marion Schneider
Grafik: Dorothe Harren, Gundula Seraphin
Umschlagfoto: dpa/picture alliance

© 2014 Institut der deutschen Wirtschaft Köln Medien GmbH
Postfach 10 18 63, 50458 Köln
Konrad-Adenauer-Ufer 21, 50668 Köln
Telefon: 0221 4981-452
Fax: 0221 4981-445
iwmedien@iwkoeln.de
www.iwmedien.de

Druck: Warlich Druck Meckenheim GmbH, Meckenheim

Inhalt

Einführung: Klimawandel als Aufgabe annehmen
Hubertus Bardt   7

1   **Anpassungsbedarf und Anpassungsmaßnahmen regionaler Akteure in Deutschland**
Hubertus Bardt / Hendrik Biebeler / Esther Chrischilles / Mahammad Mahammadzadeh / Jennifer Striebeck   9

2   **Service für Anpassungsprojekte**
Elke Keup-Thiel / Steffen Bender / Markus Groth / Barbara Hennemuth / Susanne Schuck-Zöller   29

3   ***dynaklim*** **– Dynamische Anpassung der Emscher-Lippe-Region (Ruhrgebiet) an die Auswirkungen des Klimawandels**
Jens U. Hasse / Friedrich-Wilhelm Bolle / Michael Denneborg / Susanne Frank / Wilhelm Kuttler / Joachim Liesenfeld / Rainer Lucas / Oliver Lühr / Wolf Merkel / Johannes Pinnekamp / Ekkehard Pfeiffer / Markus Quirmbach / Jürgen Schultze / Michael Kersting / Renatus Widmann   43

4   **INKA BB – Innovationsnetzwerk Klimaanpassung Brandenburg Berlin**
Verena Toussaint / Monika Meiser / Wolfgang Scherfke / Stefan Kaden / Uta Steinhardt / Heike Dickhut / Runa Zeppenfeld / Katharina Scherber / Melissa Jehn / Marcel Langner / Wilfried Endlicher / Christian Witt / Andrea Knierim   67

5   **KLIMZUG-NORD – Klimaanpassung in der Metropolregion Hamburg. Beispiele für inter- und transdisziplinäre Forschung in Modellgebieten**
Jürgen Becker / Tobias Keienburg / Anne Kittel / Jörg Knieling / Nancy Kretschmann / Elke Kruse / Imke Mersch / Edgar Nehlsen / Johannes Prüter / Brigitte Urban / Thomas Zimmermann   85

6   **KLIMZUG-Nordhessen – Umsetzungsergebnisse in den Handlungsfeldern Landwirtschaft, Raumklima, Gesundheit und Verkehr**
Alexander Roßnagel   105

7   **nordwest2050 – Mit der Roadmap of Change zu einer klimaangepassten und resilienten Metropole Bremen-Oldenburg im Nordwesten**
Marion Akamp / Manfred Born / Thomas Blöthe / Klaus Fichter / Heiko Garrelts / Kevin Grecksch / Stefan Gößling-Resiemann / Torsten Grothmann / Ralph Hintemann / Karsten Hurrelmann / André Karczmarzyk / Nana Karlstetter / Matthias Kirk / Marcel Kupczyk / Andreas Lieberum / Michael Mesterharm / Joachim Nibbe / Winfried Osthorst / Reinhard Pfriem / Hedda Schattke / Tina Schneider / Bastian Schuchardt / Bernd Siebenhüner / Martina Stagge / Sönke Stührmann / Arnim von Gleich / Jakob Wachsmuth / Ines Weller / Maik Winges / Stefan Wittig   123

8   **RADOST – Regionale Anpassungsstrategien für die deutsche Ostseeküste**
Daniel Blobel / Norman Dreier / Sandra Enderwitz / Christian Filies / Peter Fröhle / Inga Haller / Claudia Heidecke / Jesko Hirschfeld / Judith Mahnkopf / Gerald Schernewski / Christian Schlamkow / Rieke Scholz / André Schröder / Andrea Wagner   147

9   **REGKLAM – ein integriertes regionales Klimaanpassungsprogramm: das Beispiel Dresden**
Alfred Olfert / Bernhard Müller / Christian Bernhofer / Christian Korndörfer / Werner Sommer   169

Hubertus Bardt[a]

Einführung: Klimawandel als Aufgabe annehmen

Der Klimawandel ist zu einer Realität geworden, die von der großen Mehrheit der Klimawissenschaftler nicht bestritten wird. In der Klimapolitik herrscht jedoch viel weniger Konsens. Seit Jahren gelingt es nicht, ein anspruchsvolles internationales Klimaschutzabkommen mit fairen Beiträgen der großen Emittenten zu beschließen. Aber selbst wenn das 2-Grad-Ziel erreicht wird – also die Begrenzung des Anstiegs der globalen Durchschnittstemperatur auf höchstens 2 Grad Celsius gegenüber dem vorindustriellen Niveau –, ist der Klimawandel mit spürbaren Veränderungen verbunden, auf die reagiert werden muss. Wenn das 2-Grad-Ziel allerdings verfehlt wird, ist der Anpassungsbedarf umso größer.

Schon in den Anfangstagen der neueren Klimainstitutionen spielte die Anpassung an den Klimawandel eine Rolle. Im ersten Bericht des Intergovernmental Panel on Climate Change (IPCC) aus dem Jahr 1990 wurde sie als Handlungsoption beschrieben. Bis zur Deutschen Anpassungsstrategie an den Klimawandel aus dem Jahr 2008 hat es fast zwei Jahrzehnte gedauert. Inzwischen ist klar, dass die Verminderung des Klimawandels und die Anpassung an seine Folgen zwei Seiten einer Medaille sind und gleichermaßen verfolgt werden müssen.

Auch für Deutschland liegt eine Aufgabe der nächsten Jahrzehnte darin, sich auf die Klimaveränderungen vorzubereiten. Wie genau die aussehen werden, weiß heute noch niemand. Klar ist aber: Der Klimawandel kommt auf leisen Sohlen. Wenn dessen Auswirkungen offensichtlich geworden sind, wird es für ein vorausschauendes Handeln zu spät sein. Gerade die für langlebige Infrastrukturen Verantwortlichen sowie Wirtschaftszweige mit Anlagen und Produkten, die über einen langen Zeitraum in Gebrauch sein werden, müssen sich frühzeitig auf den Klimawandel einstellen. Sei es bei der Entwicklung der Städte, der Planung von Kraftwerken oder der Anpflanzung in der Forstwirtschaft – in vielen Fällen müssen heute Entscheidungen für Jahrzehnte gefällt werden. Was heute gebaut wird, muss auch unter veränderten Klimaverhältnissen Bestand haben. Um die richtigen langfristigen Entscheidungen treffen zu können, brauchen wir Analysemöglichkeiten, Anpassungsoptionen und Handlungsempfehlungen – heute oder in naher Zukunft.

Der Klimawandel ist ein globales Phänomen. Seine Auswirkungen manifestieren sich aber immer vor Ort. Wenn die räumliche Dimension nicht berücksichtigt wird, bleibt die Diskussion über Klimaanpassung schnell eine weitgehend freischwebende Übung.

Während der Schutz des globalen Klimas weltweite Anstrengungen bei der Vermeidung von Treibhausgasemissionen erfordert, erfolgt Klimaanpassung oftmals im nationalen Rahmen und vor allem auf regionaler und lokaler Ebene. Die Deutsche Anpassungsstrategie und der darauf aufbauende Aktionsplan Anpassung sind die logische Konsequenz: Hier wird die Verantwortung der lokalen Ebene herausgestellt – die von Kommunen und Unternehmen, aber auch die des einzelnen Bürgers. Küstenschutzmaßnahmen können

---

[a] Institut der deutschen Wirtschaft Köln (IW).

auch ohne Konsens auf Ebene der Vereinten Nationen durchgeführt werden, Landwirte können autonom über den Anbau anderer Pflanzensorten entscheiden. Die Chancen für eine erfolgreiche Anpassung stehen gut, solange sich der Klimawandel begrenzen lässt.

Damit eine Anpassung zumindest an die heute schon absehbaren und kaum mehr vermeidbaren Klimaveränderungen erfolgen kann, sind vielfältige Voraussetzungen zu erfüllen: Anpassung an den Klimawandel und die damit verbundenen Unsicherheiten müssen in die langfristigen Entscheidungen mit einbezogen werden. Das Wissen über Anpassungsnotwendigkeiten und -optionen muss vorhanden und verfügbar sein. Standards (beispielsweise hinsichtlich der Infrastrukturen) müssen die neuen klimatischen Bedingungen berücksichtigen.

Regionale Klimaanpassung stand seit dem Jahr 2009 im Mittelpunkt der Fördermaßnahme „KLIMZUG – Klimawandel in Regionen zukunftsfähig gestalten" des Bundesministeriums für Bildung und Forschung. Zu den Herausforderungen gehörte dabei nicht nur die anwendungsorientierte Forschung, sondern auch der transdisziplinäre Charakter der Projekte. Die enge Kooperation von Politik und Verwaltung vor Ort, zivilgesellschaftlichen Initiativen sowie der Wissenschaft war eine der Grundvoraussetzungen dafür, dass eine Entwicklung der Regionen hin zu einer besseren Anpassung an das veränderte Klima und zu einer wettbewerbsfähigeren Wirtschaft unterstützt werden konnte.

Sieben Modellregionen mit rund 150 Teilprojekten sowie die begleitende Forschung haben einen wichtigen Beitrag dazu geleistet, das Wissen über Klimafolgen und Anpassungsmöglichkeiten zu erweitern und die Fähigkeit zur Anpassung zu vergrößern. Die dezentrale Einbindung in die regionalen Prozesse und die darüber hinausgehende Verbreitung der Ergebnisse im ganzen Land haben dazu geführt, dass KLIMZUG zu einem elementaren Baustein für Klimaanpassung in Deutschland geworden ist. Dieses Buch dokumentiert die Ergebnisse aus fünf Jahren Arbeit mit dem Ziel, Regionen im Klimawandel zu stärken.

Kapitel 1

Hubertus Bardt / Hendrik Biebeler / Esther Chrischilles /
Mahammad Mahammadzadeh / Jennifer Striebeck[a]

Anpassungsbedarf und Anpassungsmaßnahmen regionaler Akteure in Deutschland

Inhalt

1	Einleitung	10
2	Klimaanpassung und Klimaschutz	10
3	Anpassungsbedarf	12
3.1	Anpassungsbedarf von Kommunen	12
3.2	Anpassungsbedarf von Unternehmen	15
4	Anpassungsmaßnahmen	17
4.1	Ansatzpunkte auf regionaler Ebene	17
4.2	Anpassungsmaßnahmen von Kommunen	19
4.3	Anpassungsmaßnahmen von Unternehmen	20
5	Informationsbedarf und Klimaanpassung	22
6	Fazit	24
	Zusammenfassung	26
	Literatur	27

---

[a] Alle: Institut der deutschen Wirtschaft Köln (IW).

1 Einleitung

In immer mehr Kommunen und Unternehmen in Deutschland werden die Folgen des Klimawandels und mögliche Anpassungsmaßnahmen diskutiert. Die Verantwortlichen fragen sich, wie stark sie betroffen sein werden, wie sich künftige Schäden vermeiden lassen und wie Chancen, die gegebenenfalls aus dem Klimawandel resultieren, genutzt werden können. Welche Maßnahmen antworten auf welchen Anpassungsbedarf und zu welchem Zeitpunkt ist es am günstigsten, diese durchzuführen? Lassen sie sich mit anderen Ausbau-, Ersatz- oder Modernisierungsvorhaben verknüpfen? Wie vollständig sollen Vorkehrungen wirken und in welchem Verhältnis stehen sie zur Alternative des Versicherungsschutzes? Diese Fragen machen deutlich, dass die Akteure einen hohen Bedarf an Informationen haben und komplexe Entscheidungsprobleme lösen müssen. Dabei ist auch das Verhältnis zwischen Klimaanpassung und Klimaschutz zu betrachten.

Der vorliegende Beitrag zeigt auf, welchen Anpassungsbedarf Kommunen und Unternehmen gegenwärtig sehen, welche Arten von Maßnahmen grundsätzlich in Erwägung zu ziehen sind und welchen von ihnen in den Augen der Akteure tatsächlich eine Bedeutung zukommt. Es wird dargestellt, welcher Informationsbedarf besteht und wie auf ihn geantwortet werden kann. Der Beitrag stützt sich auf zwei bundesweite Befragungen von Kommunen und Unternehmen. Die Befragungen sind Teil des Begleitprozesses des Instituts der deutschen Wirtschaft Köln (IW) zur Fördermaßnahme „KLIMZUG – Klimawandel in Regionen zukunftsfähig gestalten". Es ist eine wesentliche Aufgabe des Begleitprozesses, an der Verbreitung der vielfältigen Erfahrungen mitzuwirken.

2 Klimaanpassung und Klimaschutz

Der Schutz des Klimas mittels einer Verringerung von Treibhausgasemissionen steht im Vordergrund der klimapolitischen Agenda. Nur durch aktiven Klimaschutz kann unerwünschten Klimaveränderungen vorgebeugt werden. Zunehmend wird auch eine Anpassung an den Klimawandel diskutiert. Diese Strategie richtet sich nicht auf die Stabilisierung des Klimas, sondern geht mit den Veränderungen um, die ohne einen durchschlagenden Erfolg des weltweiten Klimaschutzes eintreten werden. Selbst bei einer erfolgreichen internationalen Klimapolitik ist mit einer Erderwärmung von mindestens 2 Grad Celsius gegenüber dem vorindustriellen Temperaturniveau zu rechnen.

Der wesentliche ökonomische Unterschied zwischen einer Vermeidungs- und einer Anpassungsstrategie liegt in der Struktur des hergestellten Gutes (Bardt, 2005). Klimaschutz ist ein klassisches öffentliches Gut – es gilt sowohl die Nichtrivalität im Konsum als auch die Nichtanwendbarkeit des Ausschlussprinzips. Von einem stabilisierten Klima profitiert jedes Land, abhängig von seiner Gefährdung durch Klimaveränderungen. Die Nichtrivalität im Konsum ist für sich genommen aber noch kein hinreichender Grund dafür, die freiwillige Bereitstellung dieses Gutes durch dezentrale Akteure infrage zu stellen. Durch die Nichtanwendbarkeit des Ausschlussprinzips jedoch entsteht ein reines öffentliches Gut. Kein Land kann zu entsprechenden Klimaschutzanstrengungen gezwungen werden. Es profitiert auch dann von einem stabilisierten Klima, wenn es nicht den

Kostenbeitrag leistet, der dem Nutzen des Landes aus einem erfolgreichen Klimaschutz entspricht.

Ein reines öffentliches Gut kann nur durch eine zentrale Institution sicher und ausreichend bereitgestellt oder zumindest organisiert werden, die in der Lage ist, die notwendigen Beiträge der Nutznießer einzufordern. Dies findet im Fall des Klimaschutzes als globales Kollektivgut nicht statt. Es existiert keine weltweite Institution, die entsprechende Anstrengungen der einzelnen Länder erzwingen könnte. Die Schwierigkeiten, zu einer internationalen Übereinkunft über weitere Maßnahmen zu kommen, liegen darin begründet, dass Klimaschutz den Charakter eines öffentlichen Gutes hat. Es ist zweifelhaft, ob im internationalen Kontext ausreichende Vereinbarungen getroffen werden können, um das Klima dauerhaft zu stabilisieren.

Der Klimawandel ist zwar global, seine Folgen sind jedoch stets nur lokal zu spüren. Im Gegensatz zum Klimaschutz handelt es sich bei den Maßnahmen zur Anpassung an den Klimawandel daher im Wesentlichen um private Güter oder regionale öffentliche Güter. Sonnenblenden beispielsweise können das Raumklima individuell verbessern und ein Deich hilft einer abgrenzbaren Region. Jeder Mensch, jedes Unternehmen und jedes Land ist daran interessiert, sich auf absehbare Veränderungen vorzubereiten. Die jeweils zu tragenden Anpassungslasten werden aufgebracht, um die individuell beziehungsweise im Inland anfallenden Schäden zu minimieren. Der Kreis der Kostenträger entspricht im Prinzip dem Kreis der Nutznießer.

Anpassungsstrategien lassen sich auf einzelwirtschaftlicher Ebene implementieren. Schon heute sehen Unternehmen eine wachsende Betroffenheit von Klimafolgen (Mahammadzadeh/Biebeler, 2009; Mahammadzadeh et al., 2013), auch wenn der optimale Anpassungszeitpunkt in der Regel noch in der Zukunft liegen dürfte. Regionale oder nationale Maßnahmen können von der jeweiligen Gebietskörperschaft durchgeführt werden. Hier sind die entsprechenden institutionellen Voraussetzungen für eine obligatorische Zahlung von Steuern und Abgaben gegeben, sodass die Finanzierung kein prinzipielles Problem darstellt, obgleich Prioritäten und bestehende Governancestrukturen die Realisierung von Anpassungsstrategien erschweren können.

Lange wurde die Anpassung an den Klimawandel kritisch gesehen, da sie ausschließlich als Alternative zum Klimaschutz erachtet wurde; mittlerweile erfährt sie jedoch zunehmende Aufmerksamkeit. Dies liegt unter anderem daran, dass Klimaanpassung nicht im Widerspruch zum Klimaschutz stehen muss, weil beide Strategien einander ergänzend eingesetzt werden können. Selbst wenn die internationalen Verhandlungen erfolgreich sein sollten und die Treibhausgasemissionen deutlich begrenzt werden, ist – wie schon erwähnt – mit einer globalen Erwärmung um mindestens 2 Grad Celsius zu rechnen. Auch hieraus ergeben sich Anpassungsnotwendigkeiten. Scheitert allerdings der globale Klimaschutz für weitere Jahrzehnte und kommt es zu einer stärkeren Erwärmung, wird eine Anpassung unumgänglich sein. Eine reine Anpassungsstrategie unter bewusstem Verzicht auf Klimaschutz dürfte jedoch sowohl wegen der damit verbundenen Kosten als auch wegen der beschränkten Anpassungskapazitäten an Grenzen stoßen. Daher sind beide Strategien – Klimaschutz und Anpassung an den Klimawandel – komplementär zu sehen. Dabei ist auf der Ebene der Maßnahmen sicherzustellen, dass Konflikte zwischen beiden vermieden werden. So kann zum Beispiel eine umfassendere technische Kühlung mit einem höheren Energieverbrauch und folglich mit mehr Treibhausgasemissionen einhergehen. Demgegenüber können Isolierungsmaßnahmen gleichzeitig Klimaschutz (geringerer Energieverbrauch) und Anpassung (weniger Hitzestress) sein.

Trotz der weiter andauernden Anstrengungen der internationalen Klimadiplomatie ist zu befürchten, dass eine Stabilisierung des Klimas als globales öffentliches Gut nicht in ausreichendem Maße gelingen wird, obwohl diese insgesamt kostenminimierend wäre. Damit wird der Klimawandel stärker als nötig ausfallen. Maßnahmen zum Schutz vor Klimafolgen werden hingegen eher bereitgestellt und finanziert. Im Ergebnis ist zu erwarten, dass es zu einer Unterversorgung mit dem öffentlichen Gut Klimaschutz kommen wird, während zu viele Mittel für den Schutz vor Klimafolgen aufgewendet werden. Das globale Umweltproblem wird also vermutlich nur unzureichend gelöst, regionale Teillösungen zur Minderung der negativen Auswirkungen werden jedoch gefunden werden.

3 Anpassungsbedarf

3.1 Anpassungsbedarf von Kommunen

Der „Aktionsplan Anpassung", das derzeit zentrale Dokument, welches die politische Richtung des Anpassungsprozesses in Deutschland darlegt, fordert ein hohes Maß an Eigenverantwortung und benennt die Kommunen als die zentralen Akteure (Bundesregierung, 2011, 27 ff.). Deutsche Gemeinden spielen bei der Bewältigung des Klimawandels eine entscheidende Rolle. Sie sind besonders stark betroffen und haben zudem aufgrund ihrer Vielzahl an Kompetenzen im Rahmen der kommunalen Selbstverwaltung eine besondere Verantwortung beim Umgang mit dem Klimawandel und dessen Folgen.

Daher ist es von Interesse, wie auf kommunaler Ebene mögliche Klimaveränderungen wahrgenommen und aufgegriffen werden. Die Ergebnisse der IW-Kommunalbefragung des Jahres 2011 mit 317 Teilnehmern (Bürgermeister und Umweltdezernenten) zeigen, dass ein Großteil der deutschen Gemeinden spätestens bis zum Jahr 2030 negative Auswirkungen des Klimawandels erwartet. Zur Reduktion der Verletzlichkeit gegenüber den Folgen gilt es zum einen, die hinsichtlich der Klimaanpassung vorhandenen Kompetenzen und Fähigkeiten der Kommunen zu nutzen, um Maßnahmen umzusetzen (aktive Anpassung). Zum anderen müssen die Anpassungskapazitäten dort weiter ausgebaut werden (Befähigung), wo sie gemessen an der Betroffenheitssituation nicht ausreichend sind.

Basierend auf empirischen Betroffenheits- und Verletzlichkeitsanalysen für verschiedene Handlungsfelder wurden hinsichtlich der aktiven Anpassung und der Befähigung zur Anpassung drei Bedarfsgruppen definiert: „prioritär", „erforderlich" und „nachrangig". Die Bedarfsgruppe „prioritär" ergibt sich aus einer eher starken (negativen) Betroffenheit oder einer verletzlichen Position. Das heißt, in dem jeweiligen Handlungsfeld ist der Bedarf an aktiver Anpassung an Klimafolgen hoch oder die Lücke zwischen der Betroffenheit und den benötigten Kapazitäten groß. Die Bedarfsgruppe „erforderlich" bezeichnet eine eher schwache Betroffenheit und eine nicht verletzliche, aber kritische Situation. „Nachrangig" wird für schwach betroffene oder unverletzliche, unbedenkliche Handlungsfelder vergeben. Nicht einbezogen wurden „starke Betroffenheit" und „sehr verletzlich", da bei der empirischen Analyse kein solcher Fall zu identifizieren war. Die verschiedenen Kombinationen dieser Bedarfsgruppen werden unter dem Begriff „Anpassungsbedarf" zusammengefasst (Mahammadzadeh et al., 2013, 163 ff.).

Anpassungsbedarf in kommunalen Handlungsfeldern — Übersicht 1.1

bis zum Jahr 2030, Einschätzung auf Basis der kommunalen Betroffenheits- und Verletzlichkeitsanalysen

Kommunales Handlungsfeld	Aktive Anpassung (aufgrund von Betroffenheit)	Befähigung zur Anpassung (aufgrund von Verletzlichkeit)	Anpassungsbedarf (aktive Anpassung und Befähigung zur Anpassung)
Land- und Forstwirtschaft	!	!	sehr hoch
Wasserversorgung und -entsorgung	!	x	hoch
Gesundheit	x	!	hoch
Öffentliche und private Gebäude	x	x	mittel
Energieversorgung	o	x	eher gering
Transport und Verkehr	o	x	eher gering
Tourismus und Kultur	o	o	gering
Industrie und Gewerbe	o	o	gering

! = prioritär (eher starke negative Betroffenheit/verletzlich); x = erforderlich (eher schwache negative Betroffenheit/nicht verletzlich, aber kritisch); o = nachrangig (schwache negative Betroffenheit/nicht verletzlich, unbedenklich).
Beispiel: Kommunen sind im Gesundheitsbereich vom Klimawandel mittelstark negativ betroffen (= Anpassung erforderlich); sie sind außerdem eher stark verletzlich, da sie keine angemessenen Kapazitäten zur Verfügung haben (Befähigung ist prioritäre Aufgabe). Der Anpassungsbedarf ist deshalb insgesamt hoch.
Eigene Darstellung auf Basis der IW-Kommunalbefragung 2011

Der höchste Anpassungsbedarf besteht für die Kommunen in der Land- und Forstwirtschaft (Übersicht 1.1). Hier erwarten sie nicht nur, bis spätestens zum Jahr 2030 durch eine Vielzahl an Klimaveränderungen besonders negativ betroffen zu sein, sondern auch, dass dafür verhältnismäßig wenig kommunale Kapazitäten zur Verfügung stehen. Bei der Versorgung mit Wasser und der Entsorgung von verschmutztem oder zu viel Wasser ist ein hoher Anpassungsbedarf angezeigt. Dieser resultiert vorwiegend aus der Notwendigkeit, zukünftig große Betroffenheiten zu reduzieren. Die Kapazitäten sind hier zwar bereits recht stark ausgebaut, bleiben aber bezogen auf die Betroffenheit hinter dem Erforderlichen zurück. Zur Abwendung gesundheitlicher Risiken ist vor allem ein Ausbau der Kapazitäten nötig. Der Anpassungsbedarf bei Gebäuden ist im mittleren Bereich angesiedelt, sowohl bei der Nutzung als auch beim Ausbau von Kapazitäten.

Das Transport- und Verkehrswesen sowie die Energieversorgung werden von den Kommunalvertretern als eher gering betroffen und folglich als nachrangig bei der Anpassung eingestuft. Sollte allerdings in Zukunft eine stärkere als die hier abgebildete Betroffenheit eintreten, können sich Infrastrukturen in diesen Bereichen schnell als sehr verletzlich erweisen. Vor allem Transport und Verkehr sind auf kommunaler Ebene durch eine sehr niedrige Anpassungskapazität gekennzeichnet. Da hier systemrelevante Infrastrukturen angesprochen sind, sollte der Anpassungsbedarf nicht unterschätzt werden. Im Handlungsfeld Tourismus und Kultur sehen die Befragten vornehmlich Chancen durch den Klimawandel und somit wenig Anlass für die Reduktion der Verletzlichkeit. Den geringsten Anpassungsbedarf gibt es für sie bei Industrie und Gewerbe; die Befragungsergebnisse zeigen aber auch, dass sich die öffentliche Hand hier weniger in der Pflicht sieht als in anderen Handlungsfeldern. Unternehmen können letztlich am besten selbst über geeignete Anpassungsmaßnahmen entscheiden und es stehen ihnen dazu eigene Ressourcen zur Verfügung.

Außer aus der handlungsfeldbezogenen Betrachtung lässt sich Anpassungsbedarf auch aus anderen Befunden der Untersuchung ableiten. Dazu zählen etwa erforderliche regionalspezifische Anpassungslösungen, wie eine nach Bundesländern durchgeführte Verletzlichkeitsanalyse ergibt. Innerhalb der einzelnen Bundesländer variieren die Ergebnisse deutlich. Das ist unter anderem auf die erwarteten Klimaveränderungen zurückzuführen, die regional unterschiedlich sind. Bestehende kommunale Anpassungsprozesse haben ihren Ursprung zudem häufig in der regionalen Zusammenarbeit. Ferner sind sowohl Großstädte als auch ländliche Gemeinden am stärksten von Klimaveränderungen betroffen. Hierbei besitzen Großstädte besonders hohe Kapazitäten, ländliche Gemeinden hingegen besonders geringe. Großstädte bereiten sich fast doppelt so häufig bereits auf negative Auswirkungen vor. In kleineren Gemeinden muss verstärkt auf die Befähigung zur Anpassung und auf aktive Anpassung geachtet werden.

Ein systematischer Ansatz ist auf kommunaler Ebene kaum zu erkennen. Anpassung erfolgt vielfach noch reaktiv auf bereits eingetretene Ereignisse, zum Beispiel auf Unwetter. Eine strategische Vorbereitung wird allenfalls in Großstädten vorgenommen, sollte aber auch in kleineren Städten gefördert werden. Dabei helfen könnten mehr Informationen zu den Wirkungszusammenhängen bei Klimaveränderungen, das heißt zu den möglichen Folgewirkungen für die Kommunen. Über die Klimaveränderungen selbst und auch über diesbezügliche Maßnahmen fühlen sich Gemeinden hingegen überwiegend ausreichend in Kenntnis gesetzt.

Informationsdefizite sind nur eines von vielen Hemmnissen bei der Anpassung an den Klimawandel. Ein weiteres ist die mangelnde Transparenz der Zuständigkeiten des Bundes, der Länder und der kommunalen Ebene. Die fehlende Möglichkeit zur Kosten-Nutzen-Bewertung von Maßnahmen fällt ebenfalls ins Gewicht, denn aufgrund der derzeit finanziell stark eingeschränkten Handlungsspielräume stellt die effiziente Mittelverwendung eine wichtige Nebenbedingung für kommunale Anpassungsprozesse dar. Finanzielle, personelle und technische Restriktionen werden als die größten Hemmnisse auf kommunaler Ebene gewertet. Weil ein großer Teil der Maßnahmen von den Kommunen zu leisten ist, schließt sich daran unmittelbar die Forderung an, grundsätzliche Überlegungen zu Finanzierungsoptionen anzustellen. Ob kommunale Mittel in eine Klimaanpassung investiert werden oder nicht, hängt ferner vom Handlungsdruck ab, der durch die Bevölkerung vor Ort erzeugt wird. Eine vermehrte Sensibilisierung der Menschen für das Thema trägt maßgeblich bei zur Akzeptanz und zur Umsetzung von Maßnahmen. Auch das Engagement einzelner kommunaler Entscheidungsträger als Treiber der Anpassung ist zu stärken.

3.2 Anpassungsbedarf von Unternehmen

Der Klimawandel hat sowohl direkte als auch indirekte Auswirkungen auf deutsche Unternehmen. Aufgrund der relativ guten klimatischen Bedingungen Deutschlands zeichnet sich in natürlich-physikalischer Hinsicht gegenwärtig eine nur geringe direkte Betroffenheit ab. Im Vergleich dazu ist die indirekte Betroffenheit in Form von regulatorischen und marktlichen Folgen des Klimawandels stärker und wird zudem häufig früher wahrgenommen.

Für die Zukunft werden sowohl eine erhöhte direkte als auch eine erhöhte indirekte Betroffenheit erwartet. Laut Ergebnissen der IW-Unternehmensbefragung 2011 (Mahammadzadeh et al., 2013) rechnen rund 43 Prozent der befragten 1.040 Unternehmen mit einer derartigen Klimabetroffenheit in Deutschland um das Jahr 2030 (2011: rund 20 Prozent) und 31 Prozent im Ausland (2011: 17 Prozent). Damit die bereits vorhandenen und die erwarteten Betroffenheiten nicht zu einer verletzlichen Situation führen, müssen in Unternehmen die erforderlichen Anpassungskapazitäten – im Sinne von finanziellen, personellen, technologischen, infrastrukturellen, institutionellen und wissensbasierten Ressourcen und Kompetenzen – bereitgestellt werden. Ziel ist es, das Ausmaß der Klimabetroffenheit durch die Planung und Implementierung von wirksamen Maßnahmen zu reduzieren.

Die Gestaltung des Anpassungsprozesses in Unternehmen sollte nicht auf Ad-hoc-Entscheidungen beruhen, sondern erfordert eine ziel- und strategieorientierte Vorgehensweise. Eine planmäßige Anpassung ist als überlegtes Umgehen mit erwarteten Klimafolgen und Extremwetterereignissen zu verstehen. Sie ist entweder reaktiv (das heißt als Reaktion auf bereits eingetretene Schäden und deren Beseitigung fokussiert) oder sie ist antizipativ (das heißt vorausschauend und proaktiv ausgerichtet auf die Vermeidung und Verminderung möglicher Schäden und Risiken).

Vor diesem Hintergrund ist die Bedeutung einer auf die Klimaanpassung bezogenen Bedarfsanalyse hervorzuheben, die sich auf das gesamte Unternehmen, einen bestimmten Standort, aber auch auf einzelne betriebliche Funktionsebenen wie Beschaffung oder Produktion beziehen kann. Sie erfordert eine Betroffenheitsanalyse, in deren Rahmen die Bereiche und Funktionen identifiziert werden, bei denen ein Handlungsdruck besteht oder erwartet wird. Mit der Planung und Umsetzung von Maßnahmen wird eine betroffenheitsadäquate Anpassung vorgenommen. Beispielsweise können erhöhte Sommertemperaturen zur Betroffenheit eines Produktionsstandorts führen – etwa durch Überhitzung von betrieblichen Anlagen, Gebäuden und Arbeitsplätzen mit negativen Auswirkungen auf die Leistung und Gesundheit der Belegschaft. Auf diesen Anpassungsbedarf kann das Unternehmen mit Gebäudedämmung oder Einsatz von leistungsstarken Klimaanlagen reagieren.

Eine weitere Intention der Bedarfsanalyse liegt in der Ermittlung der benötigten Ressourcen. Auf Basis einer unternehmensspezifischen Bestimmung der vorhandenen Kapazitäten lassen sich so etwa kritische Situationen bei Ressourcen oder Kompetenzen identifizieren, welche die – aufgrund der bestehenden oder erwarteten Betroffenheit notwendige – Klimaanpassung erschweren oder im Extremfall unmöglich machen können. In engem Zusammenhang mit der eigenen Betroffenheit und der internen Ressourcenausstattung in Unternehmen stehen verschiedene Bedarfsfelder. Als wichtiges Feld neben dem Bedarf an

Klimawissen und anpassungsrelevanten Informationen sind technische, konzeptionelle, instrumentelle und verfahrensbezogene sowie organisatorische Problemlösungen zu nennen; jedes zweite deutsche Unternehmen – vor allem kleine und mittlere Unternehmen (KMU) – sieht Bedarf bei anpassungsbezogenen Tools.

Abbildung 1.1 zeigt, dass das Spektrum der Bedarfsfelder breit ist und deren jeweilige Einschätzung vonseiten der Wirtschaft unterschiedlich ist (Mahammadzadeh et al., 2013, 149). Über alle im Rahmen des IW-Zukunftspanels 2011 befragten Branchen und Unternehmensgrößen hinweg besteht an erster Stelle Bedarf an Problemlösungen bei der betrieblichen Infrastruktur (etwa bezogen auf Gebäude und Anlagen). Denn zum einen sind die betriebliche Infrastruktur, zugehörige Einrichtungen und technische Anlagen häufig durch Überflutungen, Hagel, Stürme, Blitzschlag, Schnee oder Hitze negativ betroffen (vgl. zu vielfältigen Klimafolgen und Anpassungsmaßnahmen Mahammadzadeh/Biebeler, 2009, 45 ff.). Zum anderen machen die mit der Anpassung einhergehenden ökonomischen Effekte – etwa die Reduzierung der Energiekosten durch Isolierung von Betriebsgebäuden oder die Vermeidung von hitzebedingten Produktivitätseinbußen durch Klimatisierung – die Maßnahmen aus Unternehmenssicht attraktiv.

Ein weiteres relevantes Feld, das auch unter dem Aspekt der Eigenverantwortung und Eigenvorsorge an Bedeutung gewinnt, sind Versicherungen gegen Extremwetterereignisse und andere Folgen des Klimawandels. Der Bedarf danach resultiert vor allem aus dem erhöhten Risiko von Hochwasser- oder sonstigen Schäden an Infrastruktur, Bauten und Anlagen und der damit einhergehenden Gefahr von Produktionsausfällen. Mit einer Versicherung wird jedoch nicht die Risikoursache behoben, sondern die Risiken werden auf die Versicherungsunternehmen transferiert. Diese bieten aber auch Produkte und Beratungen

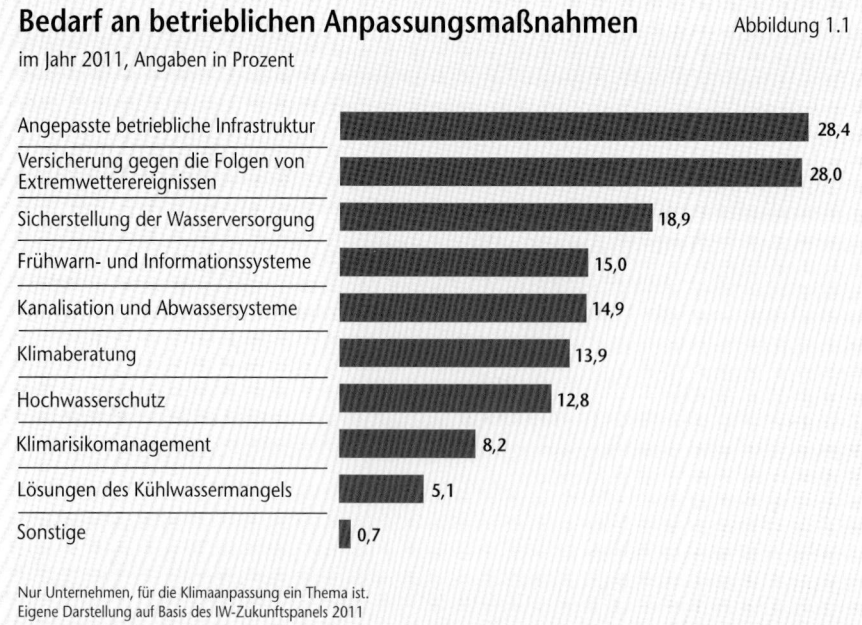

Bedarf an betrieblichen Anpassungsmaßnahmen   Abbildung 1.1
im Jahr 2011, Angaben in Prozent

Bedarfsfeld	Prozent
Angepasste betriebliche Infrastruktur	28,4
Versicherung gegen die Folgen von Extremwetterereignissen	28,0
Sicherstellung der Wasserversorgung	18,9
Frühwarn- und Informationssysteme	15,0
Kanalisation und Abwassersysteme	14,9
Klimaberatung	13,9
Hochwasserschutz	12,8
Klimarisikomanagement	8,2
Lösungen des Kühlwassermangels	5,1
Sonstige	0,7

Nur Unternehmen, für die Klimaanpassung ein Thema ist.
Eigene Darstellung auf Basis des IW-Zukunftspanels 2011

an, die Gefahren zu vermeiden oder zu vermindern helfen. Die Betriebe können den Risikotransfer an die Versicherung ergänzen mit technischen und organisatorischen Maßnahmen in den relevanten Bereichen. Insgesamt ist eine Versicherungslösung im Sinne einer Anpassungsstrategie überwiegend im Kontext der natürlich-physikalischen Risiken interessant, wobei künftig sicherlich mit erhöhten Versicherungsprämien und Selbstbeteiligungen für betroffene Standorte zu rechnen ist (Mahammadzadeh, 2011, 106 f.). Als weitere Bedarfsfelder bei Unternehmen sind Problemlösungen in puncto Wasserversorgung, Frühwarn- und Informationssysteme, Kanalisation und Abwassersysteme und nicht zuletzt Klimaberatungen sowie Hochwasserschutz zu nennen.

Die Ergebnisse des IW-Zukunftspanels 2011 lassen eine enge Korrelation zwischen der negativen Betroffenheit von Unternehmen in Deutschland und deren Nachfrage nach Problemlösungen erkennen: Diejenigen Unternehmen, die sich durch Extremwetterereignisse und andere Klimafolgen negativ oder stark negativ betroffen sehen, melden mehr Bedarf an als Unternehmen, die nicht in dieser Weise betroffen sind. Eine Ausnahme stellt das Feld der betrieblichen Infrastruktur dar: Unabhängig von deren Betroffenheit wird es von allen Unternehmen genannt – darunter auch von knapp jedem dritten nicht betroffenen.

4 Anpassungsmaßnahmen

4.1 Ansatzpunkte auf regionaler Ebene

Wenn Privatpersonen, Kommunen oder Unternehmen sich als vom Klimawandel betroffen wahrnehmen und daraus einen Anpassungsbedarf ableiten, ist zu diskutieren, welche Maßnahmen sie ergreifen sollten. Was unter Anpassung an den Klimawandel zu verstehen ist, definiert der Zwischenstaatliche Ausschuss für Klimaänderungen (IPCC – Intergovernmental Panel on Climate Change) wie folgt: "adjustment in natural or human systems in response to actual or expected climatic stimuli or their effects, which moderates harm or exploits beneficial opportunities" (IPCC, 2001).

Anpassungsmaßnahmen können sehr unterschiedlich aussehen: Unternehmen sichern sich die Möglichkeit, bei eingeschränkter Schiffbarkeit von Flüssen durch den Transport auf Straße oder Schiene versorgt zu werden; traditionelle Wintersportorte vergrößern ihr Freizeitangebot für Sommergäste; Hausbesitzer lassen in ihre Abwasserleitungen Rückstauventile einbauen; in Hitzeperioden werden schwere Arbeiten und sportliche Aktivitäten im Freien in die Morgen- oder die späten Abendstunden verlagert; der Erweiterungsbau eines Krankenhauses wird in einem waldnahen Stadtbezirk vorgenommen. Diese Beispiele unterscheiden sich in mehrfacher Hinsicht: in der Chancen- oder Risikoorientierung, im Zeitpunkt der Maßnahme relativ zur erwarteten Veränderung, in der Größe der Investition und im Grad der Änderung bisheriger Praktiken. Weitere wichtige Aspekte sind die Bedeutung von anpassungsrelevanten Informationen, das Ausmaß des erzielten Schutzes sowie die Aufrechterhaltung oder Unterbrechung von Leistungen im Schadensfall. Burton et al. (1993, 57 ff.) nennen als Oberbegriffe die folgenden Dimensionen: Phase, Mittel, Träger und Ergebnisse. Typen von Anpassungsmaßnahmen ergeben sich durch die Kombination von Ausprägungen in diesen vier Dimensionen. Übersicht 1.2 stellt 17 wesentliche Typen zusammen.

Maßnahmentypen zur Anpassung an den Klimawandel

Übersicht 1.2

Maßnahmentyp	Beispiel
Ausnutzen von Veränderungen	Weinbau im Norden
Kompensationsmaßnahmen	Sommer- statt Wintertourismus
Neuplanung	Bau von Anlagen in hochwassersicheren Gebieten
Ausrichten auf Extrembelastungen	Schwimmende Häuser
Verstärken für Extrembelastungen	Sturmresistente Windkraftanlagen
Verhaltensänderungen	Lockerung von Bekleidungsvorschriften wie Uniform- oder Krawattenzwang
Lokale Milderung der Klimafolgen	Einbau von Jalousien
Abwehr von Gefahren	Einbau von Rückstauventilen
Schadensverringerung	Vorübergehende Auslagerung (ermöglichen)
Informatorische Maßnahmen	Kurzfristwarnungen (Nowcasting)
Verringerung von Abhängigkeiten in der Funktionserfüllung	Aufstockung von Lagerbeständen
Abschaltungen und Evakuierungen ohne Funktionserhalt	Einstellen von Fährverbindungen
Verstärken von Ausgleichsmaßnahmen	Ausweitung der Klimatisierung von Räumen
Effiziente Organisation der Folgenbewältigung	Erstellen von Notfallplänen
Verstärken von finanziellen Ausgleichsmöglichkeiten	Erhöhter Versicherungsschutz
Risikodialog	Dialog mit Kunden bei Lieferverzögerungen
Migration	Standortverlagerung

Quelle: Biebeler, 2012, 69

Diese Aufstellung macht deutlich, dass bei der Planung nicht allein die Optionen Handeln oder Nicht-Handeln zur Diskussion stehen, sondern dass sich in den meisten Fällen vielfältige Wege entwickeln lassen. Erst dies schafft – zusammen mit Informationen und Annahmen zu weiteren, nicht nur klimatischen Veränderungen – eine gute Entscheidungsqualität beim Umgang mit künftigen Chancen und Risiken des Klimawandels.

Gerade im Hinblick auf die Unsicherheiten, die mit multithematischen Zukunftsszenarien verknüpft sind, wird unter dem Etikett der Resilienz diskutiert, wie sich Kommunen und Unternehmen gegen diverse Stressfaktoren wappnen können, anstatt sich auf die Reaktion auf nur ein Szenario oder eine Risikoart zu beschränken. In seinem klassischen Aufsatz befasst sich Holling (1973) mit der Entwicklung von Fischbeständen unter Einfluss zusätzlicher Stressfaktoren und mit der Wiederherstellung eines Naturraums nach einem Wald- oder Steppenbrand. Hierbei drückt sich Resilienz nicht durch eine geringe Störbarkeit oder Varianz von Zuständen aus, sondern durch eine gelingende Erholung und Stabilisierung nach einem Störereignis.

Löst man sich von diesen Beispielen und überträgt die darin enthaltenen Gedanken auf die Herausforderung der Klimaanpassung, so bedeutet das Ziel der Resilienz: durch den Klimawandel gefährdete Infrastrukturen, Prozesse oder Geschäftsfelder so zu stärken, dass sie die gewünschten Aufgaben – mit oder ohne Unterbrechungen – bei einer Vielfalt von Szenarien erfüllen können oder dass sich zumindest die Wahrscheinlichkeit irreversibler Schäden verringert. Welche Maßnahmen geeignet sind und welche Toleranz gegenüber Unterbrechungen vor allem bei Infrastruktur- und Versorgungsleistungen besteht, ist im Einzelfall zu prüfen.

Informationen, ein hohes Bildungsniveau und finanzielle Möglichkeiten sind hierbei zwar nahezu universelle Aktiva, doch entbinden sie nicht von der Suche nach spezifischen Lösungen, die oftmals einen nicht unerheblichen zeitlichen Vorlauf haben. Solche Lösungen sind gerade dann wichtig, wenn technische Verbesserungen allein nicht ausreichen, weil mehrere Aspekte gleichzeitig berührt sind oder sich gegenseitig beeinflussen. Beispielsweise kann eine verstärkte Bewässerung in der Landwirtschaft als Reaktion auf geringere Niederschläge oder vermehrte Verdunstung den Grundwasserspiegel senken und damit die Entnahmemöglichkeiten von Trinkwasser verschlechtern, aber auch mit dem Naturschutz konfligieren. Alternativen wären andere Formen der Bodenbearbeitung, andere Sorten oder in einzelnen Gebieten nichtlandwirtschaftliche Nutzungen. Solche Maßnahmen können Inhalt und Ziel staatlichen Handelns zur Anpassung an den Klimawandel sein.

4.2 Anpassungsmaßnahmen von Kommunen

Planerische Ansätze zur Klimaanpassung können aufgrund ihres Charakters als Querschnittsstrategie in besonders vielen Handlungsfeldern Wirkung entfalten. Die räumliche Planung hat explizit partizipativen und integrativen Charakter und kann daher kontinuierlich den Ausgleich verschiedener Interessen und Raumansprüche herbeiführen. Die in der IW-Kommunalbefragung 2011 interviewten Gemeinden gaben bei den meisten Handlungsfeldern an, dass planerischen Maßnahmen sogar die bedeutendste Rolle zur Reduktion der klimawandelbedingten Verletzlichkeit zukommt. Sie scheinen ihnen am besten geeignet, wirksam und durchführbar zu sein, und werden anderen Instrumenten vorgezogen wie etwa Anreizmechanismen, regulatorischen, informatorischen und koordinierenden Maßnahmen oder der kommunalen Eigenverantwortung für im Besitz der Gemeinde befindliche Schutzgüter. Dabei kann sich der planerische Ansatz natürlich auch einiger dieser anderen Maßnahmenarten bedienen, vor allem im Rahmen des informellen Instrumentariums (Chrischilles/Mahammadzadeh, 2012, 17 ff.).

Den wichtigsten Beitrag kann die Planung nach Meinung der Kommunen in der Wasserversorgung und -entsorgung leisten, beispielsweise durch das Anlegen von Retentionsflächen, durch Flächenentsiegelung oder die Einrichtung von Wasserschutzgebieten (Abbildung 1.2). Aber auch Anreizinstrumente, etwa zur privaten Vorsorge gegen Hochwasser, spielen eine Rolle. Im Verkehrs- und im Gesundheitsbereich ist die vorausschauende Planung menschlicher Lebensräume ebenfalls bedeutsam. Gemeindevertreter folgen mit der Nutzung planerischer Instrumente tradierter und bewährter Praxis. Andere informelle Instrumente – vor allem solche zur Sensibilisierung (kommunikative Instrumente) oder koordinierende Instrumente zur Schaffung von Netzwerken – nehmen bisher einen untergeordneten Rang ein. Vor dem Hintergrund der Wechselwirkungen zwischen den Handlungsfeldern und der Vielzahl der bei Anpassungsbelangen beteiligten Akteure dürften solche Instru-

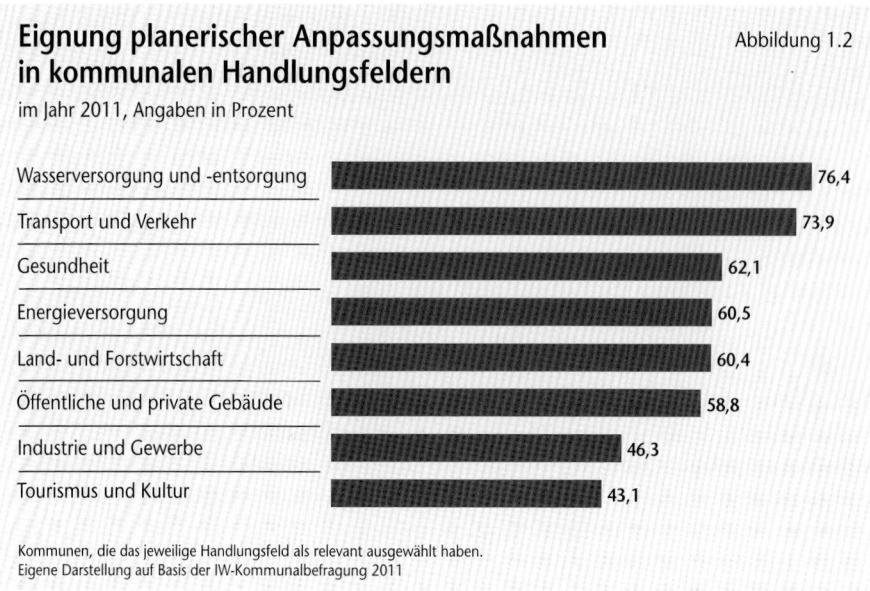

Eignung planerischer Anpassungsmaßnahmen in kommunalen Handlungsfeldern
Abbildung 1.2
im Jahr 2011, Angaben in Prozent

Kommunen, die das jeweilige Handlungsfeld als relevant ausgewählt haben.
Eigene Darstellung auf Basis der IW-Kommunalbefragung 2011

mente allerdings an Bedeutung gewinnen. Nur in den Handlungsfeldern Tourismus und Kultur sowie Industrie und Gewerbe versprechen sich Kommunalvertreter von koordinierenden und von Anreizmaßnahmen größeren Erfolg als von planerischen Instrumenten, da hier vor allem private Anpassungspotenziale und -aktivitäten gefördert werden müssen.

Im Gesundheitsbereich sind Anreizinstrumente am wichtigsten, zum Beispiel private Initiativen zur Verbesserung des klimatischen Gebäudekomforts oder – im Sinne der körperlichen Unversehrtheit – zur Sicherung des Wohnraums gegen Extremwetter. Aber auch hier halten Kommunen Instrumente der Planung für geeignet (Schaffung von Kaltluftentstehungsgebieten und Luftaustauschbahnen etc.). Bei der Anpassung von öffentlichen oder privaten Gebäuden wird außer auf planerische auch auf regulatorische Maßnahmen gesetzt (Auflagen zum klimaangepassten Bauen, Dachbegrünungen, Entwässerungsvorkehrungen etc.).

4.3 Anpassungsmaßnahmen von Unternehmen

Anpassungsmaßnahmen werden im Rahmen der Deutschen Anpassungsstrategie der Bundesregierung (DAS, 2008) ganz allgemein als Maßnahmen zur Erreichung von Anpassungszielen definiert. Ausgehend von diesem weit ausgelegten Begriff, fallen darunter alle Handlungen zur Reduzierung von negativen Betroffenheiten und Verletzlichkeiten durch den Klimawandel, jedoch auch solche zur Erhaltung und Erhöhung der Anpassungskapazität natürlicher, gesellschaftlicher und ökonomischer Systeme (Beck et al., 2011, 8 ff.). Der Anpassungsprozess kann von vielfältigen internen und externen Einflussfaktoren gefördert oder aber behindert werden.

Angesichts dessen ist die Identifikation und Beseitigung realer und vermeintlicher Hindernisse als wichtige Aufgabe des Anpassungsmanagements zu sehen. Denn solche

Hindernisse können dazu führen, dass trotz einer vorliegenden Betroffenheit und Anpassungsnotwendigkeit keine entsprechenden Maßnahmen veranlasst werden. Bei der IW-Unternehmensbefragung 2011 gaben knapp 40 Prozent der Unternehmen an, für sich bereits Klimafolgen festgestellt, aber keine Maßnahmen geplant zu haben. Hierunter fallen vor allem mittelständische Unternehmen aus wettersensiblen Branchen wie Bau und Logistik. Es ist davon auszugehen, dass diese Betriebe Anpassungsmaßnahmen für nötig halten, da ansonsten die ebenfalls vorgegebene Antwortkategorie – „Diskutiert, aber keine Maßnahmen erforderlich" – zutreffend gewesen wäre.

Die Hemmnisse lassen sich vor allem auf unsichere Daten, hohe Investitionskosten und fehlende Finanzmittel zurückführen. So sehen rund 37 Prozent der Befragten die unsicheren Daten über den Klimawandel und seine Auswirkungen als ein wichtiges Hindernis. Dies wird von mittleren und großen Unternehmen häufiger als Hemmfaktor wahrgenommen als von Kleinst- und Kleinunternehmen. Bei fast jedem fünften Unternehmen – speziell bei den kleinen – erschweren zudem die hohen Investitionskosten eine wirksame und planmäßige Anpassung.

Rund 10 Prozent der Befragten planen bereits Anpassungsmaßnahmen. Dabei sind die unter „sonstige Industrie" zusammengefassten wettersensiblen Unternehmen aus der Energie- und Wasserversorgung, dem Ernährungsgewerbe und dem Papiergewerbe überdurchschnittlich häufig vertreten. Bei genauso vielen Firmen – vor allem Großunternehmen und

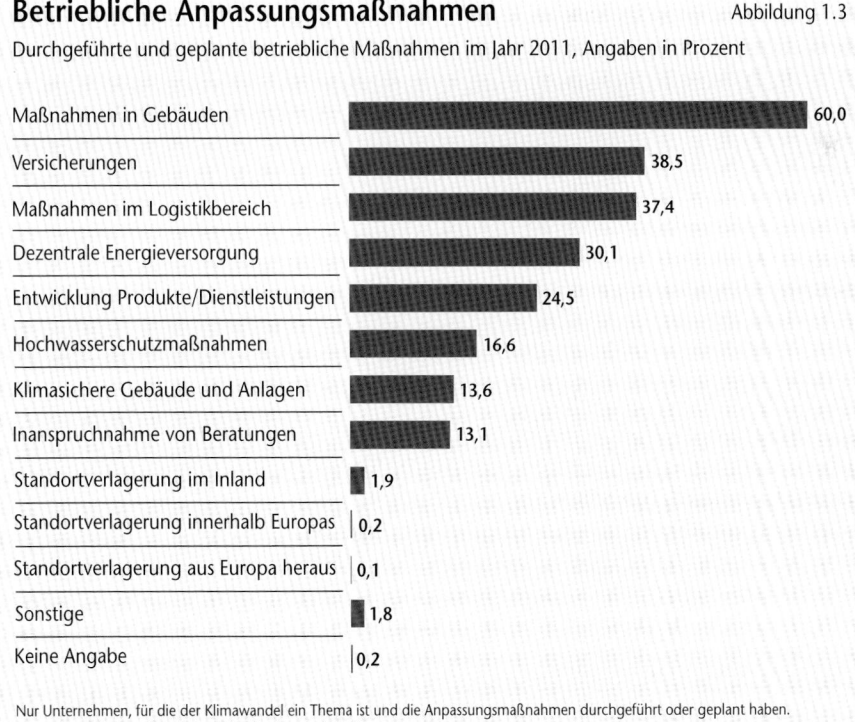

Betriebliche Anpassungsmaßnahmen Abbildung 1.3
Durchgeführte und geplante betriebliche Maßnahmen im Jahr 2011, Angaben in Prozent

Maßnahme	Prozent
Maßnahmen in Gebäuden	60,0
Versicherungen	38,5
Maßnahmen im Logistikbereich	37,4
Dezentrale Energieversorgung	30,1
Entwicklung Produkte/Dienstleistungen	24,5
Hochwasserschutzmaßnahmen	16,6
Klimasichere Gebäude und Anlagen	13,6
Inanspruchnahme von Beratungen	13,1
Standortverlagerung im Inland	1,9
Standortverlagerung innerhalb Europas	0,2
Standortverlagerung aus Europa heraus	0,1
Sonstige	1,8
Keine Angabe	0,2

Nur Unternehmen, für die der Klimawandel ein Thema ist und die Anpassungsmaßnahmen durchgeführt oder geplant haben.
Eigene Darstellung auf Basis des IW-Zukunftspanels 2011

Mittelständler – wird nach der Identifikation der Klimafolgen eine entsprechende Maßnahme umgesetzt.

Wie Abbildung 1.3 zu entnehmen ist, beziehen sich die Maßnahmen auf verschiedene Bereiche und werden unterschiedlich stark bevorzugt (Mahammadzadeh et al., 2013, 137 ff.). Die Maßnahmen in Gebäuden (Isolierung, Klimatisierung etc.) genießen in Unternehmen eine hohe Aufmerksamkeit. 60 Prozent der Befragten – darunter Großunternehmen mit 81 Prozent, gefolgt von Kleinunternehmen mit 64 Prozent – haben derlei durchgeführt oder geplant. Hierbei nehmen die Unternehmen aus den Branchen Elektroindustrie und Fahrzeugbau, Logistik, Bau und Maschinenbau eine Vorreiterrolle ein. Mit Blick auf die Klimarisiken werden zunehmend Transferstrategien wie Versicherungslösungen in den Katalog einbezogen. Fast 39 Prozent der Unternehmen – insbesondere aus den Branchen Maschinenbau, Metallerzeugung und -bearbeitung sowie Logistik – gaben an, dass sie eine Versicherung als Anpassungsmaßnahme nutzen oder planen.

An dritter Stelle stehen Maßnahmen im Logistikbereich. Ein Grund hierfür ist darin zu sehen, dass viele Unternehmen klimawandelbedingt etwa von Lieferverzögerungen betroffen sind oder sich verletzlich fühlen. Einige der Unternehmen reagieren darauf mit einer Erhöhung der Lagerbestände. Der Klimawandel und die häufiger gewordenen Extremwetterereignisse stellen die Just-in-time-Beschaffung und -Produktion vor neue Herausforderungen. Nicht nur Industrieunternehmen passen daher ihren Logistikbereich an, sondern auch die Logistikbranche selbst wird aktiv: Fast drei Viertel der Unternehmen dieser Branche setzen Anpassungsmaßnahmen um oder planen sie (Mahammadzadeh et al., 2013, 138).

Des Weiteren ist die dezentrale Energieversorgung zu nennen. Rund 30 Prozent der Unternehmen nutzen dezentrale Systeme (Notstromaggregate etc.) oder planen dies, um sich gegen mögliche Engpässe bei der Energieversorgung abzusichern, zum Beispiel gegen Stromausfälle. Das ist bei rund 93 Prozent der Unternehmen der Chemiebranche und bei jeweils knapp zwei Dritteln der Unternehmen der Elektroindustrie und des Fahrzeugbaus der Fall. Unternehmen, die bei der Analyse der Klimafolgen für sich Marktchancen erkennen, reagieren besonders oft mit der Entwicklung neuer Produkte und Dienstleistungen (hitzeresistente Baumaterialien, funktionsstärkere Klimaanlagen etc.).

Außer diesen fünf am häufigsten genannten Maßnahmen werden ferner solche in den Bereichen Hochwasserschutz, klimasichere Gebäude und Anlagen sowie nicht zuletzt die Inanspruchnahme von Beratungen umgesetzt oder geplant. Auf die Klimafolgen wird bislang sehr selten mit Standortverlagerungen reagiert. In der Summe gaben lediglich rund 2 Prozent der befragten Unternehmen an, eine klimawandelbedingte Standortverlagerung vorgenommen oder geplant zu haben.

5 Informationsbedarf und Klimaanpassung

Obwohl die Auswirkungen des Klimawandels – sowohl bei Kommunen als auch bei Unternehmen – Anpassungsmaßnahmen erfordern und der Klimawandel als Herausforderung für die Gesellschaft anerkannt ist, ist das Thema für eine Vielzahl von Menschen noch immer mit großer Skepsis behaftet. Die Ursachen dieser Skepsis liegen weitgehend in einem Informationsdefizit – vor allem im Hinblick auf die Frage, in welcher Intensität die Auswirkungen zu spüren sein werden. Ferner spielt mangelndes Wissen zu Art und Verlauf des Klimawandels eine Rolle.

Speziell auf lokaler Ebene werden – durch die Erfahrung von zunehmenden Extremwetterereignissen und der daraus resultierenden Betroffenheiten – Anpassungsmaßnahmen von kommunaler und unternehmerischer Seite erwogen. Um sich koordiniert auf kurzfristige Störungen (etwa auf starke Niederschläge oder Stürme) vorzubereiten, sind Informationen zu regionalen Auswirkungen des Klimawandels unerlässlich (Osberghaus et al., 2010, 3). Ergebnissen der bereits genannten IW-Befragungen zufolge differiert die Bedarfssituation bei den Kommunen und den Unternehmen (vgl. Abschnitt 3). Die separate Betrachtung dieser beiden Akteursgruppen verdeutlicht die verschiedenartigen Erfahrungen, Interessen und Herangehensweisen bei der Klimaanpassung auf lokaler Ebene, woraus sich folglich Unterschiede im Informationsbedarf ergeben.

So geben neun von zehn der in der IW-Kommunalbefragung 2011 interviewten Kommunalvertreter an, sich mindestens ausreichend über Veränderungen bei lokalen Extremwetterereignissen informiert zu fühlen. Außerdem sagen fast 78 Prozent, auch über langfristige Klimaentwicklungen – wie sich ändernde Durchschnittstemperaturen oder Niederschlagsmengen – ausreichende Kenntnisse zu haben. Hinsichtlich möglicher Anpassungsmaßnahmen haben nur gut 29 Prozent ergänzenden Informationsbedarf (Mahammadzadeh et al., 2013, 90). Jedoch sieht sich über ein Drittel der Befragten nicht imstande, die Auswirkungen klimatischer Veränderungen auf ökologische Systeme zu bewerten, beispielsweise auf die Wasser- oder die Bodenqualität. Noch weniger können sie die Folgen abschätzen, die Klimaveränderungen für soziale und ökonomische Systeme haben. Wissensdefizite bei den Kommunen bestehen somit nicht primär bei der Projektion von klimatischen Veränderungen, sondern vielmehr bei den Wirkungszusammenhängen (vgl. Abschnitt 3.1).

Im Gegensatz dazu zeigen die Ergebnisse der Unternehmensbefragung im Rahmen des IW-Zukunftspanels 2011, dass 57 Prozent der Unternehmen mehr klimarelevante Informationen möchten. Rund 32 Prozent der befragten Geschäftsführer sehen einen Informationsbedarf vor allem bezüglich des Niveaus und der Extremwerte von Temperaturen, der Häufigkeit und/oder Stärke von Stürmen (knapp 30 Prozent) sowie von Starkregenereignissen (rund 29 Prozent) (Mahammadzadeh et al., 2013, 146). Daneben gibt es bei jedem zweiten deutschen Unternehmen einen Bedarf an klimarelevanten Tools und Lösungsvorschlägen. Bei fast allen Branchen und Unternehmensgrößen besteht der Wunsch nach Problemlösungen für die betriebliche Infrastruktur (etwa für Gebäude) und nach Versicherungen gegen Klimafolgen (vgl. Abschnitt 3.2). Damit Unternehmen technische Lösungen nutzen und Anpassungsmaßnahmen einleiten können, müssen entsprechende Informationen zu der Praktikabilität von Tools verfügbar gemacht werden.

Des Weiteren sind für Kommunen und Unternehmen die Herkunft und die Verfügbarkeit von Informationen zum Klimawandel und dessen Auswirkungen entscheidend. Sie beziehen ihre Kenntnisse aus sehr unterschiedlichen Quellen. Das Spektrum reicht von allgemeinen Medien wie Presse und Rundfunk, öffentlichen und privaten Forschungseinrichtungen über Behörden, Ministerien und Nichtregierungsorganisationen bis hin zu eigenen Informationsquellen (Mahammadzadeh, 2011, 105). Mit Blick darauf stellt sich die Frage nach der Informationseignung. Verschiedene Akteure haben mitunter voneinander abweichende Einschätzungen zu Zuverlässigkeit, Vertrauenswürdigkeit, Problembezug, Aktualität, Überprüfbarkeit, Objektivität, Informationsgehalt und Kosten-Nutzen-Verhältnis. In einer Befragung durch den Forschungsverbund nordwest2050 beispielsweise sagten 75 Prozent der Unternehmen, dass es nur wenige Informationsquellen gebe, denen sie in Sachen Klimawandel vertrauen. Unter den Herausgebern von Informationen zum Thema, die als vertrauenswürdig eingestuft wurden, waren der Deutsche Wetterdienst, das Bundesministerium für Umwelt, Naturschutz und Reaktorsicherheit sowie Arbeitgeberverbände (Fichter/Stecher, 2011, 273).

Es zeigt sich also, dass es bei den Akteuren durchaus Informationsbedarf zu den Themen Klimawandel und Klimaanpassung gibt und dass darauf zielgruppengerecht geantwortet werden muss. So können beispielsweise Erkenntnisse und Lösungsansätze, die durch Instrumente wie das Förderprojekt KLIMZUG generiert werden, ein Weg sein. Über Klimaanpassungsmaßnahmen, die bereits lokal von verschiedenen Akteuren umgesetzt wurden, lassen sich Fragen zu kommunalen Wirkungszusammenhängen beantworten und Hinweise gewinnen zu unternehmerischen Maßnahmen mit technischen Lösungen im Bereich Klimafolgenmanagement. Darüber hinaus ist es wahrscheinlich, dass die Glaubwürdigkeit der Informationen durch praktische Erfahrungen von Kommunen und Unternehmen gesteigert werden kann und somit die Skepsis gegenüber den Themen Klimawandel und Klimaanpassung nachlässt. In besonderer Weise ergibt sich dabei für Politik, Verbände und Kammern die Aufgabe, die Verfügbarkeit und die Vertrauenswürdigkeit von Informationen zu den Auswirkungen des Klimawandels und zu möglichen Lösungen sicherzustellen und die entsprechenden Zielgruppen darauf aufmerksam zu machen.

6 Fazit

In Kommunen und Unternehmen ist der Klimaschutz derzeit ein bedeutenderes Thema als die Anpassung an den Klimawandel. Gleichwohl ließ sich durch Befragungen beider Akteursgruppen herausfinden, wo diese jeweils ihre künftigen Betroffenheiten durch den Klimawandel sehen. Eindeutig ist auch das Ergebnis, dass diese Betroffenheiten wachsen werden. Mithilfe dieser Befunde sind Aussagen darüber möglich, welchen Bedarf an Anpassungsmaßnahmen Kommunen und Unternehmen haben.

Kommunen sehen sich speziell bei der Land- und Forstwirtschaft sowie in der Wasserversorgung und -entsorgung vor Anpassungsaufgaben gestellt. Sie setzen stärker auf Planungsinstrumente als auf Mittel wie Anreize, informatorische, regulatorische oder koordinierende Instrumente oder auf Maßnahmen am öffentlichen Eigentum. Dies variiert jedoch zwischen den Handlungsfeldern.

Bei Unternehmen liegt der Bedarf vor allem bei Anpassungsmaßnahmen in und an Gebäuden, flankiert durch einen erweiterten Versicherungsschutz. Die Logistik und die Energieversorgung müssen aus Sicht der Unternehmen in Deutschland ebenfalls klimatauglicher werden. Klimawandelbedingte Standortverlagerungen sind dagegen so gut wie kein Thema.

In den KLIMZUG-Verbünden wurden vielfältige Lösungen für den Anpassungsbedarf auf regionaler Ebene entwickelt. Sie beruhen auf intensiven natur-, ingenieur- und sozialwissenschaftlichen Forschungsarbeiten und auf dem Dialog mit den Akteuren in den Regionen. Für den jeweiligen Anpassungsbedarf wurden Praxisprojekte durchgeführt und Strategien erstellt. Kommunen und Unternehmen erhalten damit die Chance, rechtzeitig die für sie geeigneten Maßnahmen zu initiieren.

Zusammenfassung

- Bezogen auf konkrete Maßnahmen zum Umgang mit den Folgen des Klimawandels sehen Kommunen in Deutschland für sich den größten Anpassungsbedarf in der Land- und Forstwirtschaft. Ein großer Bedarf an Maßnahmen besteht auch bei der Wasserversorgung und -entsorgung sowie im Gesundheitswesen.
- Unternehmen benötigen Anpassungslösungen vor allem hinsichtlich einer auf den Klimawandel ausgerichteten Infrastruktur und bei Versicherungsprodukten.
- Das Spektrum möglicher Ansatzpunkte für Maßnahmen ist sehr vielfältig und reicht vom Ausnutzen klimatischer Veränderungen bis hin zur Aufgabe von Standorten.
- Für Kommunen ist der planerische Ansatz von zentraler Bedeutung; dies gilt besonders bei den Aufgaben der Wasserversorgung und -entsorgung.
- Unternehmen setzen in puncto Klimaanpassung in erster Linie bei den Gebäuden an, darüber hinaus auch im Versicherungs- und im Logistikbereich.
- Kommunalvertreter sind mehr an Informationen zu Anpassungsmaßnahmen interessiert als an solchen über Klimafolgen.
- Unternehmen fragen dagegen stärker nach künftigen Ausprägungen des Klimawandels bei Temperaturen und Niederschlägen.

Literatur

Bardt, Hubertus, 2005, Klimaschutz und Anpassung. Merkmale unterschiedlicher Politikstrategien, in: Vierteljahreszeitschrift zur Wirtschaftsforschung, 74. Jg., Nr. 2, S. 259–269

Beck, Silke et al., 2011, Synergien und Konflikte von Strategien und Maßnahmen zur Anpassung an den Klimawandel, Climate Change, Nr. 18/2011, Dessau-Roßlau

Biebeler, Hendrik, 2012, Politischer Handlungsbedarf bei der Anpassung an den Klimawandel, in: Institut der deutschen Wirtschaft Köln (Hrsg.), Auf dem Weg zu mehr Nachhaltigkeit. Erfolge und Herausforderungen 25 Jahre nach dem Brundtland-Bericht, IW-Analysen, Nr. 82, Köln, S. 63–77

Bundesregierung, 2011, Aktionsplan Anpassung der Deutschen Anpassungsstrategie an den Klimawandel, beschlossen vom Bundeskabinett am 31.8.2011, http://www.bmu.de/files/pdfs/allgemein/application/pdf/aktionsplan_anpassung_klimawandel_bf.pdf [20.12.2012]

Burton, Ian / **Kates**, Robert W. / **White**, Gilbert F., 1993, The Environment as Hazard, New York

Chrischilles, Esther / **Mahammadzadeh**, Mahammad, 2012, Klimaanpassung aus Sicht der kommunalen Verwaltung und der Wirtschaft, in: Mahammadzadeh, Mahammad / Chrischilles, Esther (Hrsg.), Klimaanpassung als Herausforderung für die Regional- und Stadtplanung. Erfahrungen und Erkenntnisse aus der deutschen Anpassungsforschung und -praxis, Köln, S. 16–26

DAS – Deutsche Anpassungsstrategie an den Klimawandel, 2008, beschlossen vom Bundeskabinett am 17.12.2008, Berlin

Fichter, Klaus / **Stecher**, Tina, 2011, Unternehmensstrategien für Klimaanpassung. Empirische Ergebnisse einer Unternehmensbefragung, in: Zeitschrift für Umweltpolitik & Umweltrecht, 34. Jg., Nr. 3, S. 249–178

Holling, Crawford S., 1973, Resilience and Stability of Ecological Systems, in: Annual Review of Ecology and Systematics, 23. Jg., Nr. 4, S. 1–23

IPCC – Intergovernmental Panel on Climate Change, 2001, Climate change 2001: impacts, adaptation, and vulnerability. Contribution of Working Group II to the third assessment report of the Intergovernmental Panel on Climate Change, Annex B, Glossary of Terms, http://www.grida.no/climate/ipcc_tar/wg2/689.htm [17.5.2013]

Mahammadzadeh, Mahammad, 2011, Risikomanagement: Bewältigung von Klimarisiken in Unternehmen. Bedeutung und Möglichkeiten, in: UmweltWirtschaftsForum, 19. Jg., Nr. 1-2, S. 101–108

Mahammadzadeh, Mahammad / **Biebeler**, Hendrik, 2009, Anpassung an den Klimawandel, IW-Analysen, Nr. 57, Köln

Mahammadzadeh, Mahammad / **Chrischilles**, Esther / **Biebeler**, Hendrik, 2013, Klimaanpassung in Unternehmen und Kommunen. Betroffenheiten, Verletzlichkeiten und Anpassungsbedarf, IW-Analysen, Nr. 83, Köln

Osberghaus, Daniel / **Finkel**, Elyssa / **Pohl**, Max, 2010, Individual Adaptation to Climate Change. The Role of Information and Perceived Risk, ZEW Discussion Paper, Nr. 10-6, Mannheim

Kapitel 2

Elke Keup-Thiel / Steffen Bender / Markus Groth / Barbara Hennemuth / Susanne Schuck-Zöller[a]

Service für Anpassungsprojekte

Inhalt

1	Einleitung	30
2	Methoden der Beratung	30
2.1	Individuelle Beratung: das CSC-Anfragenmanagement	30
2.2	Informationsangebote	31
2.3	Moderation und Dialog	32
2.4	Der Klimanavigator	32
3	Beratungsfelder und Beispiele	33
3.1	Klimamodelle: Grundlagen	33
3.2	Klimamodelldaten: Auswertung und Interpretation	34
3.3	Modellketten: Kopplung von Klima- und Wirkmodellen am Beispiel hydrologischer Fragestellungen	36
3.4	Bestandsaufnahme zu ökonomischen Aspekten der Anpassung an den Klimawandel	38
	Zusammenfassung	39
	Literatur	40

---

[a] Alle: Climate Service Center (CSC) am Helmholtz-Zentrum Geesthacht, Zentrum für Material- und Küstenforschung GmbH.

1 Einleitung

Das Climate Service Center (CSC) am Helmholtz-Zentrum Geesthacht ist eine nationale Dienstleistungseinrichtung zur Vermittlung von Wissen über Klima, Klimawandel und dessen Folgen für Umwelt, Wirtschaft und Gesellschaft. Es berät Entscheidungsträger in Klimafragen und erarbeitet zielgruppengerecht aufbereitete Produkte, wie – um nur einige Beispiele zu nennen – Klimasignalkarten, Climate Fact Sheets, Berichte und Workshops. Hierfür ermittelt das CSC den jeweiligen Beratungsbedarf und führt aktuelle Ergebnisse aus der Klimaforschung zusammen. Durch den direkten Kontakt zu Nutzern von Klimadaten erkennt das CSC außerdem, wo weiterer Informationsbedarf besteht. Zur Erfüllung seines Auftrags ist das CSC stark vernetzt mit Anbietern von Klimainformationen, betreibt selbst Forschung und fungiert insgesamt als Schnittstelle zwischen den verschiedenen Akteuren der grundlagenorientierten Wissenschaft und der Anwendung. Dabei ist eine gemeinsame Betrachtung von Aspekten des Klimaschutzes und der Anpassung an den Klimawandel wichtig. Eine bedeutende Zielgruppe des CSC sind die Akteure, die Anpassungsmaßnahmen erarbeiten. Dabei handelt es sich um Wissenschaftler aller Disziplinen, um Behördenvertreter und um diejenigen, die Anpassungsmaßnahmen umsetzen.

Im Hinblick auf das Netzwerkprojekt „KLIMZUG – Klimawandel in Regionen zukunftsfähig gestalten" bestand der Schwerpunkt der Arbeit des CSC in der Beratung und Unterstützung während der gesamten Projektlaufzeit. Dabei konnte die im CSC vorhandene Expertise zu Klimamodellierung, Umgang mit Klimamodelldaten und Bandbreiten der Klimaprojektionen, Auswertemethoden, Wirkmodellierung und der Einschätzung ökonomischer Folgen eingebracht werden.

Im vorliegenden Beitrag werden die methodische Vorgehensweise bei der Beratung von Anpassungsprojekten sowie die Inhalte des Wissenstransfers und der Moderation beschrieben. Außerdem werden anhand von Fragestellungen und Beispielen der Umfang und die Komplexität der Beratung erläutert.

2 Methoden der Beratung

2.1 Individuelle Beratung: das CSC-Anfragenmanagement

Welche klimatischen Veränderungen kommen künftig auf uns zu? Welche Klimamodelldaten stehen zur Verfügung? Wie können Akteure aus Wirtschaft, Politik und Verwaltung sich auf diese Veränderungen vorbereiten und Anpassungsmaßnahmen vornehmen? Zur Beantwortung dieser und anderer Fragen, die auch aus konkreten Anpassungsprojekten stammen, wurde ein Anfragenservice etabliert. Ein Serviceteam am CSC beantwortet in interdisziplinärer Zusammenarbeit – auf der Grundlage hauseigener Expertise, gemeinsam mit seinen Kooperationspartnern oder aber als Lotse zu bereits existierenden Anlaufstellen – klimarelevante Fragen insbesondere aus den Bereichen Wirtschaft, Politik und Verwaltung sowie Wissenschaft und Medien. Der Service zielt darauf ab, den aktuellen Stand des Wissens aus der Forschung für die jeweiligen Nutzer aufzubereiten. Aus Anfragen komplexen Inhalts entstehen über

Fachgrenzen hinweg Materialsammlungen und Syntheseberichte oder sogar neue Projekte.

Anpassungsprojekte – etwa aus dem Förderprojekt KLIMZUG – profitieren von der Einrichtung dieses Anfragensystems, da schnell, kompetent und neutral nicht nur kurze Anfragen, sondern auch komplexe Fragen beantwortet werden. Schwierige Fragestellungen können gegebenenfalls auch unter Einbeziehung weiterer Experten in einem größeren Kreis diskutiert werden.

Für das Jahr 2012 wurde erstmals ein Jahresrückblick zum CSC-Anfragenservice erstellt (Holler et al., 2013). Er ermöglicht einen Einblick, aus welchen Bereichen Anfragen an das CSC gestellt wurden. Dies waren vor allem Wissenschaft (30 Prozent), Bildung (27 Prozent) und Unternehmen (23 Prozent). Die Bandbreite der Anfragen war sehr groß und reichte von allgemeinen Fragen zu Klima und Klimawandel oder zu politischen Rahmenbedingungen bis hin zu spezifischen Fragen zum Umgang mit Klima- und Simulationsdaten. Aus den monatlichen Anfragen wurde im Verlauf des Jahres 2012 jeweils eine besonders interessante Frage ausgewählt und auf der CSC-Homepage www.climate-service-center.de anonymisiert als „Anfrage des Monats" verfügbar gemacht.

2.2 Informationsangebote

Der erste Schritt, um Anpassungsmaßnahmen zu entwickeln und eine Region oder ein Unternehmen auf den Klimawandel vorzubereiten, besteht in der Sichtung der vorliegenden Materialien sowie in der Identifizierung der Informationen, die benötigt werden. Dies können wissenschaftliche Berichte, Grafiken und Abbildungen sein, aber auch gemessene und berechnete Daten, beispielsweise aus Klimamodellen, die bei Bedarf speziell aufbereitet werden müssen (Jacob et al., 2012).

Zur Auswertung und Interpretation der Klimadaten müssen den Nutzern Erkenntnisse aus dem Klimaforschungsbereich übermittelt werden (vgl. Abschnitt 3.2). Dazu werden auf der CSC-Website unter dem Menüpunkt „Klimamodelldaten für Deutschland und Europa" Informationen bereitgestellt. Themen wie Klima und Klimawandel, aber auch globale und regionale Klimamodelle und Klimaprojektionen werden erklärt. Zudem sind dort Hinweise zum Datenzugang zu finden.

Die Notwendigkeit von Begriffsklärungen wird schnell deutlich, wenn man sich vergegenwärtigt, dass Fachbegriffe und Schwellenwerte in wissenschaftlichen Texten und anderen Berichten je nach Kontext oftmals unterschiedlich gewählt werden. Daher wird auch das „Vergleichende Lexikon" mit wichtigen Definitionen, Schwellenwerten, Kennzahlen und Indizes für Fragestellungen rund um das Thema „Klimawandel und seine Folgen" vielfach genutzt.

Um die Frage zu beantworten, wie robust Aussagen zu künftigen Klimaänderungen sind, wurden vom CSC sogenannte Klimasignalkarten entwickelt, denen regionale Modellsimulationen zugrunde liegen. Zur Bestimmung der Bandbreite möglicher Änderungen des Klimas wurde hierzu ein Ensemble aus derzeit verfügbaren Klimaprojektionen für Deutschland ausgewertet. Die Signalkarten ermöglichen eine Bewertung der projizierten Klimaänderungen.

2.3 Moderation und Dialog

Um den Herausforderungen der Anpassung an den Klimawandel zu begegnen, sind Dialoge sowohl zwischen wirtschaftlichen Sektoren als auch zwischen unterschiedlichen fachlichen Disziplinen nötig. Darüber hinaus spielen sowohl der Austausch innerhalb eines Projekts als auch der Austausch zwischen Anpassungsprojekten in unterschiedlichen Regionen entscheidende Rollen. Aber auch transdisziplinäre Dialoge zwischen Wissenschaftlern und Praxisakteuren haben sich bei der Entwicklung von Anpassungsmaßnahmen als unerlässlich herausgestellt (Bergmann, 2010; Bender et al., 2012).

Das CSC unterstützt den projektübergreifenden, thematischen Dialog zwischen den KLIMZUG-Verbünden und beteiligt sich zudem an einer thematischen Arbeitsgruppe. Dieser Dialog ermöglicht das Ausloten von Synergien zwischen den verschiedenen Projekten, in denen Anpassungsmaßnahmen an den Klimawandel entwickelt werden.

Da für die Auswertung und Interpretation von Klimamodelldaten ein umfangreiches Wissen erforderlich ist, hat das CSC den KLIMZUG-Verbünden neben Informationen auch Plattformen zum Zwecke des Austauschs angeboten. Auf mehreren themenorientierten Workshops (Verfeinerung, Bias-Korrektur, statistische Verfahren) hatten die Projektakteure die Möglichkeit, ihre Ergebnisse zu präsentieren, sich zu informieren und miteinander zu diskutieren. Die Angebote der Workshops fanden in enger Abstimmung mit den Projekten und unter Beteiligung externer wissenschaftlicher Experten statt.

Ein Beispiel für die Synthese vorhandenen Wissens ist die Zusammenstellung statistischer Verfahren in standardisierter Form und mit Anwendungsbeispielen in der Broschüre „Statistische Verfahren in der Auswertung von Klimamodell- und Wirkmodelldaten" (Arbeitsgruppe Statistik am CSC, 2012). Die Broschüre leistet Unterstützung bei der Analyse der Klimamodelldaten und ergänzt die vorhandene Fachliteratur.

2.4 Der Klimanavigator

Die Webplattform www.klimanavigator.de wurde vom CSC initiiert, um Nutzern aus Wirtschaft, Politik und Verwaltung, aber auch Anpassungsprojekten den Weg zu den Klimaforschungseinrichtungen und deren Wissen zu erleichtern. Gemeinsam mit inzwischen über 50 Partnerorganisationen aus der deutschen Klima- und Klimafolgenforschung wurde der Klimanavigator als nationales Portal entwickelt, um das vorhandene Wissen zu bündeln und für die Zielgruppen aufzubereiten.

Die Plattform wird von den beteiligten Partnern gemeinsam betrieben. Die Rolle des CSC beschränkt sich auf die technische Betreuung und auf den Betrieb der Geschäftsstelle, die das Projekt koordiniert. Der Navigator bündelt Informationen zu den Themen Klima, Klimawandel, Klimafolgen und Anpassungsmaßnahmen. Er soll einen möglichst umfassenden Überblick über die aktuelle Forschung in Deutschland geben und berücksichtigt dabei sowohl die Grundlagen- als auch die angewandte Forschung sowie die wissenschaftlich begleiteten Umsetzungsaktivitäten.

Nicht zuletzt um den KLIMZUG-Verbünden die Möglichkeit der Beteiligung zu geben, wurden auch große Netzwerke und Forschungsverbünde (beispielsweise die Exzellenzcluster der Universitäten) zum Mitmachen eingeladen. Die Mehrheit der KLIMZUG-

Projekte hat diese Möglichkeit genutzt, sich in der Gemeinschaft der Portalpartner vernetzt und engagiert an der Gestaltung des Klimanavigators mitgearbeitet.

Die interdisziplinäre Vernetzung quer durch die Institutionen wird durch die Darstellung der Forschungsverbünde sichtbar und macht die Bedeutung des Wissenschaftsstandorts Deutschland anschaulich. Damit die Ergebnisse aus den KLIMZUG-Verbünden auch nach Ende der Projektlaufzeit dauerhaft verfügbar sind, ist eine eigene Sektion „Projektergebnisse" geplant. Dieses Wissensarchiv soll es ermöglichen, die erarbeiteten vielfältigen Materialien auf einer – auch künftig stets aktualisierten – Plattform zu bündeln. So können der Klimanavigator und seine monatlich mehr als 2.000 Nutzer einmal mehr von der praxisnahen Herangehensweise der KLIMZUG-Projekte profitieren.

3 Beratungsfelder und Beispiele

3.1 Klimamodelle: Grundlagen

Die im Rahmen des 4. Assessment Reports (AR4) des Intergovernmental Panel on Climate Change (IPCC, 2007) erstellten Daten der Klimasimulationen stehen seit 2008 in Deutschland erstmals allen interessierten Nutzern für spezifische Analysen und die weitere Nutzung in Wirkmodellen zur Verfügung. Davor wurden die Daten überwiegend von Klimaforschern analysiert und bewertet. Dies stellte eine Hürde für Wissenschaftler anderer Disziplinen, Mitarbeiter in Behörden und Anpassungsprojekten und für andere Interessierte dar. Es entstand ein großer Bedarf nach Informationen über die Möglichkeiten

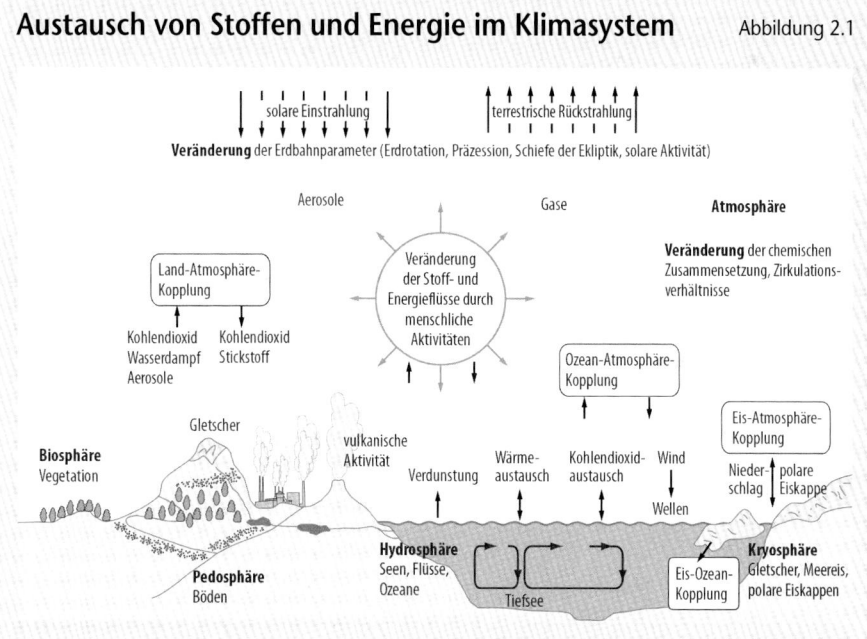

Quelle: Gebhardt, H. / Glaser, R. / Radtke, U. / Reuber, P. (Hrsg.), 2011, Geographie. Physische Geographie und Humangeographie, 2. Auflage, Heidelberg, nach einem Entwurf von R. Glaser und H. Saurer, verändert nach IPCC, 2001

und Grenzen von Klimasimulationen und nach Unterstützung bei der Handhabung von Klimadaten. Das BMBF förderte daher von 2005 bis 2009 auch ein Begleitvorhaben für die klimazwei- und KLIMZUG-Projekte, nämlich die Service Gruppe Anpassung (Wunram et al., 2009), die diese Beratungsaufgabe übernommen hat. Auch für Klimaforscher ist die Vermittlung von Klimawissen eine große Herausforderung, da auf die besonderen Bedarfe der verschiedenen Sektoren oder Branchen eingegangen werden muss. Der Wissenstransfer funktioniert in diesem Fall einseitig von der Klimaforschung in andere Disziplinen. Die Nutzer sollen ein umfassendes Wissen über Klima und Klimamodellierung gewinnen, um zu angemessenen Aussagen zu kommen.

Das Klimasystem ist sehr vielschichtig; es umfasst Atmosphäre, Hydrosphäre, Pedosphäre, Kryosphäre, Lithosphäre und Biosphäre sowie deren Wechselwirkungen (Abbildung 2.1). Ebenso komplex sind die globalen und regionalen Klimamodelle und entsprechend schwierig ist der Umgang mit Klimamodelldaten.

Die Themenfelder, zu denen eine Beratung Informationen vermitteln muss, um die Nutzer von Klimamodelldaten in den Stand zu versetzen, eigenständig Lösungen für ihre Fragestellungen zu erarbeiten, sind vielfältig und komplex. Sie umfassen beispielsweise folgende Punkte:

- Was versteht man unter Klima?
- Was ist die Ursache für den Klimawandel?
- Wie kann man Klima simulieren?
- Was ist die Basis für Zukunftsprojektionen?
- Wo liegen die Einschränkungen und Grenzen der Klimamodellierung?
- Wie können höhere Auflösungen durch Regionalisierung erreicht werden?
- Welche der Klimamodellierung inhärente Unsicherheiten treten auf?
- Welches sind die Vorteile, ein Ensemble aller verfügbaren Klimamodelle statt eines einzelnen Klimamodells zu nutzen?

3.2 Klimamodelldaten: Auswertung und Interpretation

Die Auswertung der aus den AR4-IPCC-Simulationen erstellten regionalen Klimamodelldaten ist vor allem für Projekte, die bisher nicht mit Modelldaten gearbeitet haben, eine große Herausforderung. Hürden sind hier nicht nur die Verfügbarkeit und Nutzbarkeit von Daten, die Datenmenge, die Datenformate und der Download, sondern auch die Umsetzung in den Projektvorhaben, weil zeitlicher und technischer Aufwand von Datentransfer und -auswertung nicht selten unterschätzt werden. Das Wissen hierzu sollte daher schon in der Planungsphase eines Projekts vorhanden sein, damit in der Projektphase die Datenfülle gut bearbeitet und genutzt werden kann.

Ein wesentlicher Beitrag bei der Unterstützung von Anpassungsprojekten, die selbst mit Klimamodelldaten arbeiten möchten, liegt zunächst in der Information über die Verfügbarkeit geeigneter Daten. Daher spielen die folgenden Fragen eine wichtige Rolle:

- Welche Klimamodelldaten (global oder regional beziehungsweise dynamisch oder statistisch regionalisiert) sind für die Fragestellung geeignet?

- Welche Ausgabeparameter sind verfügbar?
- Welche zeitlichen Auflösungen liegen für welche Parameter vor?
- Wie groß ist das Ensemble von Modellen, das die Anforderungen erfüllt?
- Liegen alle Daten auf dem gleichen Gitter vor?
- In welcher Datenbank sind die Daten abgelegt und wie ist der Zugang?
- Wie kann das Datenformat auf das gewünschte Format transformiert werden?
- Gibt es bekannte Besonderheiten für bestimmte Parameter, die zum Verständnis nötig sind?

Regionale Klimamodelle ermöglichen die räumliche Verfeinerung der globalen Klimasimulationen. Erst räumlich fein aufgelöste Simulationen enthalten das Potenzial, regionale Ausprägungen des Klimawandels zu analysieren. Eine ebenfalls wichtige Aufgabe des CSC besteht in der Klärung und der Vermittlung der verwendeten Begriffe wie zum Beispiel „Szenarien", „Emissionsszenarien", „Prognosen" versus „Projektionen" oder auch des Begriffs „Ensemble".

Ein weiterer Themenkomplex betrifft die Auswertung und Interpretation der Modelldaten. Im Folgenden sind beispielhaft einige Punkte angegeben, die für Anpassungsprojekte bedeutsam sind und für die Lösungen gefunden werden müssen:

- Wie gut stimmen die regionalen Klimasimulationen der nahen Vergangenheit mit Beobachtungsdaten überein?
- Was ist bei der Interpretation der Klimaprojektionen zu beachten?
- Welche Zeitintervalle und Regionen lassen sich für eine Analyse heranziehen?
- Gibt es systematische Modellfehler im Untersuchungsgebiet, sodass eine Korrektur erforderlich ist (Bias-Korrektur)?
- Wann ist eine Korrektur sinnvoll und wann nicht?
- Ist die horizontale Auflösung der regionalen Klimaprojektionen ausreichend oder wird ein weiteres Downscaling benötigt?

Einschätzungen zur Qualität der Ergebnisse können nur durch statistische Analysen erzielt werden, etwa durch Signifikanz- oder Robustheitstests. Ein Beispiel dafür ist in Abbildung 2.2 dargestellt. Die Klimasignalkarte (Pfeifer et al., 2013) zeigt die Zunahme der Tage mit einem Niederschlag größer als 25 mm pro Tag für den Betrachtungszeitraum 2036 bis 2065 gegenüber dem Betrachtungszeitraum 1966 bis 1995. Die prozentuale Zunahme der Anzahl der Niederschlagstage pro Jahr ist auf der linken Seite der Abbildung ohne Robustheitstest und auf der rechten Seite mit einem dreistufigen Robustheitstest dargestellt. Für die dunkelgrau gekennzeichneten Regionen beträgt die Zunahme der Niederschlagstage größer als 25 mm pro Tag mehr als 30 Prozent und für alle grauen Gebiete liegt sie zwischen 10 und 30 Prozent. Jedoch sind auf der rechten Seite der Abbildung Regionen, für die auch nur einer der drei Robustheitstest nicht erfolgreich war, weiß gekennzeichnet. Für diese Gebiete gelten die Ergebnisse als nicht robust.

Die Analyse von Extremwerten mittels statistischer Verfahren spielt eine große Rolle, weil gerade bei extremen Ausschlägen die Auswirkungen auf Wirtschaft und Gesellschaft

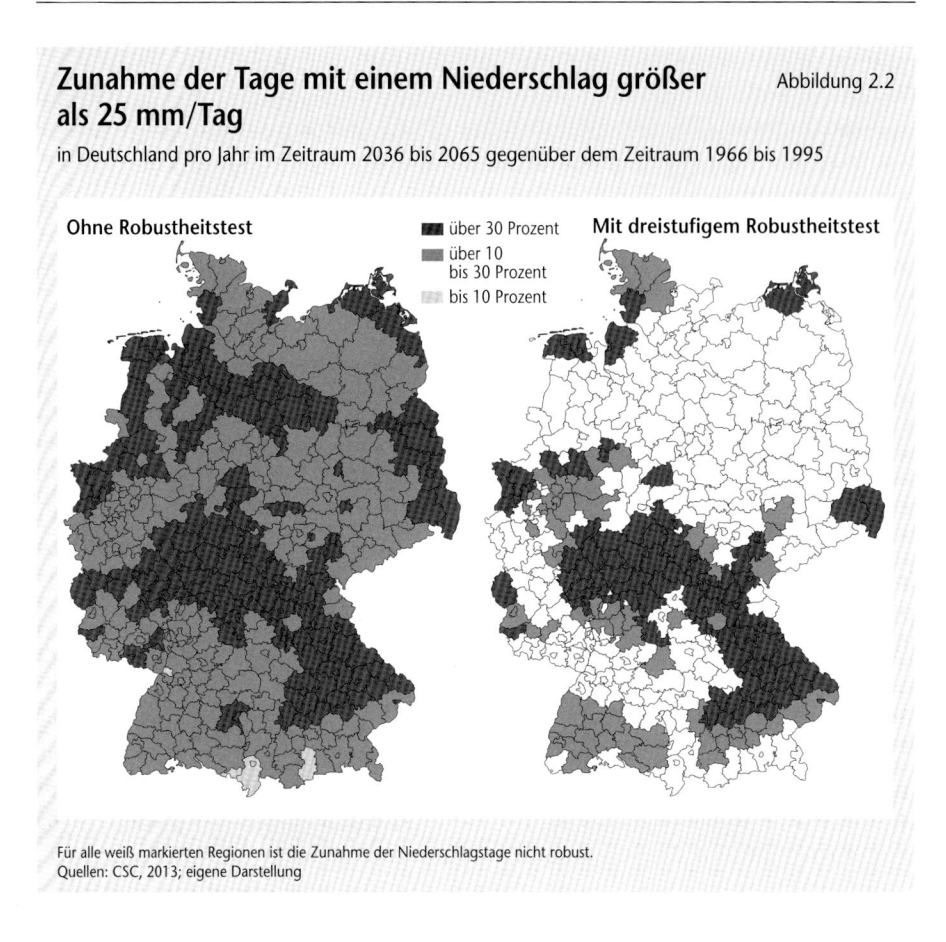

Zunahme der Tage mit einem Niederschlag größer als 25 mm/Tag   Abbildung 2.2

in Deutschland pro Jahr im Zeitraum 2036 bis 2065 gegenüber dem Zeitraum 1966 bis 1995

Ohne Robustheitstest   ■ über 30 Prozent   Mit dreistufigem Robustheitstest
■ über 10 bis 30 Prozent
▨ bis 10 Prozent

Für alle weiß markierten Regionen ist die Zunahme der Niederschlagstage nicht robust.
Quellen: CSC, 2013; eigene Darstellung

am größten sind, gleichzeitig aber deren Analyse am schwierigsten ist (Field et al., 2012). Da es für alle Anwender wichtig ist, eine fundierte Kenntnis und einen Überblick über geeignete Verfahren zu besitzen, um zuverlässige und robuste Ergebnisse zu erzielen, wurde vom CSC – unter Beteiligung von KLIMZUG-Projektmitarbeitern – die Arbeitsgruppe Statistik gegründet und betreut. Von ihr wurde die Entwicklung und Veröffentlichung der Statistikbroschüre vorangetrieben (Hennemuth et al., 2013; vgl. Abschnitt 2.3).

3.3 Modellketten: Kopplung von Klima- und Wirkmodellen am Beispiel hydrologischer Fragestellungen

Bisher gibt es kein integriertes Erdsystemmodell, das alle relevanten Prozesse und Skalen in sich vereint (Maurer et al., 2011). Deshalb werden aneinandergereihte Modelle eingesetzt, sogenannte Modellketten, die meist einer Hierarchie folgend mit oder ohne Rückkopplung hintereinander abgearbeitet werden. Im einfachsten Fall verarbeiten nachfolgende Modelle die Daten aus dem vorausgehenden Modell. In der Klimaforschung ist die Verwendung von Ensembles zur gängigen Praxis geworden. Die Simulationsergebnisse verschiedener Klimamodelle werden betrachtet, um die Unschärfe der Modellierung, die aufgrund unterschiedlicher Modellvereinfachungen beziehungsweise Parametrisierungen entsteht, in die Betrachtung einzubeziehen. Die Umsetzung eines sogenannten Multi-Modell-Ensembles entlang einer Modellkette „Globale Klimamodelle – Regionale Klimamodelle – Wirkmodelle" ist sehr aufwendig. Wird zum Beispiel eine Modellkette mit hydrologischen Modellen betrachtet, so können die Ergebnisse Kenngrößen wie Verdunstung oder Abflussmenge sein. Eine Nutzung dieses Ansatzes unter Verwendung eines hydrologischen Multi-Modell-Ensembles wurde unter anderem im Projekt „KLIWAS – Auswirkungen des Klimawandels auf Wasserstraßen und Schifffahrt" durchgeführt (Roberts et al., 2011).

In einem CSC-Workshop wurden mit Experten offene Fragen und die Praxistauglichkeit des Multi-Modell-Ensemble-Ansatzes besprochen: Wie gut sind die Ergebnisse des Ansatzes? Sind die Resultate einzelner Modellketten aufgrund unterschiedlicher Betrachtungs- und Zeitskalen miteinander kombinierbar? Diese Fragen sind nicht einfach zu beantworten. Bisherige Versuche eines systematischen Vergleichs von Modellketten scheiterten an der fehlenden Standardisierung der verwendeten Begriffe. Darum wird als erster Schritt die Erstellung eines gemeinsamen Kennwertkatalogs empfohlen, in dem der meteorologische Input und der hydrologische Output definiert werden.

Zur Beantwortung hydrologischer Fragestellungen kommen vom globalen bis hin zum lokalen Maßstab die unterschiedlichsten Modelle zum Einsatz. Wie in der KLIMZUG-Arbeitsgruppe Siedlungswasserwirtschaft, die vom CSC begleitet wurde, mehrfach diskutiert, müssen insbesondere für sehr kleinräumige Modellierungen (etwa für die Simulation eines Kanalnetzes) zunächst synthetische Eingangsdatensätze erzeugt werden. Wie bei allen Modellansätzen gilt auch hier: Je komplexer das Modell ist, desto höher ist der Bedarf an Eingangs- und Kalibrierungsdaten (Leander/Buishand, 2007). Daraus ergibt sich folgende wichtige Frage: Inwiefern oder wann es ist sinnvoll, mit einem hydrologischen Multi-Modell-Ensemble-Ansatz zu arbeiten? Ferner ist für jeden Schritt der Modellkette eine Robustheitsprüfung der Ergebnisdaten empfehlenswert. Alle abgeleiteten Anpassungsmaßnahmen sind individuell, standortbezogen, flexibel und oft nur für die jeweilige Fragestellung erarbeitet worden und daher nicht einfach übertragbar.

Zusätzlich zu den genannten Modellen werden künftig auch Modelle benötigt, die soziologische, ökonomische und ökologische Informationen mit einschließen. Diese müssen dann mit den bestehenden Klima- und Klimafolgenmodellen verzahnt werden, um eine integrierte Betrachtung von Vulnerabilitäten und Risiken zu ermöglichen.

Eine weitere große Herausforderung stellt die Kommunikation der Resultate dar. Vergleichende Arbeiten belegen, dass die Modellergebnisse – zum Beispiel bei Überflutungsbetrachtungen – stark von den jeweiligen Modellansätzen geprägt werden. Eine Standardisierung könnte die Vergleichbarkeit und den Transfer der Ergebnisse erhöhen. Hier bietet sich ein Multi-Modell-Ensemble-Ansatz an, um durch die Bestimmung der Bandbreite alle plausiblen Modelllösungen aufzuzeigen (Morgan et al., 2009).

Die Bandbreite als Basis für planerische Entscheidungen zu vermitteln, ist besonders dort schwierig, wo die Planer eindeutige Ergebnisse erwarten, die für Zukunftsprojektionen jedoch nicht möglich sind. Aus diesem Grund wird auch der konkrete Umgang mit Bandbreiten vermittelt. Dies ist eine wichtige Aufgabe, die vom CSC ebenfalls wahrgenommen wird.

3.4 Bestandsaufnahme zu ökonomischen Aspekten der Anpassung an den Klimawandel

Trotz vielfältiger gesellschaftlicher Aktivitäten in den Bereichen der Anpassung an den Klimawandel sowie des Klimaschutzes fehlt es derzeit an einer nationalen Bestandsaufnahme zu den damit verbundenen ökonomischen Aspekten. Dies betrifft sowohl die methodischen Grundlagen als auch die praktischen Ansätze. Das CSC hat daher gemeinsam mit dem Kompetenzzentrum Klimafolgen und Anpassung (KomPass) im Umweltbundesamt und im Helmholtz-Zentrum für Umweltforschung (UFZ) bislang zwei Workshops zu „Ökonomischen Aspekten der Anpassung an den Klimawandel" für Deutschland durchgeführt. Durch dieses Zusammenführen der relevanten Stakeholder aus Wirtschaft, Wissenschaft und Verwaltung wurde eine Bestandsaufnahme in diesem Bereich mit initiiert. In die Veranstaltungen wurden jeweils auch die relevanten Aktivitäten aus der KLIMZUG-Fördermaßnahme eingebunden.

Im Rahmen des ersten Workshops wurden im Januar 2012 Methoden und Ergebnisse sektoraler und regionaler Projekte zu Anpassungsmaßnahmen an den Klimawandel diskutiert. Dabei haben sich als wesentliche Herausforderungen und Felder mit weiterem Forschungsbedarf herausgestellt: die Messung der ökonomischen Vulnerabilität von Wirtschaftssektoren und Regionen, die exakte Definition und Abgrenzung von Anpassungsmaßnahmen sowie der Umgang mit Unsicherheiten im Rahmen von Nutzen-Kosten-Analysen und deren Kommunikation an die Entscheidungsträger.

Basierend auf dort erarbeiteten Resultaten und Anregungen wurden in einem zweiten Workshop im Juni 2012 Ansätze und Herausforderungen in der integrierten makroökonomischen Bewertung von Anpassungsmaßnahmen behandelt, Möglichkeiten einer Verbindung von Top-down- und Bottom-up-Ansätzen besprochen sowie Erwartungen von Entscheidungsträgern an die ökonomische Anpassungsforschung und Möglichkeiten der Entscheidungsunterstützung erörtert.

Als ein neues und wichtiges Thema haben sich Fragen der institutionellen Ebenen herauskristallisiert. Dabei sollten speziell Methoden der Institutionen- und Ordnungsökonomik sowie der Neuen Politischen Ökonomie im Mittelpunkt stehen. Somit kann eine Erweiterung der verwendeten Methoden hin zu einem Methodenpluralismus erreicht werden. Zudem sollten Ministerien und weitere Fachverwaltungen noch mehr in künftige Prozesse eingebunden werden – auch um dafür zu sorgen, dass die ökonomische Anpassungsforschung für die Akteure eine noch größere Bedeutung gewinnt.

Die Präsentationen beider Workshops sind ebenso über die Homepage des CSC verfügbar wie die jeweiligen Workshop-Dokumentationen (HZG/CSC, 2012).

Zusammenfassung

- Die KLIMZUG-Projekte nutzen Zukunftsprojektionen von Klimamodellen zur Entwicklung regionaler Anpassungsmaßnahmen.
- Das Climate Service Center (CSC) unterstützt Anpassungsprojekte bei der Auswertung und Interpretation der Klima- und Wirkmodelldaten.
- Im Hinblick auf offene Fragen im Kontext ökonomischer Aspekte der Anpassung an den Klimawandel wurde durch das CSC unter Einbeziehung von KLIMZUG-Projekten eine Bestandsaufnahme bisheriger Aktivitäten mit initiiert.
- Beratungsformate des CSC sind: individuelle Beratung, Bereitstellen von Informationsmaterial, Thementreffen, Workshops und fachspezifische Arbeitskreise.
- Um die Ergebnisse aus Forschungsprojekten auf dem Webportal www.klimanavigator.de noch übersichtlicher und nachvollziehbarer zu präsentieren, ist wissenschaftliche Unterstützung aus der Mediendokumentation notwendig. Alle Nutzer des Klimanavigators werden von der Bereitschaft der KLIMZUG-Projekte, geeignetes Material zur Verfügung zu stellen, in hohem Maße profitieren.

Literatur

Arbeitsgruppe Statistik am CSC, 2012, Statistische Verfahren in der Auswertung von Klimamodell- und Wirkmodelldaten, eingesetzt in KLIMZUG und anderen Projekten sowie Institutionen, die sich mit Klimafolgen befassen, http://www.climate-service-center.de/imperia/md/content/csc/broschu__re_statistische_verfahren_final.pdf [10.7.2013]

Bender, Steffen / **Bowyer**, Paul / **Schaller**, Michaela, 2012, Bedarfsanalyse Klimawandel. Fragen an die Land- und Wasserwirtschaft, CSC Report, Nr. 4, Climate Service Center, Hamburg

Bergmann, Matthias et al., 2010, Methoden transdisziplinärer Forschung, Frankfurt am Main

Field, Christopher B. / **Barros**, Vicente / **Stocker**, Thomas F. / **Dahe**, Quin, 2012, Managing the Risks of Extreme Events and Disasters to Advance Climate Change Adaptation, Special Report of the Intergovernmental Panel on Climate Change (IPCC), New York

Gebhardt, Hans / **Glaser**, Rüdiger / **Radtke**, Ulrich / **Reuber**, Paul (Hrsg.), 2011, Geographie. Physische Geographie und Humangeographie, Heidelberg

Hennemuth, Barbara et al., 2013, Statistische Verfahren zur Auswertung von Klimadaten aus Modell und Beobachtung, eingesetzt in Projekten und Institutionen, die sich mit Klimafolgen und Anpassung befassen, CSC Report, Nr. 13, Climate Service Center, Hamburg

Holler, Sonja / **Schuck-Zöller**, Susanne / **Kehlenbeck**, Uwe / **Bowyer**, Paul, 2013, CSC-Jahresrückblick 2012 zum Anfragenservice, Climate Service Center, Hamburg

HZG – Helmholtz-Zentrum Geesthacht / **CSC** – Climate Service Center, 2012, Dokumentation der Workshops „Ökonomische Aspekte der Anpassung an den Klimawandel – Stand des Wissens und weiterer Forschungsbedarf in Deutschland". Erstellt in Kooperation mit dem Kompetenzzentrum Klimafolgen und Anpassung (KomPass) im Umweltbundesamt und dem Helmholtz-Zentrum für Umweltforschung (UFZ), Leipzig

IPCC – Intergovernmental Panel on Climate Change, 2007, Climate Change 2007: The Physical Science Basis. Contribution of Working Group I to the Fourth Assessment Report of the Intergovernmental Panel on Climate Change, Cambridge (UK)

Jacob, Daniela et al., 2012, Regionale Klimaprojektionen für Europa und Deutschland. Ensemble-Simulationen für die Klimafolgenforschung, CSC Report, Nr. 6, Climate Service Center, Hamburg

Leander, Robert / **Buishand**, T. Adri, 2007, Resampling of climate model output for the simulation of extreme river floods, in: Journal of Hydrology, Bd. 332, S. 487–496

Maurer, Thomas / **Nilson**, Enno / **Krahe**, Peter, 2011, Entwicklung von Szenarien möglicher Auswirkungen des Klimawandels auf Abfluss- und Wasserhaushaltskenngrößen in Deutschland, acatech Materialien, Nr. 11, Berlin

Morgan, Granger et al., 2009, Synthesis and Assessment Product 5.2 Cover CCSP. Best practice approaches for characterizing, communicating, and incorporating scientific uncertainty in decision making, National Oceanic and Atmospheric Administration, Washington D. C.

Pfeifer, Susanne et al., 2013, Klimasignalkarten für Deutschland, http://www.hzg.de/science_and_industrie/klimaberatung/csc_web/031443/index_0031443.html.de [2.6.2014]

Roberts, Marc / **Promny**, Markus / **Vollmer**, Stefan, 2011, Morphologische Klima-Projektionen im Hinblick auf die vielfältigen Nutzungsansprüche der Bundeswasserstraße Elbe, in: KLIWAS (Hrsg.), Auswirkungen des Klimawandels auf Wasserstraßen und Schifffahrt in Deutschland, Tagungsband, 2. Statuskonferenz, Bonn, S. 98–102

Wunram, Claudia / **Keup-Thiel**, Elke / **Mächel**, Hermann / **Hennemuth**, Barbara, 2009, Die Service Gruppe Anpassung (SGA) verbindet Forschung und Anwendung, in: Mahammadzadeh, Mahammad / Biebeler, Hendrik / Bardt, Hubertus (Hrsg.), Klimaschutz und Anpassung an die Klimafolgen. Strategien, Maßnahmen und Anwendungsbeispiele, Köln, S. 20–27

Kapitel 3

Jens U. Hasse[a] / Friedrich-Wilhelm Bolle[a] / Michael Denneborg[b] /
Susanne Frank[c] / Wilhelm Kuttler[d] / Joachim Liesenfeld[e] / Rainer Lucas[f] /
Oliver Lühr[g] / Wolf Merkel[h] / Johannes Pinnekamp[i] / Ekkehard Pfeiffer[j] /
Markus Quirmbach[k] / Jürgen Schultze[l] / Michael Kersting[m] /
Renatus Widmann[d]

dynaklim – Dynamische Anpassung der Emscher-Lippe-Region (Ruhrgebiet) an die Auswirkungen des Klimawandels

Inhalt

1	Einleitung	44
2	Integrale Klimaanpassung in urbanen Räumen mit dem Konzept der Wassersensiblen Stadtentwicklung (WSSE)	45
3	Sichere Wasserversorgung im Klimawandel	48
4	Konkurrierende Wassernutzungen im Dialog	50
5	Klimafokussierte Wirtschaftsentwicklung	52
6	Potenziale für kommunales Handeln in der Klimaanpassung	54
7	Wissensmanagement für regionale Lernprozesse	55
8	Der Prozess des *dynaklim*-Netzwerks zur Erarbeitung einer regionalen Klimaanpassungsstrategie (Roadmap 2020)	57
9	Was wurde erreicht und wie geht es weiter?	61
	Zusammenfassung	63
	Literatur	64

---

[a] Forschungsinstitut für Wasser- und Abfallwirtschaft an der RWTH Aachen (FiW) e.V. [b] ahu AG Aachen. [c] Technische Universität Dortmund. [d] Universität Duisburg-Essen. [e] Rhein-Ruhr-Institut für Sozialforschung und Politikberatung (RISP) e.V. [f] Wuppertal Institut für Klima, Umwelt und Energie GmbH. [g] Prognos AG. [h] IWW Rheinisch-Westfälisches Institut für Wasser gGmbH. [i] Rheinisch-Westfälische Technische Hochschule Aachen. [j] Emschergenossenschaft/Lippeverband. [k] dr. papadakis GmbH. [l] Technische Universität Dortmund/Sozialforschungsstelle Dortmund. [m] Ruhr-Forschungsinstitut für Innovations- und Strukturpolitik (RUFIS) e.V.

1 Einleitung

Als im Jahr 2007 die ersten Schritte zum Aufbau eines regionalen Klimaanpassungsnetzwerks in der Emscher-Lippe-Region (Ruhrgebiet) getan wurden, waren nur wenige Aufgaben- und Entscheidungsträger in Wirtschaft, Verbänden, Politik und Verwaltung in der Lage, mit der Unsicherheit, der Ungewissheit und den Wissenslücken bezüglich der Herausforderungen des Klimawandels zu planen und ihre Leistungen vorausschauend, effizient und flexibel an die zu erwartenden Veränderungen anzupassen. Ihnen fehlten geeignetes Wissen, die Erfahrungen, die Vernetzung mit Partnern und langfristige Abstimmungsinstrumente.

Aus der Überzeugung heraus, dass nur eine gemeinsame, aktive und vorausschauende Anpassung an die klimatischen Veränderungen helfen kann, Risiken zu mindern, Potenziale zu nutzen und die Lebensqualität in der Region zu verbessern, entwickelt das Forschungs- und Netzwerkprojekt *dynaklim* seit Juli 2009 im Rahmen des KLIMZUG-Programms des Bundesministeriums für Bildung und Forschung (BMBF) wichtige Kompetenzen, Instrumente und Prozesse für eine abgestimmte und (kosten-)effiziente Anpassung an den regionalen Klimawandel. Das Akronym *dynaklim* steht für „Dynamische Anpassung regionaler Planungs- und Entwicklungsprozesse in der Emscher-Lippe-Region (Ruhrgebiet) an die Auswirkungen des Klimawandels". Zentrales Produkt und strukturierendes Element der Forschungs- und Entwicklungsaktivitäten des *dynaklim*-Netzwerks ist die Roadmap 2020 „Regionale Klimaanpassung". Deren Erarbeitung begann im Jahr 2010 für ausgewählte Themenfelder und soll in mehreren Zyklen bis zum Jahr 2020 fortgeführt, thematisch ausgeweitet und abgeschlossen werden.

Übergeordnetes Ziel des langfristig angelegten regionalen Strategie- und Umsetzungsprozesses ist es, die Anpassungs- und Wettbewerbsfähigkeit der Emscher-Lippe-Region und ihrer Akteure nachhaltig zu verbessern. Dafür entwickeln Wissenschaftler, Experten und Umsetzer aus Verwaltung, Politik, Wirtschaft und aus regionalen Initiativen flexible und integrierte Anpassungsstrategien, -konzepte und -maßnahmen. Diese sollen die Anforderungen und Zielsetzungen der Region auch im Jahr 2050 noch erfüllen beziehungsweise spätestens dann ihre volle Wirksamkeit erreichen (langfristige, vorausschauende und flexible Planung).

Die Projektregion Emscher-Lippe umfasst 52 Städte und Gemeinden, darunter die Großstädte Bochum, Dortmund, Duisburg und Essen. Drei Regierungspräsidien, der Regionalverband Ruhr (RVR) und sechs Industrie- und Handelskammern übernehmen in der Region die Aufgaben der (Selbst-)Verwaltung. Die Projektregion mit ihren rund 3,8 Millionen Einwohnern liegt zentral in Nordrhein-Westfalen (NRW) und ist mit den umliegenden Kommunen, Wirtschaftsstrukturen und Wasserverbänden eng verzahnt. *dynaklim* versteht sich deshalb auch als ein national und international wegweisendes Modellprojekt für integrierte Klimaanpassung in polyzentrischen, hoch verdichteten Ballungsräumen.

Messungen und Analysen von Temperaturen und Niederschlägen in der Region zeigen bereits heute Veränderungen an, die nicht allein auf natürliche Klimaschwankungen zurückzuführen sind (Quirmbach et al., 2012). So hat die Zahl der Sommertage oder der „heißen Tage" seit dem Jahr 1961 deutlich zugenommen, während ein Rückgang von Frost-

und Eistagen zu verzeichnen ist. Gleichzeitig treten Starkregenereignisse häufiger und intensiver auf. Die regionalen Klimaprognosen lassen auch für das moderate Szenario A1B erwarten, dass sich bis zum Jahr 2050 die Häufigkeit, Länge und Intensität trockener und heißer Perioden merklich erhöhen. Weitere ernstzunehmende Betroffenheiten der Region werden sich aus der Zunahme von Wetterextremen wie Starkniederschlägen oder Stürmen und aus den signifikanten Veränderungen des regionalen Wasserhaushalts ergeben. Die maßgeblichen Szenarien zum Klima- und zum sozioökonomischen Wandel der Emscher-Lippe-Region (*dynaklim*-Szenarien) sind bei Quirmbach et al. (2013) zusammengefasst.

Im Mittelpunkt des vorliegenden Beitrags stehen – exemplarisch für die vielfältigen Aktivitäten des *dynaklim*-Netzwerks – die Roadmap 2020, deren ausgewählte Themenfelder sowie die zugehörigen *dynaklim*-Pilotprojekte. Selbst multidisziplinär und praxisnah angelegt, zeigen Letztere, wie eine integrierte und dynamische Anpassung an den Klimawandel vor Ort funktionieren kann – und zwar sowohl in technischer Hinsicht als auch darin, wie Prozesse und Kommunikation zu gestalten sind. Durch die Beispiel- und Umsetzungsprojekte ergeben sich für die beteiligten Netzwerkpartner direkte Zugänge zu den Kompetenzen und Erfahrungen des gesamten *dynaklim*-Netzwerks sowie direkte Beteiligungsmöglichkeiten an dessen regionsumfassenden Roadmap-Prozess.

2 Integrale Klimaanpassung in urbanen Räumen mit dem Konzept der Wassersensiblen Stadtentwicklung (WSSE)

Nicht nur das vermehrte Auftreten von Starkregenereignissen stellt kommunale Tiefbauämter vor Herausforderungen. Außer zu einer häufigeren Überlastung der Kanalisation kommt es auch zu längeren Trockenperioden, in denen nur wenig Wasser durch die Kanäle abläuft. Durch Trockenperioden werden folgende Probleme verursacht:

- erhöhte Ablagerungen im Kanalnetz bis hin zu Verstopfungen der Fließquerschnitte,
- verstärkte Ansammlung von Schmutzfrachten auf Oberflächen und
- Austrocknung von naturnahen Regenwasserbewirtschaftungsanlagen.

Vermehrte Regenereignisse, intensive Starkregen sowie langanhaltende Niederschläge haben dagegen folgende Auswirkungen:

- häufigere oder folgenreichere Überlastungen der Kanalisation sowie Überflutungen,
- häufigere Überlastung dezentraler (naturnaher) Niederschlagsbehandlungsanlagen, die durch absterbenden Bewuchs zudem nur noch eingeschränkt funktionieren,
- häufigere oder folgenreichere Überlastung zentraler Niederschlags- und Mischwasserbehandlungsanlagen,
- häufigere oder stärkere Überläufe von Abwasser in Oberflächengewässer und
- erhöhte Grundwasserstände.

So lagen etwa die Schäden allein für das Überflutungsereignis am 26. Juli 2008 in Dortmund-Marten in Höhe eines zweistelligen Millionenbetrags.

In der Emscher-Lippe-Region sind von den Folgen veränderter Wetterverhältnisse rund 19.000 Kilometer Kanalnetz im Kerngebiet des RVR mit seinen circa 5,2 Millionen Einwohnern betroffen. Die Berechnung der Auswirkungen des Klimawandels auf Niederschläge und Trockenzeiten sind mit Unsicherheiten behaftet. Daher wird eine Stadtent- und -bewässerung angestrebt, die flexibel auf Wandelprozesse reagieren kann. Bevor in vergrößerte Kanäle und Regenspeicherbecken investiert wird, sollten alternative Lösungen aus der sogenannten Wassersensiblen Stadtentwicklung (WSSE) geprüft werden. Dies führt in der langfristigen Umsetzung zu einem Mix aus innovativen und flexiblen Maßnahmen, wie beispielsweise einer Gestaltung von oberflächlichen Überflutungsflächen (Wasserplätze, naturnahe Regenwasserbewirtschaftung etc.) und einem gezielten Ausbau oder einer Sanierung der Kanalisation.

Außergewöhnliche Starkregenereignisse können nicht allein durch den Abwasserinfrastrukturträger gemeistert werden, sondern lassen sich nur fachgebietsübergreifend und mit vereinten Kräften managen. Durch die rechtzeitige Beteiligung der maßgeblichen Akteure aus Stadt- und Verkehrsplanung, Umwelt- und Grünflächenamt sowie dem Abwasserinfrastrukturträger sind gemeinschaftliche Lösungen wie eine multifunktionale Flächennutzung möglich (etwa Straßen als Notüberflutungstrasse). Zum einen bringt kooperatives Handeln aufgrund der Berücksichtigung unterschiedlicher Perspektiven Vorteile mit sich. Zum anderen können insbesondere in einem dicht besiedelten Gebiet wie der Emscher-Lippe-Region Flächennutzungskonflikte durch multifunktionale Flächennutzung entschärft werden. Im Gegensatz zu herkömmlichen siedlungswasserwirtschaftlichen Planungsprinzipien sind neben den Akteuren der Kommunen auch die betroffenen Bürger, Unternehmen und weiteren Akteure einzubeziehen.

Das Roadmap-Modul „Wassersensible Stadtentwicklung 2020" (WSSE 2020) greift die oben genannten Facetten bei der Entwicklung einer wassersensiblen Stadt auf. Es wird der Weg vom Klimawandel-Szenario über die strategische Planung bis hin zu konkreten Maßnahmen und den dafür erforderlichen Ressourcen und Kompetenzen beschrieben (Abbildung 3.1).

Die Wassersensible Stadtentwicklung ist das Leitbild, in dem sich Anpassungspfade wie die naturnahe, dezentrale Regenwasserbewirtschaftung wiederfinden. Eine solche Stärkung lokaler Wasserkreisläufe sollte stets die Grundlage einer wassersensiblen Stadt bilden. Auch auf konventionelle Maßnahmen – etwa in Form von Erweiterungen der Kanalnennweiten oder des Baus von Regenrückhaltebecken – kann und soll nicht komplett verzichtet werden, denn damit wird die Ableitung des Ab- und Mischwassers weiterhin sichergestellt. Eine betriebliche Optimierung, beispielsweise durch Spül- und Reinigungsstrategien, ist aufgrund der erhöhten Ablagerungsgefahr in Trockenperioden von Bedeutung. Ergänzt werden kanalbezogene Maßnahmen auch durch die Vorhaltung von Notwasserwegen und Wasserplätzen.

Um technische Maßnahmen wirkungsvoll einzusetzen, müssen zunächst die lokalen Bereiche mit erhöhtem Überflutungsrisiko identifiziert und hinsichtlich ihrer Anpassungsfähigkeit bewertet werden. Dies geschieht unter Einbeziehen von vor Ort gemachten Erfahrungen und von Kanalnetz- und Überflutungssimulationen. Erst wenn Risikospots bekannt sind, können dort technische, integrierte Lösungen geplant werden, zum Beispiel

Roadmap-Modul Wassersensible Stadtentwicklung   Abbildung 3.1

Das Aktionsfeld
- Urbaner Großraum
- Polder und Senken
- Überwiegend Mischsystem (Abwasser & Regenwasser)
- Bürger/Stadt/Entwässerer

Das Klimawandel-Szenario
- Trockenperioden: Ablagerungen, zusätzliches anschließendes Einstaurisiko
- Starkregen: lokale Überlastungen & Überflutungsrisiko, hohe Grundwasserstände

Die Klimaanpassungspfade
- Naturnahe dezentrale Regenwasserbewirtschaftung
- Wassersensible Stadtentwicklung
- Bauliche Anpassung der Netze
- Betriebliche Anpassung

Roadmap-Modul Wassersensible Stadtentwicklung

Strategien
Lokale Risikospots identifizieren und gemeinsam entschärfen &
Rollout innovativer Infrastrukturlösungen

Agenda (Maßnahmenprofile)
- Lokale Risikospots identifizieren & bewerten
- Kommunales Katastrophenmanagement zur Vorsorge und Akuthilfe aufbauen & kommunizieren
- Technisch integriert & dynamisch planen (innovatives NBK)
- Im kommunalen Bereich integriert planen & entscheiden (KlimaFLEX)
- Dezentrale Regenwasserbewirtschaftung in der Fläche umsetzen
- Retentionspotenziale für Regenwasser umfassend nutzen
- Gezielte oberflächige Führung von Oberflächenabflüssen und Überflutungswassermengen vorsehen
- Lokale Objektschutzmaßnahmen vorsehen
- Betriebliche Anpassungen in der Siedlungsentwässerung vorsehen
- Grundwasser zentral und dezentral bewirtschaften
- Kühlfunktion der Böden nutzen und optimieren

Capacity-Development
- Finanzierungsmodelle (Multi-Topf-Finanzierung)
- Normen/Gesetze ändern (z. B. erweiterte Überflutungsprüfung einführen)
- Neue Kooperationsmodelle innerhalb der Verwaltung nutzen (Prozessinnovationen)
- Bürgerdialoge in das Verwaltungshandeln integrieren
- Neue Balance zwischen Daseins- und Eigenvorsorge aushandeln

Pilotprojekte
- Wassersensible Stadtentwicklung in Duisburg
- Wassersensible Stadtentwicklung in Dortmund
- Strategie zum Klimawandel in Oberhausen
- ADAPTUS – Selbstcheck für Unternehmen

Fortschrittsreport: Kooperation & Governance

Quelle: www.dynaklim.de

ein innovatives Niederschlagswasserbeseitigungskonzept. Dafür ist es nötig, fachübergreifend zu planen und zu entscheiden (etwa mit dem im Rahmen von *dynaklim* entwickelten Prozessunterstützungssystem KlimaFLEX), weil Maßnahmen wie die Abführung von Wasser auf Straßen mehrere kommunale Bereiche betreffen. Zur Übertragung einer WSSE in die Planungspraxis wurden bei *dynaklim* vier Pilotprojekte gestartet (vgl. Abbildung 3.1; zu Detailinformationen vgl. *www.dynaklim.de*).

Pilotgebiete Dortmund-Roßbach und Duisburg-Mitte

In Dortmund-Roßbach wurde das formelle Standardinstrument des Niederschlagswasserbeseitigungskonzepts (NBK) um innovative Ansätze erweitert. Hierbei lag die Herausforderung darin, dass im Bestand mit dem vorhandenen Mischsystem geplant werden musste. Nachdem die Handlungsschwerpunkte für Dortmund-Roßbach identifiziert worden waren, wurden aus den vorliegenden Maßnahmenbündeln geeignete Maßnahmen ausgewählt und vorgeschlagen. Über das formelle Instrument des NBK erfolgte eine Berücksichtigung der Klimawandeleffekte im Rahmen der gängigen Planungsprozesse.

Im Pilotgebiet Duisburg-Mitte wurde ein informeller Planungsansatz verfolgt. In interdisziplinären Runden wurde diskutiert, welche innovativen Maßnahmen, wie sie in den WSSE-Maßnahmenprofilen der Roadmap 2020 beschrieben sind (vgl. *www.dynaklim.de*), bei der integralen Stadtentwicklung Berücksichtigung finden können. Wiederum aufbauend auf Bewertungen der überflutungsbedingten Anpassungsbedarfe (vgl. Maßnahmenprofile „Lokale Risikospots identifizieren und bewerten", *dynaklim*, o. J.), wurden vor allem Optionen einer oberflächigen Wasserführung zur Entlastung der Abwasserinfrastruktur überprüft. Ein solcher informeller Ansatz kann bei einem integralen Stadtentwicklungskonzept Anwendung finden, um bei Planungen im Bestand (zum Beispiel bei Flächenkonversion) wassersensibel zu handeln.

3 Sichere Wasserversorgung im Klimawandel

Die Wasserversorgung des Ruhrgebiets und der Emscher-Lippe-Region bereitet sich auf den Klimawandel vor. Die verfügbaren Klimaprognosen lassen dort keinen generellen Wassermangel erwarten. Allerdings ist mit regionalen Wasserengpässen bei länger andauernden Trockenperioden und einer zeitweisen Verschärfung von Nutzungskonkurrenzen zu rechnen. Des Weiteren muss sich die Region auf ein erhöhtes Hochwasserrisiko in urbanen Räumen und auf einen erhöhten (Trink-)Wasserbedarf in Hitze- und Trockenperioden einstellen.

Bei der Entwicklung einer integrierten Anpassungsstrategie für die Trinkwasserversorgung sind neben der Veränderung des regionalen Klimas weitere Wandelfaktoren zu berücksichtigen, die sich ebenfalls auf die Trinkwasserversorgung auswirken. Dies sind zum Beispiel der demografische Wandel und die Veränderung von Siedlungsstrukturen, die beide den regionalen Wasserbedarf maßgeblich beeinflussen.

Der Anpassungsansatz für die Wasserversorgung im *dynaklim*-Projekt bezieht sich im Wesentlichen auf die folgenden, in der *dynaklim*-Region zu erwartenden klimatischen Veränderungen (zu regionale Klimaprognosen im Rahmen von *dynaklim* vgl. Quirmbach et al., 2012):

- häufigere und intensivere Starkregenereignisse sowie
- längere Hitze- und Trockenperioden.

Bei **häufigen und intensiven Starkregenereignissen** steigen die Überflutungsrisiken bei Trinkwassergewinnungsanlagen und deren Einzugsgebieten sowie die Risiken möglicher

Qualitätsbeeinträchtigungen von Flüssen, Seen und Talsperren. Für die Grundwassergewinnung können neben der direkten Überflutung der Brunnen hygienische Qualitätseinbußen von oberflächennahen Grundwässern die Folge sein. Die Abschwemmung und Remobilisierung von Trüb- und Schadstoffen sowie von Mikroorganismen in Oberflächengewässern stellt besondere Anforderungen an die Leistungsfähigkeit von Aufbereitungsanlagen.

Lange Hitze- und Trockenperioden können vornehmlich im Frühling und Sommer zu erhöhter Trinkwassernachfrage, zu einer größeren Erforderlichkeit von Bewässerung in der Landwirtschaft und zu Schwierigkeiten bei der Deckung des Kühlwasserbedarfs der Kraftwerke führen. Der gesteigerte Wasserbedarf trifft dann auf eine Verringerung des Wasserdargebots, die sich in Oberflächengewässern vergleichsweise kurzfristiger bemerkbar machen wird als beim Grundwasser. Bei einer Unterschreitung der Mindestabflussmengen sind unter Umständen die Entnahmemengen zu reduzieren; andernfalls kann die Funktion von Entnahmebauwerken beeinträchtigt werden und es können erhöhte Konzentrationen von gesundheitsgefährdenden Mikroorganismen und abwasserbürtigen Inhaltsstoffen auftreten. Bei der Grundwassergewinnung wären bei einer übermäßigen Absenkung von Grundwasserspiegeln Schäden am Ökosystem und Einschränkungen beim nutzbaren Wasserdargebot die Folge.

Bei **längeren Hitzeperioden** kann es vor allem in stark versiegelten Ballungsräumen zu einer Aufheizung des Bodens und zu einer Erwärmung des Trinkwassers in den Netzen und Speichern – gegebenenfalls mit mikrobiologischen Beeinträchtigungen des Trinkwassers – kommen.

Im Rahmen von *dynaklim* hat der regionale Wasserversorger und Netzwerkpartner Rheinisch-Westfälische Wasserwerksgesellschaft (RWW) zusammen mit dem Forschungsinstitut IWW Zentrum Wasser seine Gewinnungsgebiete, seine Wasserwerke und sein Rohrnetz einem „Klimawandel-Check" unterzogen (Abbildung 3.2). Hieraus ergaben sich konkrete Hinweise zu wichtigen Anpassungsbereichen im Ressourcenschutz, in der Versorgungstechnik und im Management des gesamten Versorgungssystems. Verschiedene Finanzierungsmöglichkeiten und die Zahlungsbereitschaft der Trinkwasserkunden für Vorsorgemaßnahmen wurden ebenfalls ermittelt. Vorgehensweise, Hintergründe und Ergebnisse der Untersuchungen sind im *dynaklim*-Pilotprojekt „Sichere Wasserversorgung im Klimawandel – Wege zur Klimawandel-Anpassung der Trinkwasserversorgung im Ruhrgebiet" zusammengefasst und in der gleichnamigen Broschüre (Merkel/Staben, 2013) beschrieben.

Wasserversorgungsunternehmen sollten sich proaktiv mit den künftigen Herausforderungen (Wandelfaktoren wie Klimawandel, demografische und wirtschaftliche Entwicklung) auseinandersetzen. So lassen sich die erforderlichen Anpassungsmaßnahmen an den Klima- und den Strukturwandel bei fortlaufenden Modernisierungen berücksichtigen und dadurch kostengünstige Anpassungen der bestehenden Anlagen im laufenden Betrieb realisieren.

Die erarbeitete Vorgehensweise und die im Rahmen der Roadmap 2020 (vgl. Abschnitt 8) beschriebenen Anpassungswege sind auf andere Regionen Deutschlands übertragbar und tragen dazu bei, die Versorgung mit Trinkwasser in Westeuropa auch unter den Herausforderungen des Klima- und Strukturwandels langfristig zu sichern.

Klimawandel-Check: Risiko- und Potenzialanalyse zum Thema Wasserversorgung

Abbildung 3.2

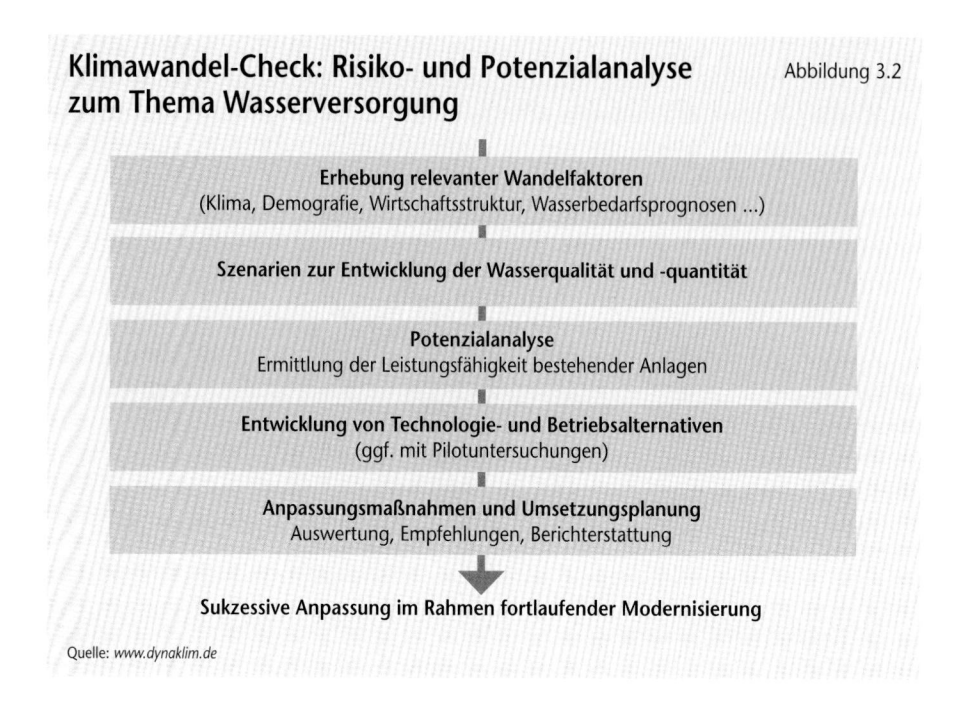

```
Erhebung relevanter Wandelfaktoren
(Klima, Demografie, Wirtschaftsstruktur, Wasserbedarfsprognosen ...)
                          ↓
Szenarien zur Entwicklung der Wasserqualität und -quantität
                          ↓
Potenzialanalyse
Ermittlung der Leistungsfähigkeit bestehender Anlagen
                          ↓
Entwicklung von Technologie- und Betriebsalternativen
(ggf. mit Pilotuntersuchungen)
                          ↓
Anpassungsmaßnahmen und Umsetzungsplanung
Auswertung, Empfehlungen, Berichterstattung
                          ↓
Sukzessive Anpassung im Rahmen fortlaufender Modernisierung
```

Quelle: www.dynaklim.de

4 Konkurrierende Wassernutzungen im Dialog

Aufgrund der heute schon vorkommenden Trockenperioden, Wasserknappheiten und Nutzungskonkurrenzen in der Pilotregion zwischen Dorsten, Haltern am See und Marl (nördliches Ruhrgebiet/südliches Münsterland) widmete sich die Arbeitsgruppe Lippe-Grundwasser (AG Lippe) dem Thema „Konkurrierende Wassernutzungen im Dialog". Mit diesem Aktionsfeld sind Anwohner, Trinkwasserversorger, Planer, Behörden, Industrie, Landwirtschaft, Fischerei sowie Natur- und Umweltschutz angesprochen. Sie können in unterschiedlicher Weise von den Auswirkungen einer Wasserknappheit betroffen werden. Diese Auswirkungen führen unter Umständen auch dazu, die Zielerreichung thematisch benachbarter Prozesse zu gefährden, wie beispielsweise die Ziele der Wasserrahmenrichtlinie. Der Klimawandel kann grundsätzlich auch Chancen bieten, die bei einer Gesamtbewertung nicht vergessen werden dürfen.

„Das ist eine Aufgabe für Jahrzehnte" – der Fahrplan für die „Konkurrierenden Wassernutzungen"

Mit Blick auf die Herausforderungen des Klimawandels betrachtet die AG Lippe ein Klimawandel-Szenario, bei dem einzelne oder wiederkehrende Trockenperioden im Fokus stehen: Trockenheit kann zur Verschärfung von Wasserkonkurrenzen führen, reduzierte Wasserführung bringt höhere Schadstoffkonzentrationen in den Gewässern mit sich, wasserabhängige Ökosysteme werden unmittelbar geschädigt. Die Verletzlichkeiten der jeweiligen Nutzungen sind unterschiedlich gelagert. Die eingeschränkte Versorgung der Landwirtschaft mit Beregnungswasser etwa hat unmittelbare Auswirkungen auf Ernte und Ertrag des einzelnen Betriebs. Liegen feuchtigkeitsabhängige Ökosysteme zu lange trocken, ist mit Individuen- oder gar Populationsverlusten zu rechnen, die erst nach vielen Jahren wieder ausgeglichen sind. Reduziert sich durch erhöhte Wassertemperaturen die Kühlwasseraufnahmekapazität des Oberflächengewässers, müssen Kraftwerke abgestellt und deren Leistung überregional kompensiert werden. Einschränkungen im Rohwasserdargebot führen bei der Trinkwasserversorgung gegebenenfalls temporär zu mengenmäßigen Versorgungseinschränkungen (eingeschränkter Versorgungskomfort).

Die AG Lippe folgt der Einschätzung der Klimatologen, dass die Region aktuell immer häufiger extreme Wetterereignisse erlebt, insbesondere lange Trockenperioden mit andauernder Hitze (Sommer 2003, Frühjahre 2010 und 2011), die sich

- in der nahen Zukunft (2021 bis 2050) in der Häufigkeit und Intensität weiter erhöhen werden,
- in der fernen Zukunft (2071 bis 2100) in der Häufigkeit und Intensität dramatisch erhöhen werden.

Nach Einschätzung der Mitglieder der AG Lippe unterscheidet sich – davon abgeleitet – die Art der Klimaanpassung (Anpassungspfad) dynamisch nach dem Grad des Klimaimpulses:

- Klimaanpassung an die eher moderaten Veränderungen in der nahen Zukunft durch konsensorientierte Organisations-, Steuerungs- und Kompensationslösungen sowie durch Nutzung der kontinuierlichen technischen Modernisierungsmaßnahmen in den betroffenen Akteursfeldern,
- Klimaanpassung an die sich verstärkenden Veränderungen in der fernen Zukunft, ergänzend auch durch gezielte technische Vorsorge- und Schutzmaßnahmen.

Kernelement einer konsensualen Strategieentwicklung soll im Sinne der Wassernutzer der Region eine „Differenzierte Versorgungssicherheit" sein. Die regionalspezifische Ausgestaltung der Versorgungssicherheit ist Gegenstand der Anpassungsinnovation, das heißt, die Wassernutzer und andere Akteure haben in der „Regional Water Governance" miteinander den Modus der Kommunikation sowie die Form und Gewichtung der Wassernutzungen inklusive möglicher Grenzen auszuhandeln. Regionales Wassermanagement erfolgt dabei im konsensorientierten Dialog aller Nutzer unter Federführung der wasserwirtschaftlichen Behörden im Rahmen der gesetzlichen Vorgaben. Eine gesetzliche Verankerung der Vorrangstellung einer einzelnen Nutzung schränkt den Handlungs- und Maßnahmenspielraum für konsensuale Lösungen ein. Dies gilt sowohl für eine Vorrangstellung der Rohwasserentnahmen zur Trinkwasserversorgung als auch für undifferenzierte erlaubnisfreie Nutzung von Grundwasser für Hof und Vieh.

- **In der nahen Zukunft.** Die Akteure haben die Chance, im Dialog Organisations-, Steuerungs- sowie Kompensationslösungen zu entwickeln.

- **In der fernen Zukunft.** Spätestens dann sind drastischere Änderungen der Frequenz und der Intensität von Trockenheiten zu erwarten. Zusammenhängende Phasen von Hitzetagen ohne Niederschlag sowie eine deutliche Erhöhung des Temperaturniveaus führen zu häufigerer und stärkerer Trockenheit.

Die Ergebnisse der *dynaklim*-Aktivität am Beispiel der AG Lippe legen nahe, den Abstimmungsprozess zu einem festen Bestandteil der künftigen Genehmigungs- und Bewirtschaftungspraxis werden zu lassen. Hiermit können unterschiedliche Nutzungsinteressen besser berücksichtigt und entsprechende Maßnahmen in die wasserwirtschaftliche Planung einbezogen werden. In der Summe wird der Anpassungsprozess als eine kontinuierliche Aufgabe für Jahrzehnte verstanden – im Untersuchungsgebiet sowie in anderen vergleichbaren, von Trockenheit betroffenen Regionen.

5 Klimafokussierte Wirtschaftsentwicklung

Nicht nur die unmittelbaren Auswirkungen der Wetterextreme bedingen die Verletzlichkeit der Wirtschaft des Ruhrgebiets. Durch ihre weitverzweigte Vernetzung ist sie anfällig für Unterbrechungen der Lieferwege und Logistikketten sowie für Produktionsausfälle. Zudem werden Klimaneutralität und Klimarobustheit zunehmend nachgefragte Attribute von Produkten und Dienstleistungen. Noch treffen die Folgen des Klimawandels die Unternehmen meist unvorbereitet. Nur vereinzelt stellen sie sich auf die Herausforderungen ein.

Maßgeblich für eine erfolgreiche Umsetzung der „Klimafokussierten Wirtschaftsentwicklung" ist die (autonome) Unternehmensentscheidung. Der öffentlichen Hand fällt daher eine eher vermittelnde und unterstützende Rolle zu. Integrative Ansätze haben größtmögliche Realisierungschancen, da knappe Ressourcen bei Unternehmen und wirtschaftsfördernden Institutionen enge Grenzen setzen. Im Bereich der technologie- und technikorientierten Lösungen können Förderungen und andere Anreize sowie Netzwerkansätze Impulse liefern.

Für die Emscher-Lippe-Region wird ein Anpassungspfad favorisiert, der auf Diffusion und Integration von Klimaanpassung in bestehende regionale Organisationen und Prozesse abzielt. Dabei sollten sich die Wirtschaftsakteure über eine Gesamtstrategie mit folgenden zentralen Zielen verständigen:

- Risikominimierung und -vorsorge in Beschaffung und Produktion,
- klimarobuste Entwicklung der Standorte/Gewerbegebiete,
- Ausrichtung der Produkte und Dienstleistungen (speziell im Cluster Umwelttechnologien) auf die veränderte Marktnachfrage und
- Ausrichtung der Förderinstrumente und Anreize auf den veränderten Investitionsbedarf.

Im politischen und planerischen Umfeld der Emscher-Lippe-Region und der Metropole Ruhr existieren zahlreiche Berührungspunkte zwischen einer klimafokussierten Wirtschaftsentwicklung und laufenden Prozessen in der Region. Die Zielsetzungen lassen sich sowohl in bestehende Aktivitäten und Netzwerke integrieren als auch gemeinsam durch die regionalen Akteure in neuen Initiativen aufsetzen und nachhaltig verankern. Entlang der genannten Ziele wurden zusammen mit den Akteuren der *dynaklim*-Plattform „Wirtschaft" erste Anpassungsstrategien entwickelt, die im Folgenden kurz erläutert werden:

- **Verankerung der Klimaanpassung im Risikomanagement von Unternehmen.** Um die Kompetenzen und das Handlungswissen von Unternehmen in der Breite der Ruhrgebietswirtschaft zu stärken, sollen Kammern, Verbände und Netzwerke das Thema Klimaanpassung unter anderem über den Selbst-Check ADAPTUS (vgl. *www.dynaklim.de*) kommunizieren und in gängige Prozesse (zum Beispiel Zertifizierungssysteme zum Risiko- oder Umweltmanagement) integrieren. Unternehmensnahe Dienstleister (Versicherungen, Weiterbildungsinstitute, Consultants, Architekten etc.) und Beratungsinstitutionen sollen in die Lage versetzt werden, das Thema in ihre Beratungsangebote aufzunehmen.
- **Entwicklung klimarobuster Gewerbestandorte.** Obwohl bei Neuplanungen umfassende Maßnahmen zum Klimaschutz bereits weitgehend Anwendung finden, werden die Erfordernisse der Anpassung an Extremwetterereignisse und andere negative Klimafolgen insgesamt noch zu wenig berücksichtigt. Entsprechende Zusätze in Instrumenten der Planung und Entwicklung können die flächendeckende Realisierung klimarobuster Gewerbestandorte unterstützen. Über Pilotprojekte lassen sich privaten Standorteigentümern effiziente Wege aufzeigen und vermitteln.
- **Chancen der Umweltwirtschaft wahrnehmen** – am Beispiel des Technologiefelds Kühlung/Bauklimatik sowie der Technologien und Dienstleistungen für ein variables Wassermanagement. In beiden Handlungsfeldern ist ein Übergang von Einzeltechnologien zu integrierten Systemlösungen zu beobachten. Diesen systemorientierten Ansatz gilt es weiter auszubauen, da gerade in der Stadtentwicklung eine Abstimmung zwischen Infrastrukturtechnik, Städtebau und Nutzerverhalten die besten Ergebnisse verspricht. Die effektive Integration und Bündelung wettbewerbsfähiger Angebote für internationale Märkte bedarf der verstärkten Zusammenarbeit von Technologieanbietern, Projektierungsgesellschaften und Einrichtungen der Außenwirtschaftsförderung.

Der Weg zur „Klimafokussierten Wirtschaftsentwicklung" umfasst verschiedene Stationen. Aktuell befindet sich die Emscher-Lippe-Region in der Phase der Problemsensibilisierung. Auf regionaler Ebene werden deshalb auch weiterhin verlässliche Arbeitsstrukturen wie der Regionale Anpassungsprozess (Roadmap 2020) benötigt, in denen sich die Wirtschaftsakteure über Strategien, Erfahrungen, Risiken, Chancen und Förderansätze verständigen und den Übergang zur Phase der Zielfindung und Schwerpunktsetzung effektiv gestalten.

Wichtig ist es dabei, die Bandbreite beteiligter Akteure stetig zu erweitern und langfristig zu festigen. Auch in der Vergangenheit wurden im Zuge struktureller Anpassungsprozesse „dicke Bretter gebohrt", bis sich beispielsweise Umweltschutz und Nachhaltikeit als Leitideen im Ruhrgebiet durchgesetzt haben. Aus der Vision eines „blauen Himmels über der Ruhr" und ersten Experimentierfeldern sind heute handfeste Unternehmensstrategien geworden.

6 Potenziale für kommunales Handeln in der Klimaanpassung

Seit dem Jahr 2009 ist in den Kommunen der Region und in den Regionalverbänden die Klimaanpassung komplementär zum Klimaschutz systemisch verankert worden (Apfel et al., 2012). Der Prozess wurde dabei extern unterstützt, besonders durch den Förderrahmen auf Bundesebene (KLIMZUG, ExWoSt – Experimenteller Wohnungs- und Städtebau etc.) und durch die Anpassungsstrategie NRW, die seit 2012 im Rahmen des Klimaschutzplans strategisch neu ausgerichtet und mit zahlreichen Maßnahmenvorschlägen unterfüttert wird.

Die externe Förderung, der polyzentrische Charakter der Region und die kommunale Selbstverwaltung haben vielfältige Maßnahmenprogramme und Anpassungsaktivitäten der verschiedenen Kommunen in der Region geprägt (Birk et al., 2011). Dabei zeigt sich im Ergebnis gleichwohl eine deutliche Profilbildung mit vier Handlungsebenen, die von den Kommunen in unterschiedlicher Weise kombiniert und verfolgt werden:

- **Handlungsebene 1** ist fachlich charakterisiert. Bisheriger Schwerpunkt der kommunalen Gebietskörperschaften ist die Anpassung in wasserwirtschaftlichen Themenfeldern mit Schnittstellen zu beinahe allen anderen kommunalen Handlungsfeldern. Unter Mitwirkung der Wasserverbände in der Region und des KLIMZUG-Verbundprojekts *dynaklim* haben Städte und Gemeinden drei Maßnahmenbereiche definiert: die „Wassersensible Stadtentwicklung" mit dem Tool KlimaFlex, die „Sichere Wasserversorgung" und die „Konkurrierenden Wassernutzungen" (vgl. die Abschnitte 2, 3 und 4, in denen diese Bereiche als Pilotprojekte und Roadmap-Module ausführlich beschrieben wurden). Die beteiligten Kommunen haben dabei ihre jeweiligen Akzente setzen können – bei der Anpassung an Überflutungsgefährdungen und Siedlungsentwässerung (Dortmund und Duisburg), bei der dauerhaften Gewährleistung einer qualitativ hochwertigen Wasserversorgung (Versorgungsgebiet RWW) und bei der proaktiven Regelung möglicher konkurrierender Wassernutzungen durch die betroffenen Akteure im Gebiet der mittleren Lippe, einer Zone des nördlichen Ruhrgebiets im Übergang zum auch landwirtschaftlich geprägten Münsterland.
- **Handlungsebene 2** fokussiert die querschnittsorientierte fachliche Gestaltung urbaner Klimaanpassung. Viele Kommunen haben den Aufgabenkanon mittlerweile in der Breite mit Blick auf die Folgen der prognostizierten Veränderungen des Niederschlags- und Temperaturregimes gescreent. Auf der Handlungsebene werden mit verschiedenen Akzentuierungen die neuen stadtklimatischen Anforderungen integriert in die Stadt- und Bebauungsplanung, in den Umweltschutz und die Grünplanung, in das öffentliche Gesundheitswesen, in die Gewerbeflächenentwicklung und anderes. Hierfür steht sehr exponiert – auch durch das ExWoSt-Projekt – die Stadt Essen. Aber auch Städte wie Duisburg (Stadtentwicklungsprojekt Duisburg 2027), Dortmund,

Gelsenkirchen und Oberhausen verfolgen diese Orientierung mit Nachdruck. Die parallele Bearbeitung von Klimaschutz und Klimaanpassung ist hier ebenfalls zu nennen, mit der innovativen Modellstadt Bottrop als einem herausragenden kommunalen Beispiel in der Region für eine gänzlich integrierte Bearbeitung.

- Auf **Handlungsebene 3** wird die Prozess- und Organisationsebene bearbeitet. Um Klimaanpassung – ohne rechtlichen Zwang und unter Berücksichtigung der restriktiven Haushaltslage – kommunal zu verankern, bedarf es eines systematischen Modells. Grundlage hierfür ist unter anderem eine SWOT-Analyse der Stärken und Schwächen, Chancen und Risiken der Klimaanpassung (Apfel et al., 2012). Hieran orientiert, hat beispielsweise die Stadt Oberhausen im Rahmen eines *dynaklim*-Pilotprojekts ein Vorgehensmodell entwickelt, das über eine Serie von Workshops zur Klimaanpassung die Organisationseinheiten der Verwaltung motiviert und zum fachlich integrierten Handeln führt. Das Konzept eines organisatorischen Capacity Development ist in einem Logbuch zusammengefasst worden (Schüle/Madry, 2013). Das *dynaklim*-Pilotprojekt „Wasser im Dialog" erprobt mit ähnlicher Intention ein neues Governancearrangement zwischen den verschiedenen Wassernutzern und den beteiligten Behörden (obere/untere Wasserbehörden, Kommunalverwaltungen).
- **Handlungsebene 4** ist durch Initiativen gekennzeichnet, welche die kommunale Klimaanpassung in einen Zusammenhang bringen mit der regionalen Ebene. Hier sind besonders zu nennen: die Aufstellung eines Regionalplans Ruhr für das Gebiet des RVR, die regionale Initiative zur Beteiligung an der KlimaExpo.NRW sowie den regionalen Prozess „Strategien für eine Nachhaltige Metropole Ruhr".

Die *dynaklim*-Plattform „Politik, Planung und Verwaltung" hat in diesem Gesamtprozess als Forum fungiert – für die Kommunikation und das Ideen-Clearing der kommunalen Akteure auf und zwischen den vier Handlungsebenen.

7 Wissensmanagement für regionale Lernprozesse

Die Konzeption des *dynaklim*-Wissensmanagements weist eine fachbezogene Struktur nach Wissensgebieten und eine prozessuale Struktur nach Wissenstypen auf (Lucas, 2011). Prozessual wird unterschieden zwischen Problemwissen (analytisch), Zielwissen (strategisch), Erfahrungswissen (inkrementell) und Transferwissen (didaktisch). Unter Berücksichtigung dieser Kategorien wurden in der Phase der Wissensgenerierung folgende Fragen untersucht:

- Welches Wissen zur Anpassung an den Klimawandel existiert bereits (Wissensstand)?
- Welches Wissen wird von welchen Akteuren benötigt (Wissensbedarf)?
- Wie kommt das Wissen zur Anwendung (Multiplikatoren und Medien)?

Zu Beginn des Projekts ließ sich feststellen, dass der Informationsstand in den Bereichen Infrastrukturplanung, Regionalplanung und Stadtentwicklung bei den kommunalen Akteuren noch relativ gering war. Dies hat sich im Laufe des Projekts geändert. Die Wasserwirtschaft, die Regionalplanung und einige größere Kommunalverwaltungen (zum Beispiel Bochum, Dortmund, Duisburg, Essen und Oberhausen) haben sich des Themas angenommen und Handlungsansätze zur Minimierung von städtischen und infrastrukturellen Klimarisiken entwickelt. Hieraus resultierte auf der Fachebene ein zusätzlicher Bedarf an Zielwissen (Szenarien, Indikatoren etc.) und an Transferinstrumenten in Form von Checklisten. Die Anwendung des Wissens ist in den Kommunalverwaltungen sehr stark abhängig von den verfügbaren Ressourcen. Speziell von den Kommunen, die unter Nothaushaltsrecht stehen, sind kaum zusätzliche Mittel aufzubringen. Daher sind viele Maßnahmen an Projektfördermittel von außen gebunden und folglich nur temporär angelegt. Dies erschwert auch den Wissenstransfer, da die Ansprechpartner dann häufig wechseln.

Bezogen auf die künftige Netzwerkentwicklung rücken die zentralen Transformationsprozesse der Region in den Blick (Emscherumbau, KlimaExpo.NRW, Energiewende; vgl. Lucas/Schneidewind, 2011). In der Phase des Wissenstransfers geht es hier darum, die Konzepte und Maßnahmen zur regionalen Klimaanpassung in die bestehenden Diskursarenen zu regionalen Zukunftsfragen einzubringen sowie Lernprozesse in Governance- und Innovationsstrukturen des Ruhrgebiets anzustoßen.

Die Instrumente des *dynaklim*-Wissenstransfers sind vor allem auf mögliche Multiplikatoren hin ausgerichtet, wie etwa auf Medienvertreter, Bildungsträger, Beratungsorganisationen, Einrichtungen der Wirtschaftsförderung oder Transfergesellschaften. Bei der Gestaltung der Transferinstrumente werden die Komplexität des wissenschaftlichen Wissens reduziert und das Anpassungswissen mit den Leitbildern und Problemstellungen der Region und der einzelnen Akteursgruppen verbunden.

Beispielsweise ist in einem Workshop mit Medienvertretern und Kommunikationsexperten das Format „Nachrichten aus der Zukunft" entwickelt worden. Hierbei handelt es sich um fiktive Meldungen aus dem Jahr 2030. So wurde von den Teilnehmern zum Beispiel eine kurze Nachricht über ein gelungenes Richtfest in einer klimaangepassten KLIMZUG-Wohnsiedlung in Bottrop produziert und im Kontrast dazu von der Überflutung eines Bauwerks im neuen Emschertal berichtet, das unter Ignoranz bestehender Risikoeinschätzungen an einem hochwassersensiblen Standort errichtet worden war.

Weitere Ansätze zur Thematisierung der regionalen Klimafolgen waren zwei Szenario- und ein Leitbild-Workshop, welche das Wuppertal Institut für Klima, Umwelt, Energie mit zivilgesellschaftlichen Akteuren durchgeführt hat (Winterfeld et al., 2011). Die Beteiligten erarbeiteten Leitvorstellungen zur Bewältigung des Klimawandels für verschiedene Bereiche (Wohnen, Gesundheit, Arbeiten etc.). Hierbei zeigte sich, wie wichtig die Auseinandersetzung mit bestehenden Leitbildern und Zukunftsentwürfen ist, denn diese sind Ausdruck der Werthaltungen der Menschen und haben Einfluss auf deren Bedürfnisse.

Was ist aus diesen Diskurserfahrungen zu lernen mit Blick auf die Weiterentwicklung der Kommunikation zum Thema Klimaanpassung?

- Der Sprung vom Expertendiskurs zur systematischen Öffentlichkeitsarbeit ist die größte Herausforderung. Die genutzten Kommunikationskanäle, Formate und Verstän-

digungsformen (Diskurskulturen) unterscheiden sich deutlich zwischen Wissenschaft, Wasserwirtschaft/Wirtschaft, Verwaltung und Zivilgesellschaft. Die Vielfalt der medialen Zugänge birgt dabei neue Möglichkeiten für die Ergebnispräsentation. Ohne eine klare Zielgruppenorientierung besteht allerdings die Gefahr, sich zu verzetteln.
- In der weiteren Netzwerkarbeit sollten Ansätze gestärkt werden, die an den informellen Wissensbeständen (etwa über die praktische Bewältigung von Risiken) anknüpfen. Der Austausch unterschiedlicher Wertvorstellungen, Sichtweisen und Erfahrungen kann durch innovative Gesprächsformate unterstützt werden (vgl. unten den Ansatz „KlimaWandel(n) am Fluss"). Allerdings ist zu beachten, dass die Weitergabe von informellem, personengebundenem Wissen (sogenanntes Tacit Knowledge nach Polanyi, 1958/2002) an Vertrauensbeziehungen zwischen den Akteuren gebunden ist.
- Risikopolitische Kompetenzentwicklung durch Wissenstransfer bedeutet nicht nur, formelle Regeln, Standards und Checklisten zu entwickeln und zu verbreiten, sondern auch, die kulturellen Bedingungen und weichen Lernfaktoren in den Unternehmen, Verwaltungen und Bürgerinitiativen zu verstehen. Ohne deren Berücksichtigung sind keine nachhaltigen Lernerfolge möglich.

Kommunikationsformat „KlimaWandel(n) am Fluss"

Die Kunstwerke der regionalen Kulturinitiativen ÜBER WASSER GEHEN und EMSCHERKUNST.2013 eröffnen Erlebnisräume am Fluss, sind Orte der Begegnung und bieten Anlass zur Diskussion. Zeitliche Veränderungen, die Dimensionen des wasserwirtschaftlichen Umbaus und damit auch mögliche Maßnahmen zum Umgang mit den Folgen des Klimawandels werden hier konkret erfahrbar. Mitarbeiterinnen und Mitarbeiter des *dynaklim*-Projekts nutzen die ungewöhnliche Symbiose von Kunst, Wissenschaft und Natur, um die Ergebnisse des Projekts anschaulich zu vermitteln. Gleichzeitig nehmen sie die persönlichen Erfahrungen der Besucher auf und diskutieren gemeinsam mit den Teilnehmenden und Kunstexperten Ideen für mögliche Lösungswege.

8 Der Prozess des *dynaklim*-Netzwerks zur Erarbeitung einer regionalen Klimaanpassungsstrategie (Roadmap 2020)

„Das sind ja Aufgaben für Jahrzehnte!" – so stellte es eine Schlüsselakteurin bei der Abstimmung von Strategien und Empfehlungen zur Klimaanpassung im Themenfeld „Konkurrierende Wassernutzungen" fest. Die Anpassung an den Klimawandel richtet folgende grundsätzliche Fragen an unterschiedliche Stellen in Kommunen, Verbänden, Politik und Wirtschaft:

- Wie kann die Zukunft der Region im Jahr 2050 bereits heute für die Akteure handlungsrelevant (gemacht) werden?
- Welche Aspekte müssen Akteure bereits heute berücksichtigen, wenn sie über Investitionen, Planungen, Strategien und Genehmigungen für morgen entscheiden?
- Wie lässt sich eine akteurs-, sektor-, disziplin- und institutionenübergreifende Abstimmung erreichen?

- Wie können also Entscheidungen für morgen und übermorgen heute schon vorbereitet werden?

Die Herausforderung für die systematische Anpassung an den Klimawandel liegt folglich darin, komplexe Sachverhalte und strategische Ziele mit bearbeitbaren Aufgaben für unterschiedliche Zeithorizonte zu verbinden. Zudem sind Strukturen und Kompetenzen zu schaffen, die sich bereits heute mit aktuell noch nicht exakt planbaren Entwicklungen beschäftigen. Das Netzwerk *dynaklim* hat dazu einen innovativen Weg beschritten: das Integrierte Roadmapping in den neuen Kontexten Klimawandel und Regionalentwicklung. Das Innovative daran: Die inhaltliche Komplexität wird reduziert, die abstrakte Herausforderung Klimawandel wird in ein nachvollziehbares und leistbares Handlungsprogramm übersetzt. Zentraler Erfolgsfaktor für einen solchen vorausschauenden regionalen Anpassungsprozess ist ein kollaboratives, integratives, prozessorientiertes und iterativ-reflexives Vorgehen (Birke et al., 2011).

Roadmapping ist ein in den 1980er Jahren entwickeltes Verfahren der Zukunftsplanung, der Technikprognose und der Strategieentwicklung für lange Zeithorizonte. Attraktiv ist das Roadmapping als strategisches Planungs- und Gestaltungsinstrument, weil es die Perspektive und die Wirksamkeit von herkömmlichen Planungsverfahren erweitert und einen reflexiven sowie strategischen Umgang mit Unsicherheit und Ungewissheit ermöglicht.

Das Konzept des Integrierten Roadmapping zur Integration von Nachhaltigkeitszielen in die Entwicklung von Technologien von morgen (Behrendt, 2010) ist von *dynaklim* für die Roadmap 2020 und den Bereich „Regionale Klimaanpassung" adaptiert und weiterentwickelt worden. Mit der Roadmap 2020 wurden unter anderem die folgenden wichtigen Wegmarken gesetzt:

- Es wurde eine neues, dynamisches Konzept für die Klimaanpassung auf regionaler Ebene entwickelt.
- In einem nunmehr dreijährigen Prozess wurde die übergreifende Abstimmung von Strategien und Handlungsempfehlungen zu ausgewählten Themenfeldern in der Emscher-Lippe-Region realisiert („Leitplanken").
- Im November 2013 wurde die Broschüre „Roadmap 2020 für ausgewählte Themenfelder" samt der zugehörigen Materialsammlung der Prozessergebnisse veröffentlicht (vgl. *www.dynaklim.de*). Sie fasst die wesentlichen Erfahrungen und Ergebnisse der Erarbeitungs- und Abstimmungsprozesse zusammen und macht zudem den weiteren Entwicklungs- und Umsetzungsbedarf deutlich.

Die besondere Leistungsfähigkeit des Integrierten Roadmapping als ein strategischer Prognose-, Planungs- und Lernprozess ist mit mehr Kommunikation, Moderation, Inter- und Transdisziplinarität verbunden und erfordert ein dementsprechend aufwendiges „kollaboratives" Projekt- und Prozessmanagement (Lieber/Hasse, 2011). Dies unterscheidet das Roadmap-Instrument von herkömmlichen Planungsinstrumenten, die zwar mit einem weniger aufwendigen Konzept und Projektmanagement auskommen, sich dafür

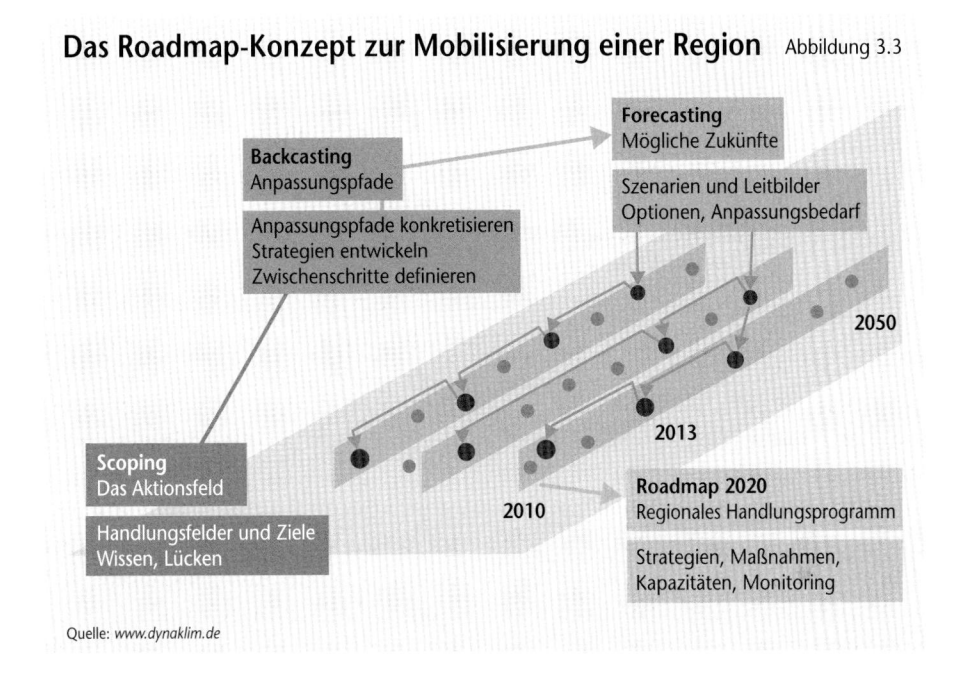

Das Roadmap-Konzept zur Mobilisierung einer Region Abbildung 3.3

Forecasting
Mögliche Zukünfte

Backcasting
Anpassungspfade

Szenarien und Leitbilder
Optionen, Anpassungsbedarf

Anpassungspfade konkretisieren
Strategien entwickeln
Zwischenschritte definieren

2050

2013

Scoping
Das Aktionsfeld

2010

Roadmap 2020
Regionales Handlungsprogramm

Handlungsfelder und Ziele
Wissen, Lücken

Strategien, Maßnahmen,
Kapazitäten, Monitoring

Quelle: www.dynaklim.de

aber auf Trendanalysen und -prognosen, Ziel- und Strategieentwicklung und daraus abgeleitete Maßnahmenpläne ohne Umsetzungsvereinbarungen beschränken.

Zur Anwendung des Integrierten Roadmapping in der regionalen Klimaanpassung und zur Einbindung der großen Zahl von Akteuren und Fachdisziplinen mussten für die vier Prozessphasen zusätzliche, stützende Verfahrenselemente, Gremien („Plattformen") und Instrumente entwickelt werden. Diese Prozessphasen sind (vgl. auch Abbildung 3.3):

- Scoping – Beschreibung des Aktionsfelds,
- Forecasting – Formulierung von Szenarien und Anpassungspfaden,
- Backcasting – Bewertung von möglichen Lösungsansätzen und
- Roadmapping – Aufstellung und Konsensualisierung von Strategie- und Maßnahmenfahrplänen, Zuständigkeiten etc., die „Roadmap 2020".

Maßgabe für den Roadmap-Prozess der Emscher-Lippe-Region war es, eine Ensemble-Leistung relevanter Akteure aus sehr unterschiedlichen Disziplinen und Organisationen zu ermöglichen und in einem systematischen Prozess zu entfalten. Dazu wurde die *dynaklim*-Netzwerkstruktur genutzt und um spezifische Formate in den vier Roadmapping-Schritten ergänzt. Insgesamt wurden mehr als 400 Personen in etwa 40 Veranstaltungen beteiligt. Der Prozess wurde in zwei Zyklen mit mehreren Rückkopplungsschleifen zwischen Experten und Stakeholdern realisiert. Ergänzend dazu wurden ab Anfang 2012 Pilotprojekte aufgesetzt, in denen neue Maßnahmensettings und Akteurskonstellationen prototypisch entwickelt wurden. Ein zentrales Ergebnis des ersten Roadmap-Zyklus (2011 bis 2012) war die

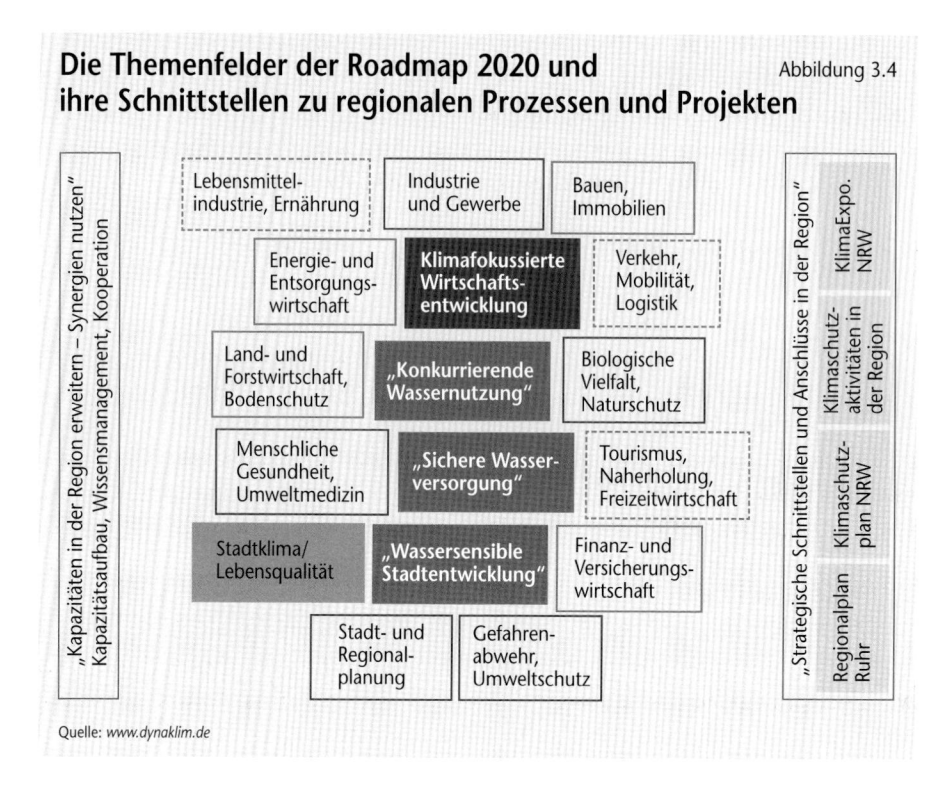

Die Themenfelder der Roadmap 2020 und ihre Schnittstellen zu regionalen Prozessen und Projekten

Abbildung 3.4

„Kapazitäten in der Region erweitern – Synergien nutzen"
Kapazitätsaufbau, Wissensmanagement, Kooperation

Lebensmittelindustrie, Ernährung	Industrie und Gewerbe	Bauen, Immobilien
Energie- und Entsorgungswirtschaft	**Klimafokussierte Wirtschaftsentwicklung**	Verkehr, Mobilität, Logistik
Land- und Forstwirtschaft, Bodenschutz	**„Konkurrierende Wassernutzung"**	Biologische Vielfalt, Naturschutz
Menschliche Gesundheit, Umweltmedizin	**„Sichere Wasserversorgung"**	Tourismus, Naherholung, Freizeitwirtschaft
Stadtklima/ Lebensqualität	**„Wassersensible Stadtentwicklung"**	Finanz- und Versicherungswirtschaft
Stadt- und Regionalplanung	Gefahrenabwehr, Umweltschutz	

„Strategische Schnittstellen und Anschlüsse in der Region"
KlimaExpo.NRW, Klimaschutzaktivitäten in der Region, Klimaschutzplan NRW, Regionalplan Ruhr

Quelle: www.dynaklim.de

Fokussierung auf vier multidisziplinär angelegte Themenfelder (statt auf die Handlungsfelder der Deutschen Anpassungsstrategie an den Klimawandel), die dann im zweiten, kürzeren Zyklus (2013) institutionenübergreifend bearbeitet wurden (Abbildung 3.4).

Eine weitere wichtige Aufgabe war es, die Schnittstellen der Roadmap zu formalen Prozessen und Projekten (wie der Erstellung des neuen Regionalplans Ruhr) herzustellen sowie weitere Anschlüsse zu laufenden Projekten und Initiativen in der Region oder auf Landesebene zu identifizieren und diese für einen Austausch von Wissen, Erfahrungen, Interessen und Ideen operational zu machen. Dieser Austausch und die gegenseitigen Anschlüsse werden im Jahr 2014 fortgesetzt.

Mit der *dynaklim*-Roadmap liegen nun die Aufgaben für die nächsten Jahrzehnte vor, die es kontinuierlich und abgestimmt durch die jeweils Zuständigen vor Ort umzusetzen gilt und die gemeinsam in weiteren Roadmapping-Zyklen zu reflektieren, zu überarbeiten und weiterzuentwickeln sind. Der Erfolg des Roadmapping – das heißt des regionalen Anpassungsprozesses – hängt wesentlich von diesen Voraussetzungen ab:

- dass das *dynaklim*-Netzwerk für alle relevanten Themen weiter aktiv bleibt,
- dass die Roadmap 2020 von den Netzwerkpartnern tatsächlich genutzt und umgesetzt wird sowie
- dass sie von weiteren Akteuren in NRW als relevanter Beitrag und Chance zu einer nachhaltigen, zukunftsfähigen Entwicklung wahrgenommen wird.

Die im Fachdiskurs in NRW inzwischen voll angekommenen Überlegungen der Landesregierung zu einer KlimaExpo.NRW und zu einer integrierten Klimapolitik im Ruhrgebiet (einschließlich Bündelung der reichen Klimakompetenzen der Region) bieten Anlass und realistische Optionen, die Roadmap 2020 auch zur Vorbereitung auf die KlimaExpo.NRW sowie darüber hinaus zu nutzen und fortzuschreiben.

9   Was wurde erreicht und wie geht es weiter?

Dem Netzwerk- und Forschungsprojekt *dynaklim* ist es gelungen, über die Förderdauer ein tragfähiges Netzwerk mit allen wesentlichen Akteuren der Region aufzubauen, das die gemeinsame Arbeit auch in Zukunft fortsetzen möchte. Ein regionsübergreifender Prozess zur Entwicklung und Umsetzung einer regionalen Strategie der Anpassung an die Folgen des Klimawandels – mit abgestimmten Zielen, Handlungsoptionen und Maßnahmenbündeln (Roadmap 2020) – wurde erfolgreich initiiert und in einem ersten Schritt für ausgewählte Themenfelder realisiert. Die Materialien der Roadmap 2020 stehen allen Interessierten aus der Region und darüber hinaus für die Umsetzung von Klimaanpassungsmaßnahmen zur Verfügung.

Ein zentrales Ergebnis von *dynaklim* ist, dass eine erfolgreiche, effiziente und integrierte Anpassung nicht aus sektoralen Ansätzen und Einzelmaßnahmen entstehen wird, sondern nur aus einem immer wieder zu überprüfenden, das heißt dynamischen Mix aus:

- klimarobusten Ansätzen und flexiblen (technischen) Lösungen,
- multifunktionalen Flächen- und Infrastruktursystemen,
- sozialen Innovationen und Prozessinnovationen,
- der Offenheit der Akteure für Veränderungen, Kooperation und Lernen sowie
- einer verbesserten Kooperation, Kommunikation und aktiven Koordination zwischen den Zuständigen, Betroffenen und Experten über Handlungsoptionen, Zielsetzungen und Vorstellungen zur Zukunft der Region (Hasse et al., 2012b).

Eine wesentliche Rolle beim Informieren und Einbinden möglichst vieler weiterer regionaler Akteure – wie Unternehmen, Bürgern und Politikern – in die Fortführung und Umsetzung der regionalen Anpassungsstrategie kommt einem kontinuierlichen und zielgruppenorientierten Wissenstransfer auf allen Ebenen zu. Wichtige Eckpunkte der Ausrichtung des *dynaklim*-Netzwerks und des regionsübergreifenden Anpassungsprozesses (Roadmap-Prozess) über das Jahr 2014 (Förderende Phase 1) hinaus sind:

- Als nur eines von mehreren Querschnittsthemen in der Region wird das Handlungsfeld Klimaanpassung dann erfolgreich sein, wenn es mit relevanten Strategien, Prozessen und Netzwerken in den Bereichen nachhaltige Entwicklung, Daseinsvorsorge, Klimaschutz oder Green Economy synergetisch verbunden werden kann (Anschlüsse) und wenn Klimaanpassung schrittweise integriert wird in alle relevanten Planungs- und Entwicklungsprozesse der Region im Sinne eines Mainstreamings (Hasse et al., 2012a).

- Wesentliche Akteure der Region und ihre Kompetenzen müssen möglichst bald für eine Übernahme der Koordination bestimmter Themen- oder Handlungsfelder der Roadmap 2020 gewonnen werden. Zur Bearbeitung weiterer wichtiger Felder sind neue Partner in den Roadmap-Prozess einzubinden.
- Für eine erfolgreiche Fortführung und thematische Erweiterung des Roadmap-Prozesses sowie des Netzwerks ist eine übergreifende Koordination und Moderation durch eine zentrale Netzwerk-Geschäftsstelle weiterhin unabdingbar (vgl. auch Cluster-Entwicklungen im Bereich der Wirtschafts- oder Forschungsförderung).
- Die bestehenden *und* sich noch entwickelnden Klimakompetenzen der Region (Mitigation und Adaptation) sollten künftig konsequent aufeinander bezogen und gebündelt werden. Dazu ist auf allen Ebenen und in allen Institutionen eine Integration und Abstimmung von Klimaanpassungs- und Klimaschutzaktivitäten anzustreben.
- Für die im Jahr 2014 beginnende Erweiterungs- und Umsetzungsphase sind – gemeinsam mit interessierten Netzwerkpartnern – in der ganzen Region Demonstrations- und Umsetzungsprojekte mit überregionaler Strahlkraft anzubahnen und zu realisieren. In diese Projektplanungen sollte die Beteiligung der Region an einer KlimaExpo.NRW mitgedacht und als Zielmarke für die Umsetzung integriert werden.

Durch die Entwicklung neuartiger Formen von sektorübergreifender Kooperation und Selbstorganisation auf lokaler und regionaler Ebene können urbane Ballungsgebiete wie das Ruhrgebiet wesentlich dazu beitragen, dass neue Wege gefunden werden, nationale und internationale Klimapolitiken effizient umzusetzen. Die Roadmap 2020 „Regionale Klimaanpassung" hilft der Region dabei, die dazu erforderlichen „Mikro-Fundamente für Makro-Politikansätze" (Ostrom, 2010) für den Bereich Klimaanpassung zu erarbeiten, ohne welche die Region den Herausforderungen für ein kollektives Handeln im Klimawandel nicht erfolgreich begegnen kann (Hasse et al., 2012a).

Zusammenfassung

- *dynaklim* ist ein tragfähiges Netzwerk mit allen wesentlichen Akteuren der Emscher-Lippe-Region, das die gemeinsame Arbeit auch in Zukunft fortsetzen möchte. Es hat sich in der Region als Akteur etabliert und wird in Nordrhein-Westfalen und darüber hinaus als Wissensträger und Modellprojekt für regionsübergreifende Kooperation wahrgenommen.
- Ein regionsübergreifender Prozess zur Entwicklung und Umsetzung einer regionalen Strategie der Anpassung an die Folgen des Klimawandels wurde erfolgreich initiiert und in einem ersten Schritt für ausgewählte Themenfelder auch bereits realisiert.
- Die lokal und praxisorientierten *dynaklim*-Pilotprojekte – gebildet als innovativer, Partner integrierender Forschungsansatz aus dem laufenden Vorhaben heraus – haben mit Erfolg die regionsübergreifend angelegten „Thematischen Plattformen" des Netzwerks ergänzt.
- Die *dynaklim*-Forschungsarbeiten haben gezeigt, dass eine effiziente und integrierte Klimaanpassung nur aus einem dynamischen Mix aus klimarobusten, flexiblen multifunktionalen Ansätzen und Lösungen sowie aus sozialen Innovationen und Prozessinnovationen, einer Offenheit der Akteure und einer verbesserten Zusammenarbeit entsteht.
- Für eine erfolgreiche Fortführung, Umsetzung und thematische Weiterentwicklung des Roadmap-Prozesses und des Netzwerks ab dem Jahr 2014 sollten

  a) wesentliche Akteure der Region für eine Übernahme der Koordination bisheriger und neuer Themenfelder gewonnen werden,

  b) eine übergreifende Koordination und Moderation des Prozesses durch eine regionale Geschäftsstelle weiterhin gegeben sein, und

  c) die Netzwerkpartner geeignete Demonstrations- und Umsetzungsprojekte in der ganzen Region anbahnen und schrittweise realisieren.

Literatur

Apfel, Dorothee et al., 2012, Stärken, Schwächen, Chancen und Risiken für Politik, Planung und Verwaltung in Bezug auf die Anpassungen an den Klimawandel, *dynaklim*-Publikation, Nr. 22, *www.dynaklim.de*

Behrendt, Siegfried, 2010, Integriertes Roadmapping. Nachhaltigkeitsorientierung in Innovationsprozessen des Pervasive Computing, Berlin

Birk, Susanne et al., 2011, Governance der Klimaanpassung in der *dynaklim*-Region, *dynaklim*-Publikation, Nr. 16, *www.dynaklim.de*

Birke, Martin et al., 2011, Roadmapping als Verfahren der kooperativen Regionalplanung und Klimapolitik, in: profile – Internationale Zeitschrift für Veränderung, Lernen, Dialog, Nr. 21, S. 56–62

dynaklim, o. J., Roadmap 2020 „Regionale Klimaanpassung in der Emscher-Lippe-Region", http://dynaklim.ahu.de/dynaklim/dms/templating-kit/themes/dynaklim/pdf/Roadmap-Massnahmen-templates/WSSE/M-Profil-WSSE-01_Riskmapping_RM2020_dynaklim.pdf [23.1.2014]

Hasse, Jens / **Birke**, Martin / **Schwarz**, Michael, 2012a, Integrated Roadmapping to Shape Adaptation Processes in Metropolitan Areas, in: Otto-Zimmermann, Konrad (Hrsg.), Resilient Cities 2. Cities and Adaptation to Climate Change, Proceedings of the Global Forum 2011, Berlin

Hasse, Jens / **Wienert**, Birgit / **Bolle**, Friedrich-Wilhelm, 2012b, Die Wasserwirtschaft gestaltet den Wandel in der Emscher-Lippe-Region. Erfolge des Netzwerk- und Forschungsprojekts *dynaklim*, Vortrag und Langfassung zur 45. Essener Tagung „Wasserwirtschaft und Energiewende", 2012, Essen

Lieber, Manfred / **Hasse**, Jens, 2011, Vom Masterplan zum Change-Prozess. Netzwerk- und Projektmanagement im Klimawandel-Anpassungsprojekt *dynaklim*, in: Engstler, Martin / Wagner, Reinhard (Hrsg.), Neu denken. Vom Projekt- zum Netzwerkmanagement, Vortrag und Langfassung zur InterPM-Konferenz, Glashütten/Taunus 2011, Heidelberg, S. 51–70

Lucas, Rainer, 2011, Sensibilisieren, motivieren und Lösungen aufzeigen, Präsentation auf dem *dynaklim*-Symposium 2011, Session 6, http://dynaklim.ahu.de/dynaklim/index/service/Symposium-2011_Unterseiten/Sessions/Session-6.html [10.10.2013]

Lucas, Rainer / **Schneidewind**, Uwe, 2011, Governancestrukturen und Unternehmensstrategien im Klimawandel – vom Leitbild zum Handeln, in: Karczmarzyk, André et al. (Hrsg.), Klimaanpassungsstrategien von Unternehmen, Marburg, S. 123–144

Merkel, Wolf / **Staben**, Nadine, 2013, Sichere Wasserversorgung im Klimawandel. Wege zur Klimawandel-Anpassung der Trinkwasserversorgung im Ruhrgebiet, Broschüre, *www.dynaklim.de*

Ostrom, Elinor, 2010, A Multi-Scale Approach to Coping with Climate Change and Other Collective Action Problems, in: Solutions, 1. Jg., Nr. 2, S. 27–36

Polanyi, Michael, 1958/2002, Personal Knowledge. Towards a Post-Critical Philosophy, London

Quirmbach, Markus / **Freistühler**, Elke / **Papadakis**, Ioannis, 2012, Auswirkungen des Klimawandels in der Emscher-Lippe-Region. Analysen zu den Parametern Lufttemperatur und Niederschlag, *dynaklim*-Publikation, Nr. 30, *www.dynaklim.de*

Quirmbach, Markus / **Freistühler**, Elke / **Kersting**, Michael / **Wienert**, Birgit, 2013, Regionale Szenarien zum Klima- und sozioökonomischen Wandel der Emscher-Lippe-Region (Ruhrgebiet), *dynaklim*-Kompakt, Nr. 15, *www.dynaklim.de*

Schüle, Ralf / **Madry**, Thomas, 2013, Anpassung an den Klimawandel in der Stadt Oberhausen. Logbuch einer Workshop-Reihe, *dynaklim*-Publikation, Nr. 36, *www.dynaklim.de*

Winterfeld, Uta von / **Gasser**, Sarah / **Reuter**, Klaus, 2011, So wollen wir leben! Erzählte Szenarien und ein Leitbild, Dokumentation der Zukunftsworkshops des *dynaklim*-Projektes, *dynaklim*-Bericht, Nr. 1, *www.dynaklim.de*

Kapitel 4

Verena Toussaint[a] / Monika Meiser[a] / Wolfgang Scherfke[b] / Stefan Kaden[c] /
Uta Steinhardt[d] / Heike Dickhut[d] / Runa Zeppenfeld[d]/ Katharina Scherber[e] /
Melissa Jehn[f] / Marcel Langner[e] / Wilfried Endlicher[e] / Christian Witt[f] /
Andrea Knierim[a]

INKA BB – Innovationsnetzwerk Klimaanpassung Brandenburg Berlin

Inhalt

1	Einleitung	68
2	Landwirtschaft im Wissenschafts-Praxis-Dialog	68
3	Nachhaltiges Wassermanagement im Klimawandel	70
4	Gewährleistung landschaftlicher Multifunktionalität unter den Bedingungen des Klimawandels	72
5	Anpassung an den Klimawandel im Tourismus: Erfahrungen aus der Region Uckermark	73
6	Klimaadaptive Gesundheitsvorsorge	76
7	Fazit	81
	Zusammenfassung	82
	Literatur	83

---

[a] Leibniz-Zentrum für Agrarlandschaftsforschung (ZALF) e.V. [b] Landesbauernverband Brandenburg e.V. [c] DHI-WASY GmbH, Berlin. [d] Hochschule für nachhaltige Entwicklung (HNE) Eberswalde. [e] Humboldt-Universität zu Berlin. [f] Charité – Universitätsmedizin Berlin.

1 Einleitung

Das Innovationsnetzwerk Klimaanpassung Brandenburg Berlin, kurz INKA BB, ist ein Zusammenschluss von rund 20 Forschungseinrichtungen und mehr als 50 Partnern aus Wirtschaft, Politik und Verwaltung. Ziel des Netzwerks ist die Entwicklung von Strategien zur Anpassung an den Klimawandel und zur Förderung der Nachhaltigkeit bei der Land- und Wassernutzung in der Region. Darüber hinaus werden auch Anpassungsmöglichkeiten in den Bereichen Regionalplanung, Naturschutz, Tourismus und Gesundheitsmanagement ausgelotet.

Brandenburg gilt als gewässerreich, aber wasserarm. Im Jahresdurchschnitt geringe Niederschläge und überwiegend sandige Böden mit geringer Wasserspeicherkapazität machen die Region anfällig für Trockenheit. Es wird erwartet, dass mit der klimawandelbedingten Zunahme von länger anhaltenden Hitzeperioden auch die Wassermangelsituationen in Zukunft zunehmen werden. Gleichzeitig ist mit vermehrten Starkniederschlägen und Unwettern zu rechnen.

INKA BB hat in 24 Teilprojekten während eines Zeitraums von fünf Jahren (2009 bis 2014) in Brandenburg und Berlin gearbeitet, mit einem Schwerpunkt in den Regionen Lausitz-Spreewald und Uckermark-Barnim. Dort entwickelten die Netzwerkpartner standort- und betriebsbezogene Maßnahmen; in anderen Fällen arbeiteten sie auch mit landesweitem Fokus. Der vorliegende Beitrag stellt Ergebnisse aus den Bereichen Landwirtschaft, Wassermanagement und multifunktionale Landnutzung überblicksartig vor und geht zudem vertiefend auf die Bereiche Tourismus und Gesundheit ein.

2 Landwirtschaft im Wissenschafts-Praxis-Dialog

Die Flächennutzung in Brandenburg wird zu knapp 50 Prozent durch die Landwirtschaft geprägt. Die Klimaänderungen, die sich in den letzten Jahrzehnten zunehmend bemerkbar machten, werden hierauf einen erheblichen Einfluss haben. Aufgrund ihrer natürlichen Rahmenbedingungen ist die Landwirtschaft in Brandenburg besonders anfällig. So weist Brandenburg eine durchschnittliche Bodenwertzahl von nur 32 Bodenpunkten (von 100) auf und mit 557 Millimeter vergleichsweise geringe Jahresniederschläge (deutscher Durchschnitt: 789 Millimeter).

Durch Temperaturerhöhung und Verschiebung der Niederschlagsmengen ändern sich jahreszeitliche Prozesse und Wachstumsperioden. Während die Landwirte einer gewissen Temperaturerhöhung, einer Verlängerung der Vegetationszeit oder einer größeren Kohlendioxidkonzentration sogar positive Seiten abgewinnen können, bergen die Verschiebung der Niederschläge ins Winterhalbjahr und die Häufung von Wetterextremen wie Dürren oder Starkregen ein hohes Gefährdungspotenzial für die Landwirtschaft.

Die Brandenburger Landwirtschaft im Forschungsprojekt

Ein bedeutender Praxispartner für die landwirtschaftlichen Teilprojekte von INKA BB ist der Landesbauernverband Brandenburg (LBV). Ein wichtiger Beweggrund des LBV für die Beteiligung an INKA BB war die Wahrnehmung von Defiziten in der wissenschaftlichen Begleitung der Praxis durch angewandte Forschung. Somit war der transdisziplinäre Ansatz von INKA BB äußerst attraktiv, bei dem Wissenschaft und Praxis gemeinsame Lösungsansätze für Wege der Anpassung an den Klimawandel entwickeln. Hierdurch hatten die Landwirte die Möglichkeit, viele Fragestellungen zur Landnutzung in die jeweiligen Teilprojekte einzubringen. Außerdem spielte beim LBV der Wunsch eine Rolle, die Landwirte für die Herausforderungen zu sensibilisieren, die durch den Klimawandel auf sie zukommen.

Die Zusammenarbeit mit dem LBV vereinfachte für die Wissenschaftler den Zugang zu landwirtschaftlichen Partnerbetrieben. Auch erleichterte die Nutzung der Netzwerke und Kommunikationsstrukturen des LBV eine Weiterverbreitung und den Transfer der Projektergebnisse.

Die Agrarforschung muss erheblich verstärkt werden

Aufgrund der in Brandenburg vorherrschenden leichten und sandigen Böden, die wegen ihrer niedrigen Wasserspeicherkapazität besonders schnell austrocknen, bildet die ausreichende Wasserverfügbarkeit ein Hauptproblem. Eine zentrale Frage lautet daher: Wie kann ausreichend Wasser im Boden zurückgehalten werden, damit eine angemessene Versorgung der Pflanzen gesichert ist? In den letzten Jahren haben viele Landwirte bereits mit bodenschonenden oder umbruchlosen Bodenbearbeitungsmaßnahmen reagiert, um über diesen Weg den Humus zu mehren, die Bodenstruktur zu verbessern und die Verdunstung zu verringern. Darüber hinaus können natürlich auch Bewässerungs- oder Beregnungsmaßnahmen durchgeführt werden. Jedoch sind vor dem Hintergrund einer sich weiter verschärfenden Konkurrenz um das Wasser – unter anderem für die Trinkwasserversorgung in der Metropolregion Berlin, für den Tourismus oder auch für den Naturschutz – zunehmend wassersparende Technologien gefragt.

Ergebnisse aus INKA BB sind auf der Informationsplattform Klima-Bob (www.klima-bob.de/) dargestellt. Dort ist auch der Pflug-Lotse (www.klima-bob.de/login/pfluglotse/) zu finden, ein Online-Programm, das Landwirte dabei unterstützt, die am besten geeignete Bodenbearbeitungstechnik für ihre speziellen Standortbedingungen und Anbauziele auszuwählen.

Neben neuen, klimaflexiblen Bewirtschaftungstechnologien für den Boden liegen die beim Ackerbau wichtigsten Lösungsansätze in der Erarbeitung von Sortenstrategien für landwirtschaftliche Nutzpflanzen und in der Frage der Bewässerung und Beregnung beziehungsweise des Umgangs mit dem Wasser. Weitere landwirtschaftliche Themenstellungen in INKA BB sind Anpassungsstrategien für Weidenutzungssysteme, der Umgang mit grundwasserbeeinflussten Böden, die Entwicklung von Agroforstsystemen sowie Versicherungslösungen für Wetterrisiken. Sie werden in den Teilprojekten bearbeitet.

Wissenschafts-Praxis-Dialog entwickeln

Eine der wichtigsten Schlussfolgerungen lässt sich bereits jetzt ziehen: Der Dialog zwischen agrarwissenschaftlicher Forschung und Praxis ist in den vergangenen Jahrzehnten zu kurz gekommen. Die mit INKA BB begonnene transdisziplinäre Zusammenarbeit muss intensiviert werden, um der Landwirtschaft eine ausreichende Hilfestellung für die

Bewältigung der heutigen und künftigen Herausforderungen geben zu können. Auch wenn eine enge Kooperation zwischen Wissenschaft und Praxis einen größeren Aufwand für beide Seiten bedeutet, so ist der mögliche praktische Nutzen im Sinne von anwendbaren Forschungsergebnissen nicht hoch genug zu bewerten. Im Verlaufe des Projekts konnten die Beteiligten zudem neue Erfahrungen außerhalb der eigentlichen fachlichen Forschung sammeln. Dazu gehört zum Beispiel, dass bereits bei der Definition und der Zielsetzung eines Forschungsvorhabens klare Vorgaben notwendig sind, um am Ende ein aussagekräftiges Ergebnis zu bekommen. Diesbezüglich hat sich gezeigt, dass die Sprache von Wissenschaftlern und Praktikern durchaus unterschiedlich sein kann. Ferner sind bei Projekten mit Feldversuchen ausreichende finanzielle Mittel für die Versuchsanstellungen vorzuhalten und Ausgleichsmöglichkeiten für bestimmte Risiken einzuplanen, da ein Experiment auch fehlschlagen kann. Eine große Herausforderung ist es, dem notwendigen Kommunikationsbedarf zu entsprechen, ohne den Anteil von Beratungen und Sitzungen ausufern zu lassen. Das Forschungsprojekt INKA BB hat hier einen guten Anfang gemacht.

3 Nachhaltiges Wassermanagement im Klimawandel

Klimabedingt veränderte Wasserverfügbarkeiten erfordern Anpassungsstrategien beim betrieblichen und vor allem beim regionalen Wassermanagement. Technische Lösungen und Anreizinstrumente sowie ein verändertes planerisches Verhalten sind für einen sparsamen Umgang mit Wasser notwendig. Weitere Managementoptionen bestehen darin, lokale und regionale Wasserspeicherung durch natürliche und künstliche Rückhaltesysteme zu fördern und das Wasserdargebot im regionalen Verbund zu bewirtschaften. Um betriebliche und regionale Anpassungsstrategien für das Wassermanagement in Brandenburg und Berlin zu entwickeln, wurde auf unterschiedlichen räumlichen Skalen gearbeitet.

Die brandenburgische Region Lausitz-Spreewald ist seit Jahrzehnten vom Braunkohlebergbau in offenen Tagebauen geprägt. Seit 1990 überlagern sich die Sanierung des Altbergbaus und der noch aktive Bergbau, der zumindest bis in die Mitte dieses Jahrhunderts fortbestehen dürfte. Die aktuellen tiefgreifenden Veränderungen des Wasserhaushalts in der Region – gekennzeichnet unter anderem durch regionale Grundwasserabsenkungen und durch reduzierte Abflüsse in den Fließgewässern – werden dann durch die zu erwartenden Klimaänderungen noch verstärkt. Das Hauptergebnis von INKA BB ist hier ein regional differenziertes Modellsystem zur bergbaulichen Wasserbewirtschaftung sowohl der Wassermenge als auch der Wasserbeschaffenheit. Es dient der kurzfristigen Steuerung, kann aber auch für die langfristige Planung unter sich wandelnden Rahmenbedingungen verwendet werden, etwa bei Wasserdargebot, Wasserbedarf sowie veränderten Beschaffenheitsentwicklungen.

Für wasserwirtschaftliche Anpassungsmaßnahmen an den Klimawandel in kleinen Einzugsgebieten wurde als ein Beispiel das Einzugsgebiet des Fredersdorfer Mühlenfließes nordöstlich von Berlin gewählt, das bereits seit 1990 durch Nutzungs- und Oberlieger-Unterlieger-Konflikte hinsichtlich des unzureichenden Wasserdargebots gekennzeichnet ist. Projektionen des Klimawandels lassen eine weitere Abnahme des Dargebots und damit zunehmende Konflikte erwarten. Durch das Maßnahmenpaket zum Wasserrückhalt kann dem entgegengewirkt werden (angepasstes Management von Seen, Wasserrückhalt durch Fischtreppe in Nebengewässer, optimierte Aufteilung von Abflüssen in Teilgewässer etc.). Allerdings wird dessen Realisierung teilweise durch sektorales und lokales Denken verhindert.

Mit einem Entscheidungshilfesystem zur Planung von Maßnahmen für den Wasserrückhalt zur Niedrigwasserstützung und zur Dämpfung der Abflussspitzen in kleinen Tieflandeinzugsgebieten wird einem breiten Nutzerkreis ein effizientes Instrumentarium zur Verfügung gestellt.

Im südöstlich von Berlin gelegenen Spreewald wurden die Wirkung wasserwirtschaftlicher Managementoptionen auf Wasserhaushaltsgrößen sowie die Möglichkeiten eines flexibleren Betriebs vorhandener Regulierungsanlagen in Feuchtgebieten untersucht. Die Ergebnisse zeigen sowohl Potenziale als auch bestehende Probleme sowie den engen Handlungsspielraum bei der Entwicklung geeigneter Anpassungsoptionen im Wechselspiel der beiden Witterungsextreme Trockenheit und Starkniederschlag. Die Untersuchungen wurden in enger Abstimmung und Zusammenarbeit mit der Landeswasserbehörde und dem zuständigen Wasser- und Bodenverband realisiert. Eine Verstetigung des dabei entstandenen Netzwerks auch nach Abschluss des Forschungsvorhabens wird durch die Fortführung der Untersuchungen mit Beteiligung aller drei Partner erreicht.

Für die rund 3.000 Seen Brandenburgs (jeweils mit einer Mindestfläche von einem Hektar) wurden nachhaltige Managementstrategien entwickelt. Dazu wurden verschiedene in Brandenburg verbreitete Seentypen betrachtet – von großen, durchflossenen Flachseen bis hin zu tiefen, geschichteten Seen. Die Seen sind im Klimawandel – insbesondere durch weiter steigende Temperaturen – Gefährdungen sowohl hinsichtlich der Wassermenge (weiter sinkende Wasserstände speziell bei Flachseen) als auch hinsichtlich der Wassergüte ausgesetzt, wodurch sich die ökologische Qualität insgesamt verschlechtert. Es wurden Managementkonzepte und Handlungsrichtlinien für die verantwortlichen Behörden erstellt, etwa für das Landesumweltamt Brandenburg.

In einer engen Kooperation mit den Berliner Wasserbetrieben und der zuständigen Senatsverwaltung (SenGUV) wurden technische Lösungen entwickelt und überprüft, die eine Zwischenspeicherung der Winterniederschläge in den Berliner Grundwasserleitern ermöglichen. So soll künftigen klimabedingten Wassermangelsituationen in Trockenperioden entgegengewirkt werden. Modellberechnungen haben ergeben, dass mit einem Rückgang des natürlichen Wasserdargebots für die Wasserversorgung um 25 Prozent und mehr zu rechnen ist. Insgesamt handelt es sich um ein Defizit von rund 25 Millionen Kubikmetern pro Jahr. Die im Berliner Raum aktuell zur Verfügung stehenden Anlagen zur Grundwasseranreicherung sind von ihrer Kapazität her in der Lage, dieses Defizit zu decken. Es wurde nachgewiesen, dass die vor allem zur Deckung des Trinkwasserbedarfs geplanten Anlagen auch ausreichend wären für die Zusatzaufgabe, an bedrohten Standorten grundwasserabhängiger Feuchtbiotope die Trockenzeiten zu überbrücken.

Planungsinstrumente und Pilotlösungen für die Siedlungswasserwirtschaft wurden für die Gemeinde Panketal im Landkreis Barnim entwickelt. Im Vordergrund standen sowohl die Regenwasser- als auch die Abwasserbehandlung. Neben planerisch-konzeptionellen

Arbeiten wurden auch Arbeiten auf politisch-institutioneller Ebene geleistet – mit einer neuen kommunalen Satzung zur Bewirtschaftung des Niederschlagswassers. Hervorzuheben ist hier, dass diese Arbeiten sehr eng verknüpft werden konnten mit der Erstellung eines Gewässerentwicklungskonzepts (durch Dritte) für die Panke, ein Fließgewässer der Region.

4 Gewährleistung landschaftlicher Multifunktionalität unter den Bedingungen des Klimawandels

Um klimaadaptive Managementoptionen für den Landschaftswasserhaushalt im Spannungsfeld zwischen zunehmender Konkurrenz um Wasser bei Trockenheit und schadloser Wasserabfuhr in niederschlagsreichen Perioden zu entwickeln, stellt INKA BB diese in den Kontext anderer Konfliktfelder. Dazu zählen beispielsweise Nutzungskonkurrenz um Flächen, Ressourcenschutz (vor allem Bodenschutz) versus unangepasste Nutzungsformen oder die Sicherung der Biodiversität (einschließlich Arten- und Biotopschutz) versus Nutzungsintensivierung.

Die Sicherung landschaftlicher Multifunktionalität ist eine Voraussetzung für eine nachhaltige Landschaftsentwicklung und muss demnach von einer (politischen) Debatte über Landnutzung begleitet werden. Diese sollte von vornherein die synergistischen Effekte der Umsetzung der EU-Wasserrahmenrichtlinie, des Bodenschutzgesetzes, der Biodiversitätsstrategie, der Europäischen Landschaftskonvention (welcher sich Deutschland nach wie vor verweigert) und der Anpassung an die Folgen des Klimawandels in den Vordergrund rücken. Auf globaler Ebene wird die nachhaltige Landschaftsentwicklung durch das Millennium Ecosystem Assessment (MEA, 2005) adressiert. Alle genannten Politikfelder kommen ohne eine partizipative Planungs- und Handlungsform nicht aus, wenn sie Durchsetzungskraft entfalten sollen.

Für sämtliche Landnutzungen ist Wasser eine grundlegende Ressource. Dessen Fließverhalten richtet sich nach den geomorphologischen und hydrogeologischen Bedingungen in der Landschaft und nicht nach administrativen Grenzen. Mittels technischer Manipulationen gelingt es, die Dynamik des Wassers nach Eigentums- oder Nutzungsbelangen zu beeinflussen, jedoch ist der Erfolg eines gesteuerten Wasserhaushalts stets räumlich und zeitlich begrenzt.

Wird eine landschaftliche Ressource (wie Wasser oder Boden/Fläche) knapp, muss sie aktiv bewirtschaftet werden. Nachhaltigkeit, Risikominimierung und Interessenausgleich müssen diese Bewirtschaftung bestimmen, die auf ein hohes Maß an regionaler Selbstorganisation angewiesen ist. Ein entsprechendes integratives und langfristiges Management ist auf die Akzeptanz und Mitwirkung der Landnutzer und Landeigentümer angewiesen. Im Idealfall wäre für eine Landschaft davon auszugehen, dass die Art und Weise der Nutzung im Wesentlichen der Naturausstattung einschließlich der Oberflächenformen folgt und sich entlang dieser ausdifferenziert, und zwar sowohl in der Nutzungsform (Land- und Forstwirtschaft, Siedlung, Tourismus etc.) als auch in der Bewirtschaftung (Ackerbau versus Grünland; Nadelholz versus Laubmischwald etc.).

Vor diesem Hintergrund ist ein Landnutzungskonzept anzustreben, das Elemente des Konzepts der differenzierten Landnutzung (nach Haber, 1971; 1972; 1998) verbindet mit dem Konzept der Wasserwirtschaft betreibenden Landwirtschaft (nach Ripl/Hildmann, 1997). Die für Brandenburg charakteristischen großflächigen Betriebe bieten einerseits gute Gestaltungsmöglichkeiten hinsichtlich einer landschaftskonformen und betriebsverträglichen Unterteilung der Fläche unter Berücksichtigung der Restitution von kleineren Wassereinzugsgebieten. Andererseits könnten Wassereinzugsgebiete auf längere Sicht durchaus auch einen eigenständigen Handlungsraum für die Ausrichtung der Landnutzung bilden.

Die Handlungsbedarfe hängen dabei stets von den jeweiligen Zielsetzungen ab, die aus soziokultureller, ökonomischer oder naturwissenschaftlicher Perspektive formuliert werden. Handlungsoptionen bietet insbesondere ein adaptives Landnutzungsmanagement, das durch eine gewisse „Fehlerfreundlichkeit" charakterisiert ist (Ibisch et al., 2012). Nichthandeln könnte schwererwiegende Konsequenzen haben als kleinere Fehlentscheidungen, die, als solche erkannt, ein systematisches und gut dokumentiertes Lernen befördern. Alle Handlungen erfolgen auf der Grundlage von Hypothesen, die im Rahmen des zyklischen Managements verfeinert, weiterentwickelt oder verworfen werden. Für ein solches adaptives Landnutzungsmanagement – etwa auf der Ebene von Wassereinzugsgebieten – braucht es einen Akteur, der in direkter Rückkopplung mit den Landnutzern und Landeigentümern steht und in der Lage ist, Diskurse anzustoßen und zu begleiten. Wasser- und Bodenverbände könnten diese Rolle übernehmen, wenn sie mit einem entsprechend erweiterten Mandat und den erforderlichen personellen und finanziellen Ressourcen ausgestattet werden.

5 Anpassung an den Klimawandel im Tourismus: Erfahrungen aus der Region Uckermark

Die Anpassung an den Klimawandel stellt nur eine von vielen Herausforderungen dar, mit denen Tourismusakteure umgehen müssen, wenn sie mit ihren Angeboten beziehungsweise mit ihrer gesamten Reiseregion langfristig erfolgreich am Markt bestehen wollen. Daher versuchen private und öffentliche Tourismusakteure gemeinsam, potenzielle Chancen für ihre Destination frühzeitig zu erkennen und zu nutzen sowie Risiken abzuwenden. Auf diese Weise sollen die positiven wirtschaftlichen, sozialen und ökologischen Effekte des Tourismus erhöht (zum Beispiel Arbeitsplätze und Steuereinnahmen) und negative Effekte vermieden werden. Tourismusplanung und -management in Reiseregionen werden in Deutschland jedoch lediglich in Form einer freiwilligen Zusammenarbeit der vom Tourismus profitierenden oder betroffenen privatwirtschaftlichen oder staatlichen Organisationen und Vereine durchgeführt (zum Beispiel Tourismusunternehmen, Deutscher Hotel- und Gaststättenverband, Tourismusvereine, Naturschutzbehörden, Amt für Wirtschaftsförderung). Sie sind also nicht gesetzlich geregelt und Beschlüsse von Tourismusnetzwerken stellen Vereinbarungen dar, die für keinen der Akteure eine rechtliche Verbindlichkeit besitzen. Tourismusorganisationen fällt beim Reiseregionsmanagement eine zentrale Rolle als Koordinator und Vermittler zu.

Zur Anpassung an Veränderungen können sich Tourismusakteure sowohl reaktiver als auch proaktiver Strategien bedienen. Beide Strategiearten ergänzen einander. Reaktive

Maßnahmen sind neben dem Wiederaufbau nach Hochwasser oder anderen Naturkatastrophen auch technische Maßnahmen, die dazu dienen, dem Gast das Bestehende noch möglichst lange in unveränderter Form anbieten zu können. Bekannte Beispiele hierfür sind Sandaufschüttungen zum Erhalt von Küstenstränden oder Schneekanonen zum Erhalt des Skisports in niederen Hanglagen. Zu den proaktiven Strategien zählen zum Beispiel Risikomanagement und Marktforschung. Mit deren Hilfe versuchen Akteure, erste Anzeichen einer Veränderung zu erkennen und adäquate Maßnahmen zu ergreifen, um deren Auswirkungen zu vermeiden oder sie als Chance zu nutzen. Klimaschutzmaßnahmen dienen beispielsweise der vorausschauenden Anpassung an mögliche staatliche Reglementierungen, an Kostensteigerungen und an ein wachsendes Klimabewusstsein der Konsumenten. Zwar kann der Klimawandel damit nicht mehr verhindert, sondern nur noch gemäßigt werden; effektiver Klimaschutz verringert jedoch die Notwendigkeit der Anpassung (Strasdas, 2012). Reaktive Maßnahmen sind in Tourismusplanung und -management heute bereits etabliert und weitverbreitet. Proaktive Maßnahmen finden hingegen seltener Anwendung, insbesondere wenn es um so komplexe gesellschaftliche Herausforderungen wie den Klimawandel geht.

In den vergangenen Jahren hat sich die Diskussion über die Notwendigkeit einer proaktiven Anpassung an den Klimawandel in deutschen Reiseregionen jedoch deutlich intensiviert. Auslöser hierfür waren die Ergebnisse verschiedener wissenschaftlicher Studien, die nahelegten, dass sich die Reiseströme zwischen Süd-, Mittel- und Nordeuropa in den Sommermonaten Richtung Norden verlagern könnten und dass sich die Bedingungen für den Wintersport in den deutschen Mittelgebirgsregionen im Winter deutlich verschlechtern werden (Ehmer/Heymann, 2008; Hamilton et al., 2005). Während der Sommertourismus in Deutschland somit eher vom Klimawandel profitieren könnte, wird für den Schneetourismus genau das Gegenteil erwartet.

Am Beispiel der Reiseregion Uckermark im Land Brandenburg erprobte die Hochschule für nachhaltige Entwicklung (HNE) Eberswalde, ob und wie es möglich ist, die Aufgabe „Anpassung an den Klimawandel" in das Management einer Tourismusregion zu integrieren. Zusammen mit der für die Region zuständigen Tourismusorganisation, der Tourismus Marketing Uckermark GmbH (tmu), und mit weiteren lokalen Tourismusakteuren wurden in einer zweijährigen Pilot- und Erprobungsphase erste proaktive Maßnahmen zur Anpassung durchgeführt und deren Nutzen evaluiert.

Proaktive Anpassung an den Klimawandel in der Uckermark

Die Reiseregion Uckermark liegt im Nordosten Brandenburgs. Zu Projektbeginn hatte sich die Tourismusbranche weder im Land Brandenburg noch in der Uckermark mit den möglichen Auswirkungen des Klimawandels und entsprechenden Anpassungsmaßnahmen beschäftigt. Deshalb erarbeitete die HNE Eberswalde zunächst mithilfe einer selbst entwickelten Methodik eine Vulnerabilitätsanalyse für die Reiseregion. Die Anfertigung dieser Studie stellte sich als deutlich aufwendiger und komplexer heraus als ursprünglich geplant. Ein besonderes Problem stellte die Datenlage dar, denn meist lagen die notwendigen Daten nicht in der erforderlichen Form oder nur bruchstückhaft vor.

Die Resultate der Analyse wurden auf einem öffentlichen Workshop in der Uckermark interessierten Tourismusunternehmen, Behördenmitarbeitern sowie Vertretern lokaler Tourismusorganisationen vorgestellt. Die Präsentation verdeutlichte, welche Auswirkungen der Klimawandel bis zum Jahr 2050 haben könnte und welche Teilgebiete und Tourismussegmente innerhalb der Uckermark besonders betroffen sein würden. Die Workshop-Teilnehmer diskutierten die daraus ableitbaren potenziellen Chancen und Risiken sowie jene Managementaspekte, die in der Region noch unzureichend ausgeprägt sind (Dickhut, 2012). Aufbauend auf diesen Ergebnissen beschlossen die Teilnehmer zwei sofort umsetzbare, proaktive Anpassungsstrategien für die Uckermark:

- Anpassung an die physikalischen Risikofaktoren Wasserknappheit und Extremwetterereignisse sowie
- Klimaschutz als strategischer Ansatz zur Nutzung der Chancen, welche die gesellschaftlichen Folgen des Klimawandels bieten.

Die geplante Anpassung fokussierte also auf die Bereiche Risikomanagement und Klimaschutz. Dies entspricht der Vorgehensweise vergleichbarer Klimaanpassungsprojekte in anderen Regionen Europas (Zeppenfeld/Strasdas, 2012). Lediglich das andernorts häufig vertretene Thema der Angebotsdiversifizierung wurde von den Uckermark-Akteuren nicht aufgegriffen (ebd.).

In Bezug auf die Anpassung an Wasserknappheit und Extremwetterereignisse erwies sich im Laufe der Projektarbeit jedoch, dass wesentliche dafür notwendige Maßnahmen nicht in der Hand der Touristiker der Region liegen. Aufgrund der heute schon ungünstigen Wasserbilanz der Uckermark werden aber bereits zahlreiche Aktivitäten zur Wiedervernässung von Mooren von den hierfür zuständigen Akteuren durchgeführt (zum Beispiel Naturschutz, Gewässermanagement). Im Rahmen des Projekts wurde es ermöglicht, dass Tourismusunternehmen und ihre Gäste solche Aktivitäten künftig durch den symbolischen Kauf von Emissionszertifikaten, sogenannten Moorfutures, unterstützen können. Dies kommt zugleich auch der Anpassungsstrategie des Klimaschutzes zugute. Ferner wurde eine erhöhte strategische Beteiligung und tourismusfachliche Begleitung der tmu an regionalen Fachplanungen angestoßen mit dem Ziel, die Belange des Tourismus in der Region stärker zu vertreten.

Das Thema Klimaschutz stieß bei den touristischen Akteuren der Uckermark auf das größte Interesse, da sie hier sofort selbst aktiv werden konnten. Deshalb wurde – bezogen auf die konkrete Umsetzung von Anpassungsmaßnahmen – hierauf ein Schwerpunkt gesetzt. Die Uckermark wurde als eine klimafreundliche Reiseregion entwickelt und am Markt positioniert.

Eine Befragung zu Projektende zeigte, dass das Projekt die Tourismusakteure in der Reiseregion (und auch auf Ebene des Landes Brandenburg) sowohl für Klimawandel und Klimaschutz als auch für ein nachhaltiges Tourismusmanagement insgesamt sensibilisiert hat und eine erfolgreiche Vernetzung der Tourismusakteure in der Uckermark sowie auf Ebene des Landes Brandenburg gelungen ist. Dieser Erfolg wurde dadurch befördert, dass während der Projektlaufzeit auch die Tourismusverantwortlichen auf

Landesebene begannen, sich den Themen Klimaschutz und Nachhaltigkeit stärker zu widmen. Es bleibt jedoch abzuwarten, ob die Akteure auch nach Beendigung des Projekts die proaktive Anpassung an den Klimawandel als eine feste Aufgabe in ihr Destinationsmanagement integrieren.

Fazit des Projekts

Als ein Ergebnis ist festzuhalten, dass das an sich gute Instrument der Vulnerabilitätsanalyse außerhalb von geförderten Projekten wie INKA BB kaum zur Untersuchung einzelner touristischer Destinationen nutzbar ist, da es ein schlechtes Kosten-Nutzen-Verhältnis aufweist. Es erscheint daher sinnvoll, das Thema Tourismus im Rahmen umfassender Vulnerabilitätsanalysen größerer regionaler Einheiten zu untersuchen.

Des Weiteren hat das Projekt gezeigt, dass eine Reihe von proaktiven Anpassungsmaßnahmen – insbesondere im Bereich Risikomanagement (etwa beim Wassermanagement) – nicht in der Hand von Touristikern liegt. Tourismusmanagement-Organisationen fehlen zudem finanzielle und personelle Kapazitäten sowie die rechtliche Handhabe, um sich der proaktiven Anpassung an den Klimawandel zu widmen. Derzeit ist es nicht Teil ihres „politischen Auftrags" und damit auch nicht Teil ihres Aufgabenspektrums (in erster Linie: Marketingfunktion).

Nicht zuletzt liegt eine Schwierigkeit der Umsetzungsplanung von touristischen Anpassungsmaßnahmen darin, dass der zeitliche Betrachtungsrahmen hinsichtlich des Klimawandels (bis 2050) nicht mit den Planungshorizonten der touristischen Akteure (maximal zehn Jahre) korrespondiert.

Eine Empfehlung für Tourismusakteure in anderen Reiseregionen besteht darin, sich einem sektorübergreifenden und problemzentrierten Anpassungsnetzwerk in ihren Regionen anzuschließen oder dessen Initiierung aktiv zu unterstützen. Hier wäre der Tourismus ein Thema unter anderen. Tourismusorganisationen und -unternehmen würden – je nach Problemlage – zur aktiven Mitarbeit aufgefordert und könnten so ihre Anliegen einbringen.

6 Klimaadaptive Gesundheitsvorsorge

Langanhaltende und intensive Hitzewellen, wie in den Sommern 2003, 2006 und 2010, verursachen Tausende hitzebedingter Sterbefälle in Europa (Robine et al., 2008; Fouillet et al., 2008; Barriopedro et al., 2011). Mit dem Klimawandel werden sich künftig das Auftreten und die Intensität von Extremereignissen wie Hitzewellen verstärken (IPCC, 2013; Schär/Fischer, 2008). Hitzestress wirkt sich besonders auf Senioren und Kranke aus, die als vulnerable (anfällige, gefährdete) Personengruppen bezeichnet werden. Wie stark die Menschen von Wetterextremen betroffen sind, hängt ab von ihrer biologischen Sensitivität (genetische Veranlagung, Alter, chronische Krankheiten etc.), von Umweltfaktoren (geografische Lage, Luftschadstoffe etc.) und von sozioökonomischen Parametern (Sozialstatus, Lebensstil, Wohnverhältnisse etc.). Die Begleitforschung im Zusammenhang mit klimatischen Veränderungen beinhaltet daher die systematische Erfassung und Modellierung der Wetteränderung, verbunden mit der Entwicklung und Einführung spezifischer

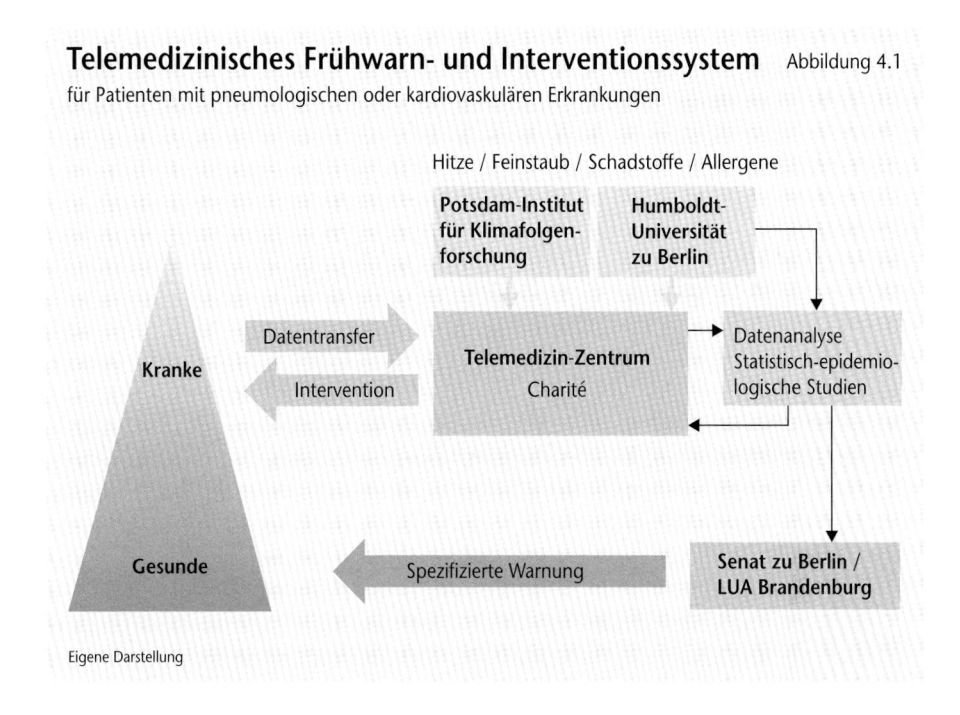

Telemedizinisches Frühwarn- und Interventionssystem

für Patienten mit pneumologischen oder kardiovaskulären Erkrankungen

Abbildung 4.1

Hitze / Feinstaub / Schadstoffe / Allergene

- Potsdam-Institut für Klimafolgenforschung
- Humboldt-Universität zu Berlin
- Telemedizin-Zentrum Charité
- Datenanalyse / Statistisch-epidemiologische Studien
- Senat zu Berlin / LUA Brandenburg
- Kranke ← Datentransfer / Intervention
- Gesunde ← Spezifizierte Warnung

Eigene Darstellung

hitzestressbezogener Frühwarn- und Interventionssysteme für vulnerable Patientengruppen (Abbildung 4.1).

Hitzebelastungen des Menschen äußern sich in einer Verschlechterung von Krankheitsverläufen und folglich in erhöhten Krankenhausaufnahme- und Sterblichkeitsraten (Confalonieri et al., 2007). Die hitzestressbedingte Vulnerabilität der Betroffenen steigt vor allem dann, wenn durch eine Erkrankung die nötigen körperlichen Anpassungsmechanismen (Schwitzen etc.) nicht mehr gewährleistet sind. In Europa nehmen bei Hitzebelastung die Raten an Krankenhausaufnahmen von Menschen mit chronischen inneren Erkrankungen zu, insbesondere im Fall von Erkrankungen des Atmungs- oder des Herz-Kreislauf-Systems (Michelozzi et al., 2009; Ferrari et al., 2012). Ältere Menschen mit chronischen Krankheiten gehören zu der von Hitzestress am stärksten betroffenen Patientengruppe. Sie sind einem erhöhten Risiko ausgesetzt, wenn sie allein im Haushalt leben, ans Haus gebunden und/oder bettlägerig sind, wenig soziale Kontakte haben, in Armut leben, keine Transportmöglichkeiten besitzen, keine Grünflächen in ihrer unmittelbaren Umgebung haben (Kühlung im Außenraum) und nicht über Ventilatoren oder eine Klimaanlage verfügen (Kühlung im Innenraum).

Neue Technologien der Patientenführung – wie ein telemedizinisches Therapiemanagement und medizinische Handlungsempfehlungen – müssen unterstützt und weiter ausgebaut werden. Zu möglichen Maßnahmen zählen die klimaangepasste Patientenbehandlung (beispielsweise klinische Behandlung von akuten Verschlechterungen bei Hitzewellen), die klimaangepasste Arzneimitteltherapie (flexible Dosierung bei Hitzestress) und der Bau von klimaangepassten Krankenhäusern (beispielsweise Klimatisierung von

Patientenzimmern). Die meisten deutschen Krankenhäuser verfügen nicht über klimatisierte Krankenzimmer und daher sind bettlägerige, schwerkranke Patienten auch während ihres Aufenthalts dem Hitzestress weitgehend ausgeliefert. Dies hat einen signifikanten Einfluss auf die Genesung. Präventionsmaßnahmen erfordern somit vor allem adäquate Temperaturbedingungen (Innenraumkühlung) in Krankenhäusern und Pflegeheimen.

Die Vulnerabilität des menschlichen Organismus wurde als wesentliches Tätigkeitsfeld der Klimafolgen- und Anpassungsforschung erkannt. Mithilfe einer engmaschigen telemedizinischen Patientenbetreuung wird im Arbeitsbereich Pneumologische Onkologie der Charité – Universitätsmedizin Berlin der Einfluss von Hitzestress auf den Krankheitsverlauf bei Patienten mit chronisch obstruktiver Lungenkrankheit (COPD) evaluiert. Dabei widmet sich das Projekt COPD-Patienten sowohl in der häuslichen Umgebung als auch im Krankenhaus. Es werden Beziehungen zwischen Hitzestress und Notaufnahmen einerseits und Krankenhausliegedauern andererseits epidemiologisch sowie mittels Modell-Klimatisierung eines Krankenzimmers untersucht. Das telemedizinische Monitoring umfasst eine tägliche Lungenfunktionsmessung, die Abfrage des subjektiven Wohlbefindens des Patienten (CAT – COPD-Assessment-Test) sowie die wöchentliche Messung der körperlichen Leistungsfähigkeit mittels eines Sechs-Minuten-Gehtests.

Ziel dieser klinischen Forschung ist es, physiologisch-medizinische Größen (Vitalparameter) zu identifizieren, an denen sich eine verstärkte Sensitivität gegenüber Hitzestress und eine hitzebedingte Krankheitsverschlechterung erkennen lassen. Ein telemedizinbasiertes Frühwarn- und Interventionssystem ermöglicht es dem behandelnden Arzt, den Patienten bei hoher Hitzebelastung zu warnen und ihm rechtzeitig (präventiv) Handlungsanweisungen zu geben. Der Patient kann auf diesem Wege seine Verhaltensmuster und Medikationen den Umweltsituationen anpassen. Zusammen mit den Patientendaten werden auch die Innenraumbedingungen in Patientenzimmern oder -wohnungen an das telemedizinische Zentrum gesendet. Zur Erhebung wurde ein Messnetz in Betrieb genommen, mit dem über Sensoren die Innenraumbedingungen (Lufttemperatur und Luftfeuchte) erfasst werden. Die Übermittlung erfolgt über das Internet an einen zentralen Server, auf dem die Daten gespeichert werden. Aus den gemessenen Werten wird ein thermischer Index berechnet, der die kombinierte Wirkung von Lufttemperatur und Luftfeuchte auf den menschlichen Körper in einem Wert zusammenfasst. Es lassen sich dann Zeiten mit starkem oder moderatem Hitzestress sowie Zeiten ohne Hitzestress erkennen.

In den Wohnungen im Berliner Stadtgebiet trat bei Messungen im Sommer 2011 überall ein moderater, aber kein starker Hitzestress auf. Insgesamt waren die Unterschiede zwischen den Wohnungen eher gering. Prägnantere Unterschiede ergaben sich bei Messungen in mehreren Büroräumen in einem größeren Gebäudekomplex. Hier war in Büros der oberen Stockwerke starker Hitzestress festzustellen, im Erdgeschoss eines älteren Gebäudeteils gab es aber auch Räume ohne Hitzestress. Die Messungen zeigten bislang, dass die thermischen Bedingungen in Innenräumen weniger von der Lage des Gebäudes innerhalb der Stadt abhängen als vielmehr von der Art des Gebäudes (zum Beispiel Alt- oder Neubau) und von der Lage eines Raumes innerhalb des Gebäudes.

Stadtbewohner sind im Vergleich zu Bewohnern des ländlichen Raumes erhöhten Hitzerisiken ausgesetzt. Dies liegt an den Besonderheiten des Stadtklimas, zum Beispiel den städtischen Wärmeinseln. Hitzewellen verstärken solche Wärmeinseln. Vor allem in warmen Sommernächten kommt es zu einer zusätzlichen Belastung, die den Schlaf und somit die Erholung beeinträchtigt (Koppe et al., 2004). Berlin weist mit einer Gesamtfläche von rund 890 Quadratkilometern ein vielgestaltiges Mosaik klimarelevanter Stadtstrukturtypen auf. Dicht bebaute und stark versiegelte Stadtstrukturen bilden Wärmeinseln aus, die durch höhere Lufttemperaturen im Vergleich zum Umland charakterisiert sind. Grünflächen hingegen, darunter besonders die städtischen Parkflächen, stellen Kühleinseln dar, in denen durch Beschattung und Verdunstung der Luft mehr Energie entzogen wird als in versiegelten Umgebungen. Demnach entsteht die – mit dem Klimawandel weiter zunehmende – Hitzebelastung vor allem in dicht bebauten Stadtgebieten.

Eine Untersuchung von Krankenhausdiagnosestatistiken aller Berliner Krankenhäuser im Rahmen des Projekts INKA BB (Scherber et al., 2014) zeigt das räumlich verschieden stark ausgeprägte relative Risiko für Krankenhausaufnahmen bei mindestens 65-Jährigen mit Erkrankungen des Atmungssystems in den heißen Sommern 2003 (Abbildung 4.2) und 2006 (Abbildung 4.3).

Wohnortabhängiges Risiko von Krankenhausaufnahmen im Sommer 2003[1]   Abbildung 4.2

bei mindestens 65-Jährigen mit Erkrankungen des Atmungssystems, in Berlin nach Postleitzahlgebieten und nach Höhe des dortigen Risikos unterteilt in Quartile

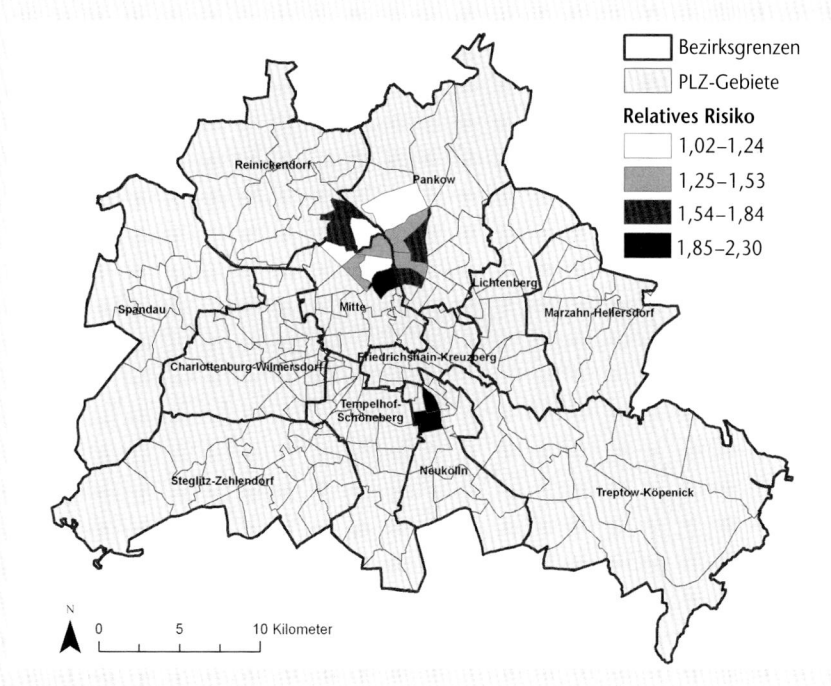

[1] Juli/August 2003.
Quellen: Forschungsdatenzentrum der Statistischen Ämter des Bundes und der Länder (Krankenhausdiagnosestatistik); Amt für Statistik Berlin; eigene Berechnungen

Wohnortabhängiges Risiko von Krankenhausaufnahmen im Sommer 2006¹   Abbildung 4.3

bei mindestens 65-Jährigen mit Erkrankungen des Atmungssystems,
in Berlin nach Postleitzahlgebieten und nach Höhe des dortigen Risikos unterteilt in Quartile

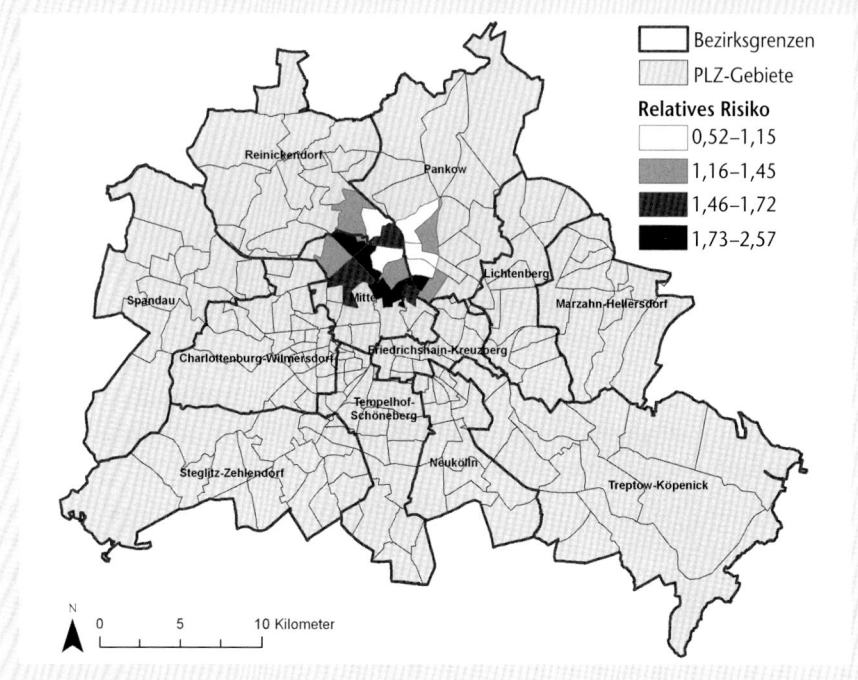

Legende:
- Bezirksgrenzen
- PLZ-Gebiete

Relatives Risiko
- 0,52–1,15
- 1,16–1,45
- 1,46–1,72
- 1,73–2,57

¹ Juli/August 2006.
Quellen: Forschungsdatenzentrum der Statistischen Ämter des Bundes und der Länder (Krankenhausdiagnosestatistik); Amt für Statistik Berlin; eigene Berechnungen

    Auf den Karten sind die relativen Risiken innerhalb signifikanter räumlicher Häufungen (Cluster) mit erhöhten Risiken für Krankenhausaufnahmen bei mindestens 65-Jährigen mit Erkrankungen des Atmungssystems dargestellt, und zwar für die heißen Sommer 2003 und 2006 (Juli und August). Die jeweiligen Bevölkerungsanteile von Menschen ab 65 Jahren in den PLZ-Gebieten sind dabei bereits berücksichtigt. Ein relatives Risiko größer 1 entspricht einem erhöhten Risiko innerhalb eines PLZ-Gebiets im Vergleich zu umliegenden PLZ-Gebieten. Ein relatives Risiko gleich 1 drückt aus, dass das Risiko gleich groß ist, und ein relatives Risiko kleiner 1 bedeutet, dass das PLZ-Gebiet ein geringeres Risiko aufweist.

    Abbildung 4.2 zeigt für den heißen Sommer 2003 zwei signifikante Cluster erhöhter Risiken für Krankenhausaufnahmen bei der oben genannten Personengruppe, nämlich im nördlichen und im südlichen Stadtzentrum. Das höchste relative Risiko (bis 2,3-fach erhöhtes Risiko) trat in den Berliner Ortsteilen (Bezirke in Klammern) Mitte (Mitte) und Neukölln (Neukölln) auf. Für den heißen Sommer 2006 ist in Abbildung 4.3 ein signifikantes Cluster erhöhter Risiken im nördlichen Stadtzentrum erkennbar. Das höchste relative Risiko (bis 2,6-fach erhöhtes Risiko) gab es in den Berliner Ortsteilen Mitte und Wedding (Mitte) sowie in Prenzlauer Berg (Pankow).

Das nördliche und das südliche Stadtzentrum Berlins sind durch relativ schlechte sozioökonomische Bedingungen charakterisiert, die einen wesentlichen Einfluss haben auf die räumliche Ausprägung von gesundheitlichen Risiken und Morbiditätsraten (Meinlschmidt/SenGUV, 2009). Zudem weist das überwiegend dicht bebaute Stadtzentrum Berlins eine gesundheitlich nachteilige bioklimatische Bewertung auf (SenStadtUm, 2010). Nach Angaben der Berliner Senatsverwaltung in Zusammenarbeit mit dem Deutschen Wetterdienst ist eine klimawandelbedingte Zunahme der Wärmebelastung in Berlin zu erwarten (DWD/SenStadtUm, 2010). Dies entspricht auch den Befunden des Zwischenstaatlichen Ausschusses für Klimaänderungen (IPCC – Intergovernmental Panel on Climate Change) und des Potsdam-Instituts für Klimafolgenforschung (PIK) zum gehäuften Auftreten von Extremwetterlagen im Verlaufe des Klimawandels (IPCC, 2013; Rahmstorf/Coumou, 2011; Schär/Fischer, 2008).

Es ist ein wichtiges Anliegen, die Patientengruppen, die bei Extremwetterlagen ein erhöhtes Risiko haben, zu untersuchen und sie besser anzuleiten. So lassen sich vermehrte Notfallaufnahmen und Krankenhauseinweisungen vermeiden. Telemedizinisches Monitoring bietet die Möglichkeit, sie mit relativ geringem Aufwand täglich zu betreuen und langfristig Interventionsstrategien zum Schutz der Gesundheit zu entwickeln. Gerade im Hinblick auf die Zunahme von Extremwetterereignissen, auf den Anstieg bei den chronischen Lungenerkrankungen und auf die immer älter werdende Gesellschaft leistet die klimaadaptive Gesundheitsvorsorge als Innovation einen wichtigen Beitrag zur Anpassung an den Klimawandel.

7 Fazit

Im Projekt INKA BB wurden vielfältige und sehr unterschiedliche Maßnahmen zur Anpassung an den Klimawandel in Brandenburg und Berlin entwickelt und erprobt. Nicht nur thematisch, sondern auch in ihrer Praxisrelevanz und Anwendungsreife unterscheiden sich die Projektergebnisse daher erheblich. So sind in vielen Fällen landwirtschaftliche Neuerungen sowie das beschriebene Tourismuskonzept bis zur konkreten Umsetzung geführt worden. Detaillierte Steuerungsmodelle, Management- und Nutzungskonzepte wurden zum Beispiel für die Wasserbewirtschaftung mit Praxisakteuren gemeinsam entwickelt und abgestimmt; einige der Maßnahmen sind allerdings noch nicht verbindlich beschlossen worden. Integrative Ansätze, die eine Multi-Level-Governance implizieren – wie etwa der Wissenschafts-Praxis-Dialog oder die Gewährleistung der landschaftlichen Multifunktionalität unter den Bedingungen des Klimawandels – konnten im Rahmen von INKA BB begonnen werden. Allerdings erfordern sie einen längeren Atem als die Laufzeit eines Verbundprojekts, um tatsächlich eine Institutionalisierung zu erfahren.

Zusammenfassung

- Aufgrund der natürlichen Rahmenbedingungen ist die Landwirtschaft in Brandenburg besonders anfällig für den Klimawandel. Die Entwicklung angepasster Bewirtschaftungssysteme kann nur in enger Zusammenarbeit von Wissenschaft und Praxis erfolgreich sein.
- Klimabedingt veränderte Wasserverfügbarkeiten erfordern Anpassungsstrategien beim betrieblichen und vor allem beim regionalen Wassermanagement. Technische Lösungen und Anreizinstrumente sowie ein verändertes Verhalten von Planern und von Nutzern sind für einen sparsamen Umgang mit Wasser notwendig. Managementoptionen bestehen darin, lokale und regionale Wasserspeicherung durch natürliche und künstliche Rückhaltesysteme zu fördern und das Wasserdargebot im regionalen Verbund zu bewirtschaften.
- Um klimaadaptive Managementoptionen für die Sicherung landschaftlicher Multifunktionalität zu entwickeln, müssen diese Optionen in den Kontext anderer Konfliktfelder (zum Beispiel Nutzungskonkurrenzen) gestellt werden.
- In einem partizipativen Prozess wurden von den Tourismusakteuren in der Region Uckermark „Risikomanagement" und „Klimaschutz" als Anpassungsstrategien an den Klimawandel etabliert.
- Als klimaadaptive Gesundheitsvorsorge bietet telemedizinisches Monitoring die Möglichkeit, Patienten mit relativ geringem Aufwand täglich zu betreuen und langfristig Interventionsstrategien zum Schutz der Gesundheit zu entwickeln.

Literatur

Barriopedro, David et al., 2011, The Hot Summer of 2010. Redrawing the Temperature Record Map of Europe, in: Science, Bd. 332, Nr. 6026, S. 220–224

Confalonieri, Ulisses et al., 2007, Human health, in: Parry, Martin et al. (Hrsg.), Climate Change 2007. Impacts, Adaptation and Vulnerability, Contribution of Working Group II to the Fourth Assessment Report of the Intergovernmental Panel on Climate Change, Cambridge (UK), S. 391–431

Dickhut, Heike, 2012, Klimaangepasstes Destinationsmanagement in der Uckermark, in: IALE / INKA BB (Hrsg.), Klimawandel: Was tun!, Exkursionsführer zur IALE-D-Jahrestagung 24.–26.10.2012 in Kooperation mit INKA BB, Eberswalde, S. 5–8

DWD – Deutscher Wetterdienst / **SenStadtUm** – Senatsverwaltung für Stadtentwicklung und Umwelt Berlin, 2010, Berlin im Klimawandel. Eine Untersuchung zum Bioklima, Potsdam

Ehmer, Philipp / **Heymann**, Eric, 2008, Klimawandel und Tourismus. Wohin geht die Reise?, Energie und Klimawandel, Deutsche Bank Research, Aktuelle Themen, Nr. 416, Frankfurt am Main

Ferrari, Uta et al., 2012, Influence of air pressure, humidity, solar radiation, temperature, and wind speed on ambulatory visits due to chronic obstructive pulmonary disease in Bavaria, Germany, in: International Journal of Biometeorology, 56. Jg., Nr. 1, S. 137–143

Fouillet, Anna et al., 2008, Has the impact of heat waves on mortality changed in France since the European heat wave of summer 2003? A study of the 2006 heat wave, in: International Journal of Epidemiology, 37. Jg., Nr. 2, S. 309–317

Haber, Wolfgang, 1971, Landschaftspflege durch differenzierte Bodennutzung, in: Bayerisches landwirtschaftliches Jahrbuch, Bd. 48, Sonderheft 1, S. 19–35

Haber, Wolfgang, 1972, Grundzüge einer ökologischen Theorie der Landnutzungsplanung, in: Innere Kolonisation, Nr. 24, S. 294–298

Haber, Wolfgang, 1998, Das Konzept der differenzierten Landnutzung. Grundlage für Naturschutz und nachhaltige Naturnutzung, in: Bundesministerium für Umwelt, Naturschutz und Reaktorsicherheit (Hrsg.), Ziele des Naturschutzes und einer nachhaltigen Naturnutzung in Deutschland, Bonn, S. 57–64

Hamilton, Jacqueline M. / **Maddison**, David J. / **Tol**, Richard S. J., 2005, Climate change and international tourism. A simulation study, in: Global Environmental Change, 15. Jg., Nr. 4, S. 253–266

Ibisch, Pierre L. / **Kreft**, Stefan / **Luthardt**, Vera (Hrsg.), 2012, Regionale Anpassung des Naturschutzes an den Klimawandel. Strategien und methodische Ansätze zur Erhaltung der Biodiversität und Ökosystemdienstleistungen in Brandenburg, Eberswalde

IPCC – Intergovernmental Panel on Climate Change, 2013, Summary for Policymakers, in: Climate Change 2013. The Physical Science Basis, Contribution of Working Group I to the Fifth Assessment Report of the Intergovernmental Panel on Climate Change, Cambridge (UK)

Koppe, Christina / **Kovats**, R. Sari / **Jendritzky**, Gerd / **Menne**, Bettina, 2004, Heat-waves: risks and responses, in: World Health Organization Europe (Hrsg.), Health and Global Environmental Change, Nr. 2, Kopenhagen

MEA – Millennium Ecosystem Assessment, 2005, Ecosystems and human well-being: synthesis, Washington D. C.

Meinlschmidt, Gerhard / **SenGUV** – Senatsverwaltung für Gesundheit, Umwelt und Verbraucherschutz (Hrsg.), 2009, Sozialstrukturatlas Berlin 2008, Spezialbericht der Gesundheitsberichterstattung Berlin, http://www.berlin.de/sen/statistik/gessoz/gesundheit/spezial.html [12.5.2013]

Michelozzi, Paola et al., 2009, High Temperature and Hospitalizations for Cardiovascular and Respiratory Causes in 12 European Cities, in: American Journal of Respiratory and Critical Care Medicine, Bd. 179, Nr. 5, S. 383–389

Rahmstorf, Stefan / **Coumou**, Dim, 2011, Increase of extreme events in a warming world, in: Proceedings of the National Academy of Sciences, Bd. 108, Nr. 44, S. 17905–17909

Ripl, Wilhelm / **Hildmann**, Christian, 1997, Der Landschaftswasserhaushalt als Grundlage für eine nachhaltige Bewirtschaftung der Landschaft, in: Dembinski, Michael / Werder, Ulrich (Hrsg.), Renaturierung von Fließgewässern und Auen, VSÖ-Publikationen, Bd. 2, Hamburg, S. 77–84

Robine, Jean-Marie et al., 2008, Death toll exceeded 70.000 in Europe during the summer of 2003, in: Comptes Rendus Biologies, Bd. 331, Nr. 2, S. 171–178

Schär, Christoph / **Fischer**, Erich M., 2008, Der Einfluss des Klimawandels auf Hitzewellen und das Sommerklima Europas, in: Lozán, José L. et al. (Hrsg.), Warnsignal Klima – Gesundheitsrisiken. Gefahren für Pflanzen, Tiere und Menschen, Hamburg, S. 50–55

SenStadtUm – Senatsverwaltung für Stadtentwicklung und Umwelt Berlin, 2010, Klimawandel und Wärmebelastung der Zukunft, Umweltatlas Berlin, http://www.stadtentwicklung.berlin.de/umwelt/umweltatlas/i412.htm [12.5.2013]

Scherber, Katharina / **Langner**, Marcel / **Endlicher**, Wilfried, 2014, Spatial analysis of hospital admissions for respiratory diseases during summer months in Berlin taking bioclimatic and socioeconomic aspects into account, in: Die Erde, Bd. 144, Nr. 3 (im Erscheinen)

Stock, Manfred / **Kropp**, Jürgen P. / **Walkenhorst**, Oliver, 2009, Risiken, Vulnerabilität und Anpassungserfordernisse für klimaverletzliche Regionen, in: Raumforschung und Raumordnung, 67. Jg., Nr. 2, S. 97–113

Strasdas, Wolfgang, 2012, Ländlicher Tourismus und Klimawandel. Herausforderungen, Anpassungsstrategien und Klimaschutzmaßnahmen, in: Rein, Hartmut / Schuler, Alexander (Hrsg.), Tourismus im ländlichen Raum, Wiesbaden, S. 343–366

Zeppenfeld, Runa / **Strasdas**, Wolfgang, 2012, Erfolgsfaktoren von Klima-Anpassungsprozessen in Tourismusregionen. Erste Ergebnisse einer Sekundäranalyse, Zwischenergebnisse aus dem INKA-BB-Projekt Tourismus, August 2012, Eberswalde, http://www.tourismus-klimawandel.de [5.6.2013]

Kapitel 5

Jürgen Becker[a] / Tobias Keienburg[b] / Anne Kittel[c] / Jörg Knieling[c] /
Nancy Kretschmann[c] / Elke Kruse[c] / Imke Mersch[d] / Edgar Nehlsen[e] /
Johannes Prüter[b] / Brigitte Urban[f] / Thomas Zimmermann[c]

KLIMZUG-NORD – Klimaanpassung in der Metropolregion Hamburg. Beispiele für inter- und transdisziplinäre Forschung in Modellgebieten

Inhalt

1	Einleitung	86
2	Modellgebiet „Einzugsgebiet Wandse": Umgang mit Überflutung und Überhitzung in der wachsenden Stadt	87
3	Modellgebiet „Elmshorn und Umland": Lern- und Aktionsallianz als Anstoß für neue Kooperationen	90
4	Modellgebiet „Lüneburger Heide": Wasserverfügbarkeit als zentrale Herausforderung im Klimawandel	92
5	Modellgebiet „Niedersächsische Elbtalaue": Anpassungsoptionen im Biosphärenreservat	95
6	Fazit	98
	Zusammenfassung	101
	Literatur	102

---

[a] TuTech Innovation. [b] Biosphärenreservatsverwaltung Niedersächsische Elbtalaue. [c] HafenCity Universität Hamburg.
[d] Landwirtschaftskammer Niedersachsen. [e] Technische Universität Hamburg-Harburg. [f] Leuphana Universität Lüneburg.

1 Einleitung

Im Forschungsverbund „KLIMZUG-NORD – Strategische Anpassungsansätze zum Klimawandel in der Metropolregion Hamburg" arbeiteten von 2009 bis 2014 mehr als 100 Projektbeteiligte zusammen. Mitarbeiterinnen und Mitarbeiter aus Hochschulen, Forschungseinrichtungen, Behörden und Unternehmen leisteten ihre Beiträge, um die Metropolregion Hamburg auf die langfristigen Folgen des Klimawandels vorzubereiten. Thematisch war KLIMZUG-NORD auf die Bereiche Küsten- und Hochwasserschutz, Wasserhaushalt, Landwirtschaft, Stadt- und Regionalplanung, Naturschutz, Ökonomie, Bildung und Governance ausgerichtet. 21 Partner des Verbunds erhielten eine direkte Förderung des Bundesministeriums für Bildung und Forschung (BMBF). Weitere Unterauftragnehmer sowie neu hinzugekommene Praxispartner ohne eigenes Finanzbudget bereicherten den Forschungsverbund. KLIMZUG-NORD war zugleich Leitprojekt der Metropolregion Hamburg, von der es zusätzliche Fördermittel erhielt, ebenso wie von der Freien und Hansestadt Hamburg.

Die Ergebnisse von KLIMZUG-NORD fasst das „Kursbuch Klimaanpassung – Handlungsoptionen für die Metropolregion" (KLIMZUG-NORD Verbund, 2014) disziplinenübergreifend zusammen. Es stellt die wesentlichen Erkenntnisse für Entscheidungsträger und die interessierte Öffentlichkeit dar. Darüber hinaus zeigt es Handlungsmöglichkeiten auf und bewertet sie. Vertiefende Darstellungen enthalten die sechs Berichte aus den KLIMZUG-NORD-Modellgebieten.

Das Projekt verfolgte einen inter- und transdisziplinären Forschungsansatz. Zentrales Merkmal einer solchen Herangehensweise ist, dass außerwissenschaftliche Probleme in den Mittelpunkt gestellt werden. Verbunden ist damit ein Arbeits- und Organisationsprinzip, das problemorientiert über Fächer und Disziplinen hinausgreift (Bergmann et al., 2010). Als Voraussetzungen für eine transdisziplinäre Zusammenarbeit nennen Dubielzig/Schaltegger (2004) folgende Punkte:

- Alle Projektbeteiligten müssen von Beginn an die Möglichkeit haben, sich zu äußern und einzubringen, wenn es um die Festlegung der Problemdefinition, das Formulieren der Ziele und das Festlegen des Vorgehens geht.
- Es bedarf einer sorgfältigen spezifischen, aber zugleich auch umfassenden Vorbereitung des Projekts. Dazu zählen Aspekte wie Formulieren der Forschungsfragen, Teambildung oder Konfliktregelungen.
- Ein kompetentes (Projekt-)Management organisiert den internen und externen Informationsaustausch, regelmäßige Treffen, genügend finanzielle Mittel und ein anregendes Umfeld.

Um diesem Anspruch gerecht zu werden, arbeiteten die Projektpartner bei KLIMZUG-NORD in ausgewählten Modellgebieten zusammen. Diese bildeten einen räumlichen Rahmen, in dem losgelöst von der gewohnten Praxis zeitlich befristet neue Konzepte, Sach- oder Verfahrenslösungen entwickelt und erprobt wurden. Dabei repräsentieren die Modellgebiete unterschiedliche Raumtypen mit spezifischen Betroffenheiten durch den

Klimawandel. Die Arbeit in den Modellgebieten eröffnete die Möglichkeit, exemplarische Lösungsansätze zu entwickeln, die auf vergleichbare Räume – sowohl in der Metropolregion Hamburg als auch in anderen Regionen – übertragen werden können.

Der vorliegende Beitrag stellt die erzielten Ergebnisse für die vier Modellgebiete vor (Abschnitte 2 bis 5):

- Das „Einzugsgebiet Wandse", das von der HafenCity Universität Hamburg und somit von einer Wissenschaftsinstitution koordiniert wurde, repräsentiert mit seinen unterschiedlichen städtischen Strukturen eine Großstadt. Dabei wurden stadt- und freiraumplanerische Anpassungskonzepte mit Wirkungsanalysen für das Stadtklima und die Wasserwirtschaft verbunden.
- Das Modellgebiet „Elmshorn und Umland" repräsentiert den Stadt-Umland-Bereich eines Mittelzentrums. Auch hier erfolgte die Koordination der Zusammenarbeit durch wissenschaftliche Institutionen (HafenCity Universität Hamburg und Technische Universität Hamburg-Harburg). Hochwasserschutz und Entwässerungsprobleme waren Themen, die hier vor allem unter dem Aspekt der Beteiligung von Stakeholdern analysiert wurden.
- Das Modellgebiet „Lüneburger Heide" koordinierten die Leuphana Universität Lüneburg und die Landwirtschaftskammer Niedersachsen in einer Wissenschafts-Praxis-Kooperation. Hier bildete die Verfügbarkeit von Wasser die zentrale Herausforderung für die prägenden Landökosysteme Heidebach, Moor, Heide sowie Ackerboden und damit die überwiegenden Themen.
- Das Biosphärenreservat „Niedersächsische Elbtalaue" am ländlich geprägten südöstlichen Rand der Metropolregion Hamburg ist „UNESCO-Modellregion für nachhaltige Entwicklung". Daraus ergeben sich besondere Anforderungen an die Umsetzung klimaangepasster Naturschutzstrategien – einhergehend mit unterschiedlichen Belangen der Landwirtschaft und des Naturschutzes. Die Koordination erfolgte durch die Verwaltung des Biosphärenreservats, also durch einen außerwissenschaftlichen Akteur.

Abschnitt 6 fasst die erzielten Ergebnisse der Kooperation zusammen und geht darauf ein, inwieweit die Arbeit in den Modellgebieten dem inter- und transdisziplinären Anspruch des Projekts gerecht wurde.

2 Modellgebiet „Einzugsgebiet Wandse": Umgang mit Überflutung und Überhitzung in der wachsenden Stadt

Das „Einzugsgebiet Wandse" umfasst den Bereich Hamburgs, der in den gleichnamigen Fluss Wandse entwässert. Das Fließgewässer entspringt im Süden Schleswig-Holsteins und mündet in Hamburg in die Alster. Das Gebiet deckt das gesamte Spektrum städtischer Strukturen weitgehend ab, sodass die unterschiedlichen Herausforderungen der stadträumlichen Integration von Maßnahmen der Klimaanpassung untersucht werden konnten. Ein interdisziplinäres Team entwickelte – aufbauend auf der Analyse zu erwartender stadtklimatischer und wasserwirtschaftlicher Veränderungen – kleinräumige Entwürfe und modellierte die Wirkungen dieser Veränderungen. Um die Akteure vor Ort und damit die außerwissenschaftliche Sphäre einzubeziehen, wurden Partizipationsformate erprobt und die Ergebnisse mit Vertretern des zuständigen Bezirksamts diskutiert. Allerdings wurden die Forschungsfragen vonseiten der Wissenschaft entwickelt, während der transdisziplinäre Forschungsansatz eine gemeinsame Erarbeitung der Fragestellung durch Wissenschaft und Praxis vorsieht.

Stadtklimatische und wasserwirtschaftliche Veränderungen

Aus den Folgen der klimatischen Veränderungen resultieren für die Stadträume des Modellgebiets unterschiedliche Anpassungsbedarfe. Sie betreffen verschiedene Handlungsfelder der Stadtentwicklung. Mit Blick auf das Stadtklima ist entscheidend, dass die Temperaturen in der Stadt höher sind als im weniger dicht besiedelten Umland. Die Wärmeinselintensität als Maß für die Temperaturdifferenz zwischen Stadt und Umland ist in Bereichen mit verdichteter Bebauung am stärksten. Daher führen klimabedingte Temperaturerhöhungen vor allem dort zu einem Anstieg der Wärmebelastung, was in den Sommermonaten das Wohlbefinden der Wohnbevölkerung besonders nachts beeinträchtigt (Hoffmann et al., 2014).

Zunehmende Starkregenereignisse können sowohl zu flächenhaften Überschwemmungen entlang des Flusses Wandse und seiner Nebengewässer führen als auch zu Überflutungen aufgrund eines Überstaus aus dem Kanalsystem, der sich dann in Mulden und Senken sammelt. Das hydrodynamische Kanalnetzmodell Hystem-Extran und das hydrologische Niederschlags-Abfluss-Modell Kalypso-Hydrology bestätigen eine mögliche Zunahme der Überflutungsrisiken in den Klimaszenarien (Hellmers/Hüffmeyer, 2014a).

Regenwassermanagement: ein Konzept zur Klimaanpassung

Einen beispielhaften Lösungsansatz in Bezug auf stadt- und freiraumplanerische Anpassungsmaßnahmen stellt ein Entwurf für eine klimaangepasste Entwicklung einer bestehenden drei- bis viergeschossigen Zeilenbebauung vor (Abbildung 5.1). Das Konzept ermöglicht eine nachträgliche Verdichtung und damit ein Bevölkerungswachstum in der Stadt, ohne weitere Flächen zu versiegeln. Das Entwässerungsprinzip besteht aus extensiven Gründächern, Versickerungsmulden in den gemeinschaftlichen Freiflächen und bepflanzten Tiefbeeten im Straßenraum.

Die Aufstockung der Zeilenbebauung ermöglicht ein Flachdach mit einer extensiven Begrünung. Der neue Dachaufbau beziehungsweise die Substratschicht speichert das Niederschlagswasser, das auf den Dachflächen anfällt, und lässt es verdunsten. Neben dem Wasserrückhalt senkt Verdunstungskälte die Temperatur in der unmittelbaren Umgebung (FLL, 2008). Bei Starkregenereignissen kommt es zu einem verzögerten Notüberlauf von den Dachflächen, der in die Mulden zwischen den Gebäuden fließt, die auch das Wasser der befestigten Flächen aufnehmen. Hier staut das Wasser ein, bevor es nach und nach versickert. Der Abfluss des gesamten Niederschlagswassers wird von den Gebäuden ferngehalten und dies verhindert dann Überflutungen von Keller- und Hauseingängen durch unkontrolliert abfließendes Wasser. Für den Fall von Extremereignissen sieht das

Darstellung des Entwässerungsprinzips

Abbildung 5.1

bestehend aus extensiven Gründächern, Versickerungsmulden in den gemeinschaftlichen Freiflächen und bepflanzten Tiefbeeten im Straßenraum, bei variierenden Wetterverhältnissen

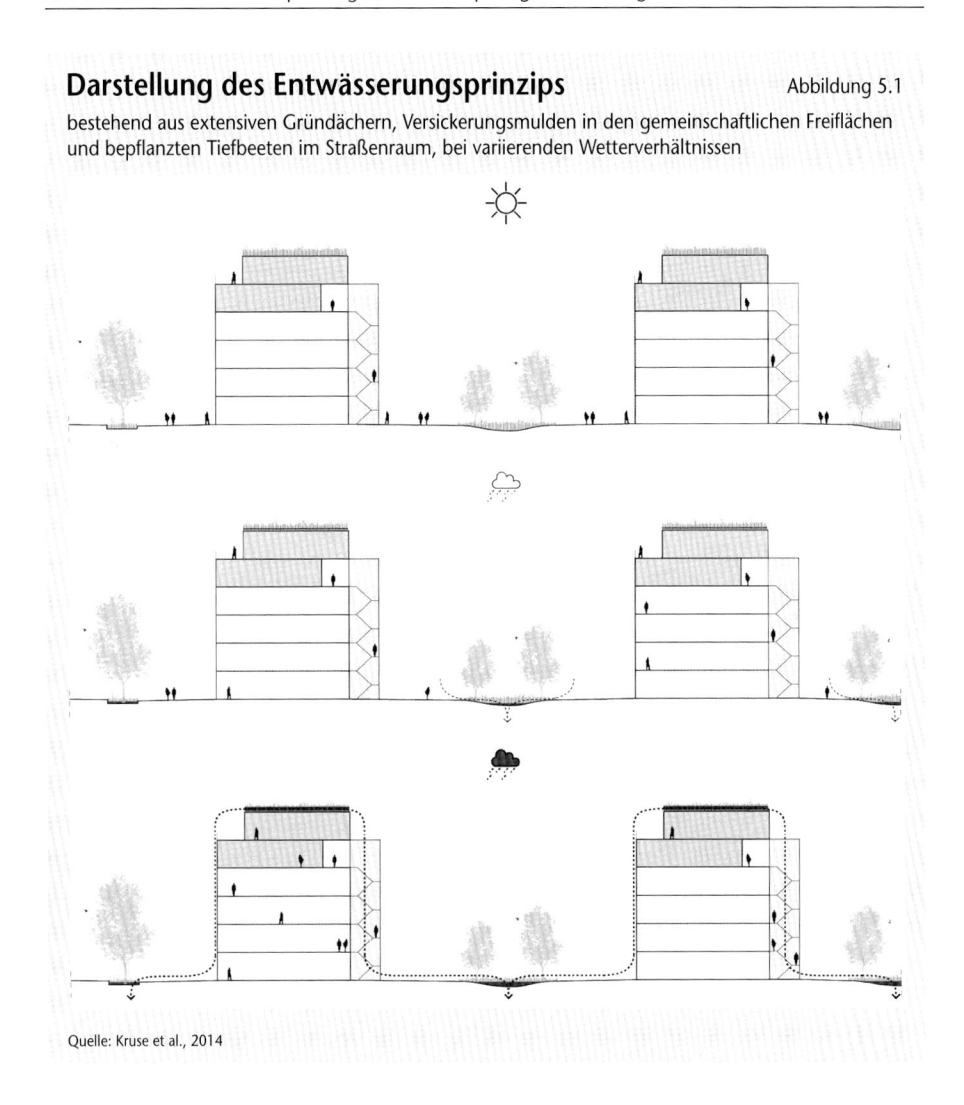

Quelle: Kruse et al., 2014

Konzept einen sogenannten Notwasserweg auf die Straßenfläche vor. Er leitet das Wasser, das die Mulde nicht mehr fasst, kontrolliert und schadlos ab.

Klimaanpassung als flächendeckendes Konzept

Eine flächendeckende Umsetzung von Klimaanpassungsmaßnahmen, wie sie das Fallbeispiel Wandse beschreibt, mildert die Folgen einer zunehmenden baulichen Verdichtung in Bezug auf die Höhe der sommerlichen Temperaturen und senkt die Gefahr von Überflutungen. Zu entsprechenden Ergebnissen kamen die stadtklimatischen und wasserwirtschaftlichen Modellierungen im Rahmen der Modellgebietsarbeit.

Die Aussagen zur mittleren Lufttemperatur als einem Parameter des Stadtklimas beruhen auf Untersuchungen mithilfe des numerischen meteorologischen Modells Metras. Sie verdeutlichen, dass eine flächendeckende Umsetzung von Klimaanpassungsmaßnahmen selbst bei zunehmender Verdichtung der Bebauung die mittlere Lufttemperatur im Sommer um etwa 20 Prozent oder 0,2 Grad Celsius reduziert und auch das räumliche Ausmaß der städtischen Wärmeinsel verringert. Insbesondere Gründächer vermindern die Lufttemperatur sowohl tagsüber als auch nachts. Die untersuchten Maßnahmen können jedoch die erwarteten Klimaänderungen nicht kompensieren (Linde et al., 2014).

Die wasserwirtschaftlichen Aussagen beruhen auf Berechnungen mit den zuvor genannten Modellen. Werden umfangreiche Klimaanpassungsmaßnahmen in Form einer dezentralen Bewirtschaftung des Niederschlagswassers auf den Grundstücken oder im öffentlichen Raum durchgeführt, entlasten sie sowohl das Kanalnetz als auch die Gewässer bei Starkregenereignissen. Die Maßnahmenkombination aus Gründächern, Teilentsiegelung und Rückhalt von Niederschlagswasser erweist sich als besonders wirkungsvoll (Hellmers/Hüffmeyer, 2014b).

3 Modellgebiet „Elmshorn und Umland": Lern- und Aktionsallianz als Anstoß für neue Kooperationen

Schon heute ist das Modellgebiet „Elmshorn und Umland" entlang des Flusses Krückau von Hochwasser bedroht. Da die wasserabhängigen Klimafolgen weder an naturräumlichen noch an administrativen Grenzen haltmachen, bedarf es räumlich – und auch fachlich – integrierter Strategien zur Klimaanpassung. Diese müssen die gesamte Problemlage abdecken und eine Vielzahl von Akteuren einbeziehen. Zunächst muss jedoch bei den potenziell Betroffenen (Personen, Institutionen, Verbände, Unternehmen etc.) das Bewusstsein für die Gefährdungen und die Notwendigkeit eines gemeinsamen Handelns geschaffen werden. Die Stadt Elmshorn brachte sich aufgrund der ihr bekannten Herausforderungen von Beginn an aktiv in KLIMZUG-NORD ein, um Lösungsansätze zu entwickeln. Gemeinsam mit den Partnern aus der Wissenschaft erkannte sie die aktive Beteiligung als einen Schlüssel zur Erhöhung des Problembewusstseins an. Daher hat KLIMZUG-NORD in Elmshorn unter anderem eine Lern- und Aktionsallianz (LAA) durchgeführt.

„In Elmshorn kommt das Wasser von allen Seiten!"
Die auch künftig wachsende Stadt Elmshorn kennzeichnen eine hohe Bebauungsdichte, die unmittelbare Lage an der Krückau, ein flaches Geländeprofil, ein hoher Grundwasserspiegel sowie das Einfließen der Elbe. Daher sind in der Stadtentwicklung sowohl der Hochwasserschutz entlang der Krückau als auch derzeit schon bestehende Probleme bei der Regenentwässerung zu berücksichtigen.

Es ist zu erwarten, dass der Klimawandel die existierenden Probleme verschärfen und mögliche Lösungen erschweren wird. Erwartete Auswirkungen sind neben dem Anstieg der mittleren Temperatur eine Zunahme der Niederschlagsmengen in Frühling, Herbst und Winter sowie eine Zunahme der Intensität einzelner Regenereignisse (Schlünzen et al., 2010). Daraus resultieren wachsende Hochwasserabflüsse in die Krückau und mehr Oberflächenabflüsse von versiegelten Flächen in die Kanalisation. Der erwartete Meeresspiegelanstieg führt zu höheren Tidewasserständen und höheren Sturmfluten, wodurch das Krückau-Sperrwerk an der Flussmündung häufiger und länger geschlossen werden muss. Die Folge ist eine Häufung der Situationen, in denen kein Wasser in die Elbe abgegeben werden kann. Durch den entstehenden Rückstau des Wassers in der Krückau kommt es zu Überflutungen der tiefliegenden Bereiche entlang des Flusses, zum Beispiel des Elmshorner Hafens und von Teilen der Innenstadt.

Neue räumliche Zuschnitte der Zusammenarbeit

Aufgrund der großräumigen Ursache-Wirkungs-Zusammenhänge von lokal auftretenden Hochwasserproblemen würde eine rein städtische Lösungsstrategie für Elmshorn zu kurz greifen. Um den aus dem Klimawandel resultierenden Herausforderungen begegnen zu können, ist ein räumlicher Zuschnitt nötig, der alle Gemeinden und Wasserbehörden des Einzugsgebiets der Krückau und eine Vielzahl von weiteren Akteuren umfasst. Ein Instrument zur thematischen Zusammenarbeit ist das Aufstellen eines gemeinsamen Leitbilds (Klindworth et al., 2014). Doch bevor ein Leitbild für das Modellgebiet „Elmshorn und Umland" entwickelt werden kann, ist es wichtig, die relevanten Akteure zunächst für die Thematik und für die zukünftig zu erwartenden Probleme zu sensibilisieren.

Lern- und Aktionsallianz: gemeinsames Lernen als erster Schritt der Zusammenarbeit

Zur Sensibilisierung im Modellgebiet hat KLIMZUG-NORD eine Lern- und Aktionsallianz (LAA) für einen zuvor ausgewählten und festgelegten Teilnehmerkreis aus der Fachöffentlichkeit der lokalen und regionalen Ebene durchgeführt. Die LAAs hatten die Aufgabe, Leitbilder zur Klimaanpassung zu entwickeln, indem sie zu einem bestimmten

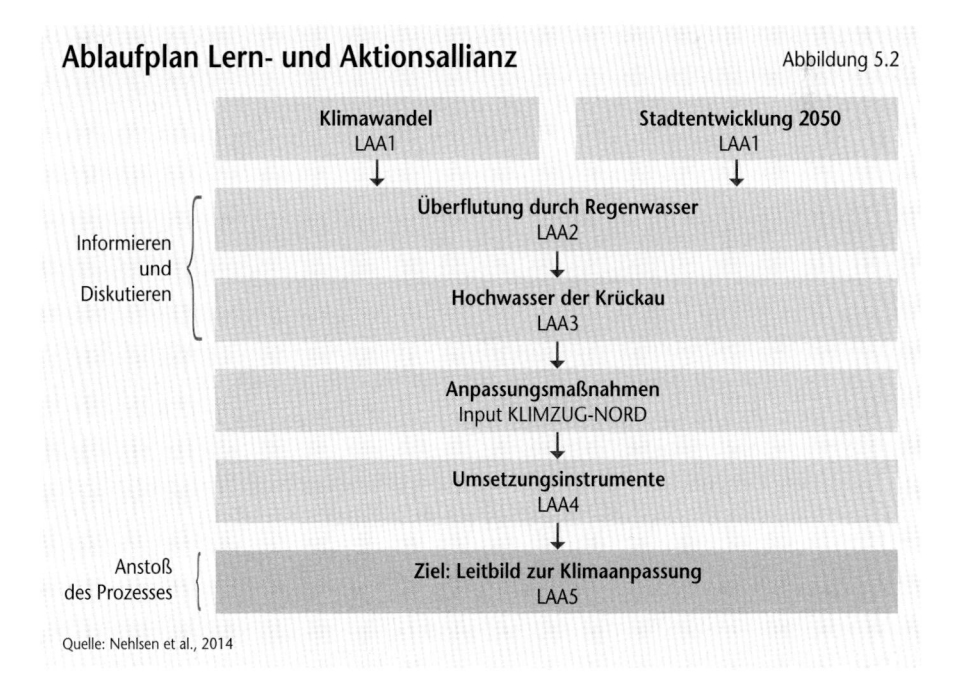

Ablaufplan Lern- und Aktionsallianz — Abbildung 5.2

Quelle: Nehlsen et al., 2014

Thema Wissen vermitteln und die relevanten Akteure darüber mit Bezug zur örtlichen Situation diskutieren lassen. Dabei stehen die Etablierung einer gemeinsamen Problemdefinition und die Erarbeitung eines gemeinsamen Wissensstands im Mittelpunkt. Der Zweck der LAAs bestand darin, dass Wissenschaft und Praxis gleichermaßen voneinander lernen (KLIMZUG-NORD Verbund, 2013).

LAAs haben das Ziel, konkrete Probleme zu bearbeiten, und werden in ihrem Ablauf in fünf Phasen unterteilt. Entsprechend wurden im Modellgebiet fünf Veranstaltungen durchgeführt (Abbildung 5.2). In der ersten wurden klimatische Veränderungen und ihre Folgen für Elmshorn und das Umland diskutiert. Dabei wurden vor allem die Auswirkungen des Klimawandels auf die Krückau und ihr Einzugsgebiet sowie die möglichen Folgen häufiger und intensiver auftretender Starkregenereignisse betrachtet. Diesen Klimafolgen wurden Trends der sozioökonomischen und städtebaulichen Entwicklung gegenübergestellt. Im Zentrum stand die Frage, wo die lokalen Akteure Probleme und besondere Handlungsbedarfe sehen. In der zweiten und dritten Veranstaltung bewerteten die Teilnehmenden vorgestellte Anpassungsmaßnahmen zur Vermeidung von Binnenhochwasser und zur Reduzierung lokaler Überflutungen im Stadtgebiet hinsichtlich ihrer Realisierungschancen. Mögliche Instrumente zur grenzüberschreitenden Zusammenarbeit waren Gegenstand der vierten Veranstaltung. Abschließend wurde problematisiert, wie andere Städte das Thema und die Entwicklung eines Leitbilds angehen und welche Ansätze davon auf das Modellgebiet übertragbar sind.

Was folgt aus den Lern- und Aktionsallianzen?

In der LAA saßen erstmals die Akteure der betroffenen Gemeinden und der relevanten Fachrichtungen an einem Tisch und erörterten gemeinsam das Thema Klimaanpassung. Dies wurde insgesamt als positiv bewertet. In diesem Rahmen wurde auch besprochen, wie sich auf Basis der gewonnenen Erkenntnisse ein Prozess zur Entwicklung eines Leitbilds zur Klimaanpassung anstoßen und umsetzen lässt. Für die Fachöffentlichkeit ist ein Leitbild für das gesamte Modellgebiet durchaus vorstellbar; es sollte jedoch alle klimawandelrelevanten Themen berücksichtigen und Vorteile für alle beteiligten Gemeinden aufzeigen.

Zum Anstoß eines Leitbildprozesses sehen die Akteure allerdings die Notwendigkeit eines „Motors" in Form einer Person oder Institution. Dies kann die Politik sein, die das Thema auf die Agenda setzt und frühzeitig personelle sowie institutionelle Mittel bereitstellt. Andernfalls würde möglicherweise erst ein Extremereignis die Notwendigkeit zum Handeln aufzeigen, ein Problembewusstsein in der Bevölkerung erzeugen und den politischen Willen in diese Richtung lenken (Nehlsen et al., 2014).

4 Modellgebiet „Lüneburger Heide": Wasserverfügbarkeit als zentrale Herausforderung im Klimawandel

Das Modellgebiet „Lüneburger Heide" liegt im Südosten der Metropolregion Hamburg (Abbildung 5.3). Es befindet sich im Übergangsbereich vom subatlantischen zum subkontinentalen Klima, was ein Abnehmen der Niederschlagsmenge von West nach Ost

Lage des Modellgebiets „Lüneburger Heide" im Projektgebiet von KLIMZUG-NORD

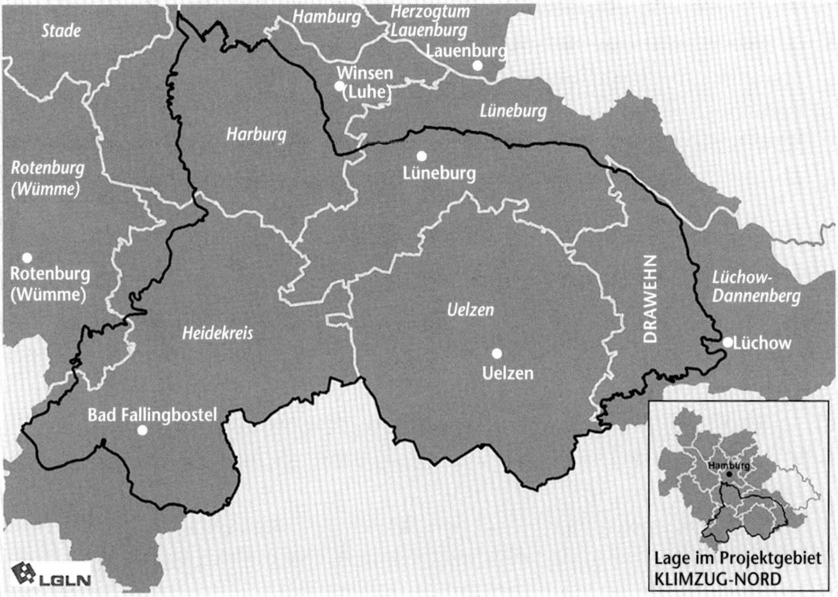

Abbildung 5.3

Quelle: Auszug aus den Geobasisdaten der Niedersächsischen Vermessungs- und Katasterverwaltung (Kartografie: Imke Mersch)

zur Folge hat. Neben den land- und forstwirtschaftlichen Nutzflächen prägen Heiden und Moore das Landschaftsbild. Charakteristisch sind Böden mit relativ geringen Ackerzahlen (Bodenpunkte als Maßeinheit für die Qualität von Ackerflächen) zwischen 18 und 30, die nur wenig Wasser speichern können. Jedoch begünstigen die durchlässigen Böden die Versickerung. Entwässert wird das Modellgebiet durch zahlreiche grundwassergespeiste Heidebäche.

Der Klimawandel wirkt in vielfältiger Weise auf die Wirtschaft, vor allem auf Wasserwirtschaft, Landwirtschaft, Forstwirtschaft und Tourismus, sowie auf den Naturschutz und die Böden. Nach aktuellen Klimaprojektionen wird besonders die sommerliche Trockenheit eine Herausforderung für die Ökosysteme und die Landnutzung im Modellgebiet darstellen. Im Fokus der Untersuchungen in dem Gebiet standen Landökosysteme (Heidebäche, Moore, Heiden, Ackerböden) und die Landwirtschaft (Urban et al., 2014). Deren Vulnerabilität wurde ermittelt und es wurde eine Vielzahl möglicher Anpassungsmaßnahmen konzipiert und teilweise näher untersucht. Dabei zeigte sich, dass die Maßnahmen generell integrativ erarbeitet und von einem Kommunikationsprozess begleitet werden müssen, damit sie sich nicht ungünstig auf andere Bereiche auswirken. Nur so kann es gelingen, die Landnutzung sowie den Natur- und Gewässerschutz unter dem Einfluss des Klimawandels gleichrangig zu entwickeln, das heißt: sowohl die Funktionen der Ökosysteme als auch die Wirtschaftskraft der Region zu erhalten.

Wasserverfügbarkeit für die landwirtschaftliche Beregnung – eine sektorenübergreifende Fragestellung

Aufgrund einer möglichen klimawandelbedingten Umverteilung der Niederschläge (Zunahme im Winter, Abnahme im Sommer) wird – bei Beibehaltung der derzeitigen ackerbaulichen Nutzung – der Beregnungsbedarf landwirtschaftlicher Kulturen weiter steigen. Auf Betriebsebene gibt es zahlreiche, zum Teil noch weiter zu erforschende Anpassungsoptionen mit begrenzter Wirksamkeit, die zeitgleich zum Einsatz kommen können. Dazu zählen die Erprobung standortangepasster Kulturarten (zum Beispiel von Teff, einer Zwerghirse-Art) oder der Einsatz von Bodenhilfsstoffen zwecks Humuserhaltung und Verbesserung der Wasserspeicherfähigkeit. Daneben werden zur wirtschaftlichen Sicherung der Produktion Maßnahmen der Effizienzsteigerung diskutiert (etwa verschiedene Anpassungen im Ackerbau oder der Einsatz großflächiger Beregnungsniederdrucktechnik), die im Konflikt mit dem Natur- und Gewässerschutz stehen. Denn dabei werden großstrukturierte Agrarlandschaften geschaffen, die Natur und Landschaft stark beeinträchtigen oder sogar zerstören können. In dem Modellgebiet wurde eine frühzeitige Zusammenarbeit im Rahmen eines „Kulturlandschaftsverbands" erprobt, sodass Landwirtschaft, Wasserwirtschaft und Naturschutz mögliche Anpassungsmaßnahmen gemeinsam erarbeiten konnten.

Auch die charakteristischen Heidelandschaften gefährden ein sommerlicher Wassermangel und ein erhöhter Stickstoffgehalt der Luft in ihrem Bestand. Damit könnten sie ihrer wichtigen Funktion als Stickstofffilter für das Grundwasser nur noch eingeschränkt nachkommen. Die kleinen Fließgewässer der Heide bedürfen wasserbaulicher Maßnahmen, damit genug Wasser zur Verfügung steht und der für den Fortbestand der Lebewesen erforderliche Mindestabfluss gesichert werden kann. Im Modellgebiet wurde beispielhaft ein kleines Fließgewässer nach ökologischen Kriterien umgebaut. Daraus lassen sich wertvolle, auf andere Regionen übertragbare Rahmenbedingungen und Anforderungen ableiten.

Neben der Wasserqualität ist auch die verfügbare Grundwassermenge ein wichtiges Thema. Bei der Entnahme von Grundwasser sind verschiedene Nutzungsansprüche (Trinkwasser, Mindestabfluss der Bäche, Moorerhaltung, Beregnung etc.) zu beachten. Die möglichen Entnahmemengen sind daher begrenzt. Neben einer effizienteren Wassernutzung in der Landwirtschaft könnte mit geeigneten Verfahren die für eine Entnahme verfügbare Grundwassermenge erhöht werden. Dazu eignet sich zum Beispiel der Umbau von Nadel- in Laubwald. Als weitere Option wurde die Grundwasseranreicherung durch Versickerung gereinigten Abwassers einer kommunalen Kläranlage in Waldflächen untersucht. Dazu wurden eine Pilotanlage errichtet und ein langjähriges Monitoringkonzept entwickelt.

Der Niederschlag und der Grundwasserstand spielen eine entscheidende Rolle für den Erhalt von Moorökosystemen. Diese bieten seltene Lebensräume für Flora und Fauna in der von Trockenheit geprägten Region und stellen weltweit den größten terrestrischen Kohlenstoffspeicher dar. Ihrer Erhaltung durch gezielte Anpassungsmaßnahmen wie Nutzungsverzicht oder -einschränkung, Pflege und Renaturierung kommt daher im Klimawandel eine herausragende Bedeutung zu.

Nicht zuletzt dienen die Anpassungsmaßnahmen im Modellgebiet dem Erhalt einer gewachsenen Kulturlandschaft und damit dem Tourismus in der Lüneburger Heide, welcher neben der Landwirtschaft ein wichtiger Wirtschaftsfaktor ist.

Zusammenarbeit und Kommunikation

Die Arbeit mit Stakeholdern erfolgte im Modellgebiet „Lüneburger Heide" vor allem in Form einer klassischen Beteiligung in Arbeitskreisen. Gleichzeitig wurde der Ansatz eines Kooperationsnetzwerks erprobt, in dem die Aufgaben und Herausforderungen von Wasserwirtschaft, Naturschutz und Landwirtschaft in thematischen Sitzungen zusammen mit den forschenden Wissenschaftlern diskutiert wurden. Dieses inter- und transdisziplinäre Vorgehen hat sich auch bei der Planung eines innovativen Beregnungskonzepts für den Raum der Oberen Wipperau bewährt, das naturschutzfachliche Belange ebenso berücksichtigt wie die Interessen der Landwirtschaft.

Wichtige Elemente in dem Anpassungsprozess waren Kommunikation und Bildung, zum Beispiel in Form von Vorträgen, E-Learning und Kursen. Dabei ging es nicht nur um die Verbreitung einzelner Forschungsergebnisse und Anpassungsmaßnahmen, sondern auch um Bewusstseinsbildung und um Partizipation von Bürgerinnen und Bürgern sowie von Akteuren aus der Region.

5 Modellgebiet „Niedersächsische Elbtalaue": Anpassungsoptionen im Biosphärenreservat

Die UNESCO hat mit einem Beschluss ihrer 36. Generalkonferenz 2011 in Paris dazu aufgerufen, im Einsatz gegen die Folgen des Klimawandels verstärkt die Erfahrungen aus den Biosphärenreservaten zu nutzen. Im Verbund KLIMZUG-NORD repräsentiert das Modellgebiet „Niedersächsische Elbtalaue" im Osten der Metropolregion Hamburg ein solches Reservat (Abbildung 5.4). Für dieses rechtlich gesicherte Großschutzgebiet des Landes Niedersachsen, das zugleich Bestandteil des länderübergreifenden Biosphärenreservats „Flusslandschaft Elbe" mit Anerkennung durch die UNESCO ist, stellt sich die Aufgabe, den Anspruch einer „Modellregion für nachhaltige Entwicklung" mit Inhalt zu füllen. Dabei sind auch Strategien zur Klimaanpassung für die Region zu erarbeiten sowie die besonderen Instrumente einer Schutzgebietsverwaltung anzuwenden und bei Bedarf weiterzuentwickeln (Deutscher Rat für Landespflege, 2010; Prüter et al., 2013).

Auenlandschaft im Fokus

Das Modellgebiet repräsentiert den Naturraum der Unteren Mittelelbeniederung, einer Stromlandschaft mit noch vergleichsweise weiten Überschwemmungsgebieten. Der Wechsel von Hoch- und Niedrigwasserphasen ist der prägende Faktor für den Landschaftswasserhaushalt, für Struktur und Funktion der auentypischen Biotope (Auwälder, artenreiche Stromtalwiesen etc.) und gegebenenfalls für deren land- und forstwirtschaftliche Nutzung. Überflutungen haben Erosions- und Sedimentationsprozesse zur Folge, sodass Stoffeinträge und Umlagerungen die jungen Auenböden kennzeichnen. Sie können auch als Archive (Speicher) der Schadstoffbelastung der Elbsedimente dienen.

Das Biosphärenreservat „Niedersächsische Elbtalaue" Abbildung 5.4

Legende:
- Biosphärenreservat Mittelelbe
- Biosphärenreservat Flusslandschaft Elbe Brandenburg
- Biosphärenreservat Niedersächsische Elbtalaue
- Biosphärenreservat Flusslandschaft Elbe Mecklenburg-Vorpommern
- Verlauf der Elbe

Quelle: Biosphärenreservatsverwaltung Niedersächsische Elbtalaue

Neben den Änderungen des regionalen Klimas wird das zukünftige Abflussverhalten der Elbe eine entscheidende Rolle für die auengeprägte Kulturlandschaft, sowohl außen- als auch binnendeichs, spielen. Ob die Erwartung von länger anhaltenden Niedrigwasserphasen im Sommerhalbjahr und von länger währenden Hochwasserphasen mit höheren Pegelständen in den kommenden Jahrzehnten eintritt, lässt sich bisher nicht sicher prognostizieren. Eine deutlich erhöhte Wahrscheinlichkeit dafür besteht ab Mitte des 21. Jahrhunderts (nach vorläufigen Befunden der Bundesanstalt für Gewässerkunde im aktuellen KLIWAS-Förderschwerpunkt). Ein Trend in Richtung häufigerer Extremereignisse im regionalen Klima – wie im Abflussgeschehen der Elbe – ist in jedem Fall wahrscheinlich.

Anspruch und Potenziale des Modellgebiets

Das Modellgebiet „Niedersächsische Elbtalaue" steht in der Metropolregion Hamburg beispielhaft für die Entwicklung angepasster Konzepte im Management von Flussauen. Es ist Teil des europäischen Schutzgebietssystems Natura 2000. Daraus ergeben sich besondere Anforderungen an die Umsetzung klimaangepasster Naturschutzstrategien, die in der Praxis mit den Belangen des Hochwasserschutzes und der Landwirtschaft sachgerecht abzustimmen sind.

Als Großschutzgebiet bietet das Modellgebiet zudem dauerhaft stabile Rahmenbedingungen für den Aufbau und die Unterhaltung geeigneter Netzwerke zur Förderung einer nachhaltigen Regionalentwicklung, für beispielhaftes Zusammenwirken von Wissenschaft und Praxis, für Bildungsmaßnahmen und für weitere Beteiligungsprozesse. Die Projektinitiativen von KLIMZUG-NORD stellen einen Mehrwert dar, weil die direkten und indirekten Folgen des Klimawandels, die damit einhergehenden Unsicherheiten sowie mögliche Anpassungen auf der Grundlage wissenschaftlicher Ergebnisse und mit Szenarien unterlegt besser verstanden werden können. Damit lassen sie sich in den bestehenden und den neu entwickelten Strukturen des Modellgebiets intensiver kommunizieren und in die Praxis des Schutzgebietsmanagements überführen.

Zukunft der Auenlandschaft und modellhafte Anpassungsoptionen im Biosphärenreservat

Aus den Arbeiten im Verbund KLIMZUG-NORD lassen sich unter anderem folgende Hinweise ableiten, die dabei helfen, die Auswirkungen des Klimawandels auf landschaftsökologische Prozesse besser zu verstehen (Prüter et al., 2014):

- Auenböden können, naturnah belassen, in erheblichem Umfang Kohlenstoff speichern. Die Gehalte an Schwermetallen und chlororganischen Schadstoffen sind in den jüngeren Auflandungen in der Regel geringer als in Bodenhorizonten, die um die Mitte des 20. Jahrhunderts abgelagert wurden. Das Kontaminationsrisiko für die Grünlandnutzung ist – abhängig von der Topografie – kleinräumig sehr unterschiedlich. Geht man infolge einer erhöhten Abflussdifferenz zwischen Hoch- und Niedrigwasserlagen auch von länger anhaltenden Trockenphasen aus, so lassen sich aus Modellierungen des Bodenwasserhaushalts und den Felduntersuchungen relevante Auswirkungen auf die standörtlichen Bedingungen der Auenvegetation ableiten. Verschiebungen in der topografischen Zonierung von Biotoptypen sind denkbar. Eine klimainduzierte Gefährdung schutzwürdiger Grünland-Ökosysteme, etwa durch Verlust wertgebender Arten, zeichnet sich bisher nicht ab. Jedoch kann es – bedingt durch eine Zunahme der Jahresmitteltemperatur und durch Verschiebungen im Bodenwasserhaushalt – Änderungen der Aufwuchsbedingungen geben. Darauf kann über die Flächennutzung (Schnittzeitpunkte, Nährstoffstatus, Beweidungsregime etc.) reagiert werden. Förderprogramme und die Fachberatung der landwirtschaftlichen Betriebe sollten dementsprechend flexibilisiert werden, um den Schutz artenreicher Stromtalwiesen im Rahmen der projizierten Bandbreiten infrage kommender standörtlicher Änderungen bestmöglich umzusetzen. In den angrenzenden binnendeichs gelegenen Agrarlandschaften wird das künftige Wassermanagement auch verstärkt auf Wasserrückhalt und Wasserzuführung setzen müssen.
- Aus den Projektergebnissen und ihrer Einbindung in die Praxis der Schutzgebietsentwicklung ergeben sich Maßnahmenbündel mit besonderen Optionen für die Klimaanpassung. Dazu gehören unter anderem eine Aufweitung und Revitalisierung der Flussaue, also die Einbindung in das natürliche Abflussgeschehen, wo immer dies möglich ist, im Interesse des Hochwasserschutzes wie des Naturschutzes. Im Übrigen sollten

für einen zukunftsweisenden Hochwasserschutz die jeweiligen Belange unter Nutzung von Strömungsmodellen so abgeglichen werden, dass der Aue abschnittsweise hydraulische Funktionen beigemessen werden können und die besonderen Naturschutz- und Landnutzungsfunktionen der Aue erhalten bleiben. Dies kann zum Beispiel geschehen über den Erhalt von abflussrelevanten Räumen durch dauerhafte Freihaltung oder durch eine mögliche Entwicklung von Auwald dort, wo sie hydraulisch unbedenklich ist.

- Die für Biosphärenreservate vorgesehene Einrichtung von Naturdynamikbereichen sowie die Wiedervernässung von Grünland fördern den Biotopverbund, tragen zur Wahrung ursprünglicher Bodenfunktionen bei und schaffen flexible Anpassungsoptionen für die biologische Vielfalt in Flora und Fauna.

Bestehende Unsicherheiten hinsichtlich des konkreten Anpassungsbedarfs sollten durch vorsorgendes Agieren im Sinne einer nachhaltigen Entwicklung aufgefangen werden. Das schafft besondere Anforderungen an Kommunikation, Bildung und Beratung, die in den vorhandenen Netzwerken zu berücksichtigen sind, beispielsweise in den Netzwerken der nachhaltig wirtschaftenden Partnerbetriebe des Biosphärenreservats und der Archebetriebe zur Erhaltung genetischer Vielfalt bei Nutztieren sowie in Initiativen für regionale Wirtschaftskreisläufe. Kooperationsstrukturen, die sich aus regionalen Entscheidungsträgern zusammensetzen – etwa die Arbeitsgemeinschaft der Kommunen, die LEADER-Aktionsgruppe und der Biosphärenbeirat – bieten grundsätzlich geeignete Foren, um mit der Klimaanpassung verbundene Fragen kontinuierlich in der Diskussion zu halten und Projekte zu entwickeln und zu fördern.

6 Fazit

Die Ergebnisse zu den Modellgebieten, die im Rahmen von KLIMZUG-NORD exemplarisch bearbeitet wurden, verdeutlichen, dass in den unterschiedlich strukturierten Teilräumen der Metropolregion Hamburg jeweils spezifische Lösungen für eine klimaangepasste Entwicklung möglich sind.

Dies gilt für wachsende Stadträume, wie es die Arbeit im „Einzugsgebiet Wandse" gezeigt hat, wenn entsprechende Prinzipien der Stadtentwicklung beachtet werden: Höhen- statt Breitenwachstum; Entsiegelung, Begrünung und Durchgrünung; dezentrale Bewirtschaftung von Niederschlagswasser auf Grundstücken sowie Schaffung multifunktionaler Flächen im öffentlichen Raum. Um in wachsenden Städten eine Zunahme versiegelter Flächen zu vermeiden, können bestehende Gebäude aufgestockt werden. Zur Reduktion der städtischen Überwärmung sollte der Grünanteil auf privaten Grundstücken und im öffentlichen Raum erhöht werden. Um die Gefährdung durch Überschwemmungen und Überflutungen im Stadtgebiet zu reduzieren, sind Maßnahmen zur dezentralen Bewirtschaftung von Niederschlagswasser miteinander zu kombinieren. Da sich Überschusswasser vor allem in dicht bebauten innerstädtischen Quartieren nicht vollständig verhindern lässt, sind zur Vermeidung von Schäden im öffentlichen Raum multifunktionale Flächen zu schaffen, die das bei Starkregenereignissen anfallende Wasser temporär zurückhalten. Entscheidend für die Kompensation der klimatischen Veränderungen ist eine flächendeckende Umsetzung der vier Prinzipien. Erst dann erzielen sie ausreichende Wirkungen.

Die Erfahrungen im Modellgebiet „Elmshorn und Umland", in dem mit einer Lern- und Aktionsallianz ein verfahrens- und akteursbezogener Ansatz im Mittelpunkt stand, zeigen die Möglichkeiten einer entsprechenden Herangehensweise auf. Ein durch praxisorientiertes Lernen erworbener einheitlicher Wissensstand fördert bei den Akteuren ein gemeinsames Problembewusstsein. Lern- und Aktionsallianzen sind dafür – neben anderen, ähnlichen Beteiligungsformen – ein sinnvolles Instrument. Sie können, zum Beispiel auf Flusseinzugsgebietsebene, Akteurskreise zusammenführen und Impulse für neue Kooperationen geben. Allerdings bedarf es in der Folge weiterer Anstrengungen, um die Ergebnisse des Klimaanpassungsprozesses im Modellgebiet „Elmshorn und Umland" umzusetzen. Aufgrund der Vielfalt der relevanten Akteure und der berührten Interessen sind dabei eine treibende Kraft sowie konkrete Zuständigkeiten notwendig, um eine Verstetigung der Zusammenarbeit und eine klimaangepasste stadtregionale Entwicklung zu erreichen.

Die gemeinsame Arbeit im Modellgebiet „Lüneburger Heide", das durch land- und forstwirtschaftliche Nutzflächen sowie Heiden und Moore geprägt ist, ergab, dass zwischen den widerstreitenden Interessen – insbesondere von Natur- und Gewässerschutz und der Landwirtschaft – ein Dialog über die zu erwartenden Auswirkungen des Klimawandels und über mögliche Anpassungsmaßnahmen erforderlich ist und dass die unterschiedlichen Maßnahmen gut abgestimmt werden müssen. Dies unterstreicht die Bedeutung einer inter- und transdisziplinären Zusammenarbeit. Neue Formen der Stakeholderbeteiligung, zum Beispiel in Kooperationsnetzwerken, sollten in der Praxis weiter erprobt werden. Voraussetzung dafür ist auch in diesem Modellgebiet, dass Bevölkerung und Akteure für das Thema Klimawandel sensibilisiert sind. In der Landwirtschaft ist vor allem ein effizienter Wassereinsatz anzustreben, etwa durch wassersparende Anbauverfahren, Bodenverbesserung über Humusanreicherung oder durch Beregnungssteuerung. Die Grundwasserneubildung lässt sich durch Waldumbau oder durch Versickerung zum Beispiel von gereinigtem Abwasser erhöhen. In Heide- und Moorgebieten ist ein gezieltes Management notwendig, das eine nachhaltige Bewirtschaftung und eine angepasste Pflege umfasst und so auch die natürlichen Bodenfunktionen erhält. Die Umgestaltung kleiner Fließgewässer und Nutzungsänderungen in den Auen können dazu beitragen, dass die ökologische Vielfalt bewahrt bleibt. Die verschiedenen Anpassungsmaßnahmen stellen Elemente dar, die ineinandergreifen müssen, um für die Lüneburger Heide die Funktionalität und Qualität der Ökosysteme sowie die Wirtschaftskraft auch unter den Bedingungen des zu erwartenden Klimawandels zu sichern.

Für das Modellgebiet und Biosphärenreservat „Niedersächsische Elbtalaue" ergab die Zusammenarbeit in KLIMZUG-NORD ebenfalls eine Reihe von Optionen zur Anpassung an den Klimawandel: Grünland-, Förder- und Beratungsprogramme sollten flexibler gehandhabt werden, Maßnahmen zur Verbesserung des Wasserrückhalts in der Fläche sind zu fördern und für auendynamische Prozesse und den Biotopverbund sollten weitere Flächen vorgehalten und integrierte Hochwasserschutzkonzepte entwickelt werden. Dabei können Netzwerkstrukturen nachhaltig wirtschaftender Betriebe (Partnerbetriebe, ökologischer Landbau, Erzeugergemeinschaften etc.) Anpassungsmaßnahmen wesentlich unterstützen. Zielgruppengerechte Bildungs- und Kommunikationsarbeit kann die Akzeptanz von Klimaanpassungsmaßnahmen erhöhen.

Die Arbeit in den jeweils spezifisch strukturierten Modellgebieten mit den Unterschieden in der Zusammensetzung der Beteiligten und in der Herkunft der Koordination weist auch auf Spezifika der transdisziplinären Zusammenarbeit hin. Vonseiten der außerwissenschaftlichen Partner ist es erforderlich, dass sie sich erstens über den möglichen Nutzen der Forschung für die eigene Arbeit bewusst sind und dass sie zweitens über die erforderlichen Ressourcen verfügen, die für eine aktive Teilhabe an entsprechenden Prozessen erforderlich sind. Dies war in den beiden ländlichen Modellgebieten der Fall, da hier mit der Biosphärenreservatsverwaltung und der Landwirtschaftskammer von Anfang an außerwissenschaftliche Partner mit eigenen Fragestellungen in das Projekt integriert waren. Im Falle der beiden städtischen Gebiete – Elmshorn und dem Einzugsgebiet der Wandse – sah dies anders aus, wobei zwischen ihnen wiederum Unterschiede bestehen. Die Stadt Elmshorn brachte ihre klimawandelspezifischen Herausforderungen von Beginn an in das Projekt ein. Dies führte zu einem starken Interesse an der Zusammenarbeit, auch wenn der Stadt als außerwissenschaftlichem Partner keine zusätzlichen personellen Ressourcen zur Verfügung standen. Dagegen nehmen die Akteure im Einzugsgebiet der Wandse die Folgen der klimatischen Veränderungen und die daraus resultierenden Herausforderungen bisher kaum wahr. Gleichzeitig wurden sie erst nachträglich vonseiten der Wissenschaft in das Projekt einbezogen. Auch aufgrund der engen personellen Ressourcen bei der entsprechenden Bezirksamtsverwaltung war die Beteiligung an der Zusammenarbeit eher verhalten.

Insgesamt verdeutlicht die Arbeit in den vier Modellgebieten von KLIMZUG-NORD, dass eine projektbezogene Auseinandersetzung der Forschung mit der außerwissenschaftlichen Sphäre beide Seiten bereichern kann. Dabei erwies sich gerade der gebietsbezogene Kooperationsansatz als erfolgreich, da er konkrete, praxisnahe Fragestellungen zuließ und Praxispartner zur Verfügung standen, die in den Modellgebieten die erforderlichen Kompetenzen und Zuständigkeiten aufwiesen. Allerdings bildete sich der methodische Ansatz der Modellgebiete erst zu Beginn der Projektlaufzeit heraus, sodass es Schwierigkeiten bereitete, im weiteren Verlauf neue Partner gleichberechtigt zu integrieren. Hier wäre es künftig wünschenswert, einen gewissen Anteil der Fördersumme für Anpassungen der Methodik und der Verfahrensweise flexibel verwenden zu können. Dies würde eine spätere Einbeziehung von Partnern ermöglichen, wenn während des Forschungsprozesses neue Fragestellungen entwickelt werden. Darüber hinaus erfordert eine intensive transdisziplinäre Zusammenarbeit eine professionelle Koordination entsprechender Prozesse sowie die Verfügbarkeit und den zielgerichteten Einsatz vielfältiger Methoden transdisziplinärer Forschung (vgl. Bergmann et al., 2010). Der dafür notwendige zeitliche und personelle Aufwand ist nicht zu unterschätzen und sollte bereits in der Phase der Antragstellung bedacht und bei der Projektkonzeption berücksichtigt werden.

Zusammenfassung

- Spezifische teilräumliche Lösungsansätze sind erforderlich, um die Folgen des Klimawandels in der Metropolregion Hamburg zu bewältigen. Dies gilt insbesondere für Gefährdungen durch Hochwasser und durch Wasserknappheit im Sommer. Entsprechende Ansätze für städtische und ländliche Räume wurden in ausgewählten Modellgebieten im Verbundprojekt KLIMZUG-NORD in transdisziplinärer Forschungskooperation entwickelt.
- Die Modellgebiete von KLIMZUG-NORD ermöglichten es, anhand von konkreten Problemen Fragestellungen der Klimaanpassung zu bearbeiten. Modellgebiete bieten daher einen geeigneten methodischen Zugang, um in transdisziplinärer Zusammenarbeit von Wissenschaft und Praxis konkrete Lösungsansätze für die Klimaanpassung zu entwickeln.
- Die Langfristigkeit des Klimawandels stellt Politik, Verwaltung, Wirtschaft und Zivilgesellschaft vor besondere Herausforderungen, weil sie vielfach zunächst mit drängender erscheinenden Problemen befasst sind. Deshalb ist es nötig, stärker für die Folgen des Klimawandels zu sensibilisieren.
- Transdisziplinäre Forschungsprojekte sollten eine entsprechende Vorgehensweise von Beginn an verfolgen, das heißt bereits bei der gemeinsamen Formulierung der Forschungsfrage und der Projektkonzeption. Dazu ist im Forschungsverbund eine transdisziplinäre Methodenkompetenz unabdingbar. Außerdem erfordert ein solcher Ansatz zusätzliche Finanzressourcen für die Praxispartner. Bei längeren Projektlaufzeiten von drei bis fünf oder mehr Jahren sollten die Projekte unter anderem durch eine Flexibilisierung des Finanzbudgets auf geänderte Anforderungen reagieren können.

Literatur

Bergmann, Matthias et al., 2010, Methoden transdisziplinärer Forschung. Ein Überblick mit Anwendungsbeispielen, Frankfurt am Main

Deutscher Rat für Landespflege, 2010, Biosphärenreservate sind mehr als Schutzgebiete, in: Wege in eine nachhaltige Zukunft, Schriftenreihe des Deutschen Rates für Landespflege, Heft 83, Meckenheim, S. 5–85

Dubielzig, Frank / **Schaltegger**, Stefan, 2004, Methoden transdisziplinärer Forschung und Lehre. Ein zusammenfassender Überblick, Lüneburg

FLL – Forschungsgesellschaft Landschaftsentwicklung Landschaftsbau, 2008, Richtlinie für die Planung, Ausführung und Pflege von Dachbegrünungen, Bonn

Hellmers, Sandra / **Hüffmeyer**, Nina, 2014a, Kanalnetz und Gewässer, in: Kruse, Elke et al. (Hrsg.), Stadtentwicklung und Klimaanpassung. Klimafolgen, Anpassungskonzepte und Bewusstseinsbildung beispielhaft dargestellt am Einzugsgebiet der Wandse, Hamburg, S. 43

Hellmers, Sandra / **Hüffmeyer**, Nina 2014b, Auswirkungen auf das Gewässer- und Kanalnetz, in: Kruse, Elke et al. (Hrsg.), Stadtentwicklung und Klimaanpassung. Klimafolgen, Anpassungskonzepte und Bewusstseinsbildung beispielhaft dargestellt am Einzugsgebiet der Wandse, Hamburg, S. 48–53

Hoffmann, Peter / **Schoetter**, Robert / **Linde**, Marita / **Schlünzen**, Heinke, 2014, Das Stadtklima in Hamburg und im Modellgebiet, in: Kruse, Elke et al. (Hrsg.), Stadtentwicklung und Klimaanpassung. Klimafolgen, Anpassungskonzepte und Bewusstseinsbildung beispielhaft dargestellt am Einzugsgebiet der Wandse, Hamburg, S. 42

KLIMZUG-NORD Verbund, 2013, Öffentlichkeitsbeteiligung zur Anpassung von Städten und Regionen an den Klimawandel, Politikempfehlungen, Nr. 1/2013, http://klimzug-nord.de/index.php/page/2013-01-17-PDM-Januar-2013 [6.12.2013]

KLIMZUG-NORD Verbund (Hrsg.), 2014, Kursbuch Klimaanpassung. Handlungsoptionen für die Metropolregion Hamburg, Hamburg

Klindworth, Katharina / **Knieling**, Jörg / **Kretschmann**, Nancy / **Zimmermann**, Thomas, 2014, Klimawandel und strategische Planung. Umgang mit Überschwemmungsgefährdungen in Städten und Stadtregionen, nepolis working paper, Nr. 8, Hamburg

Kruse, Elke / **Zimmermann**, Thomas / **Kittel**, Anne / **Dickhaut**, Wolfgang / **Knieling**, Jörg / **Sörensen**, Christiane (Hrsg.), 2014, Stadtentwicklung und Klimaanpassung. Klimafolgen, Anpassungskonzepte und Bewusstseinsbildung beispielhaft dargestellt am Einzugsgebiet der Wandse, Berichte aus den KLIMZUG-NORD Modellgebieten, Band 2, Hamburg

Linde, Marita et al., 2014, Auswirkungen auf die mittlere Lufttemperatur im Sommer, in: Kruse, Elke et al. (Hrsg.), Stadtentwicklung und Klimaanpassung. Klimafolgen, Anpassungskonzepte und Bewusstseinsbildung beispielhaft dargestellt am Einzugsgebiet der Wandse, Hamburg, S. 162–168

Nehlsen, Edgar / **Kunert**, Lisa / **Fröhle**, Peter / **Knieling**, Jörg (Hrsg.), 2014, Wenn das Wasser von beiden Seiten kommt. Bausteine eines Leitbildes zur Klimaanpassung für Elmshorn und Umland, Berichte aus den KLIMZUG-NORD Modellgebieten, Band 3, Hamburg

Prüter, Johannes / **Keienburg**, Tobias / **Schreck**, Christiane (Hrsg.), 2014, Klimaanpassung im Biosphärenreservat Niedersächsische Elbtalaue – Modellregion für nachhaltige Entwicklung, Berichte aus den KLIMZUG-NORD Gebieten, Band 5, Hamburg

Schlünzen, K. Heinke et al., 2010, Long-term changes and regional differences in temperature and precipitation in the metropolitan area of Hamburg, in: International Journal of Climatology, 30. Jg., Nr. 8, S. 1121–1136

Urban, Brigitte / **Becker**, Jürgen / **Mersch**, Imke / **Meyer**, Wibke / **Rechid**, Diana / **Rottgard**, Elena (Hrsg.), 2014, Klimawandel in der Lüneburger Heide. Kulturlandschaften zukunftsfähig gestalten, Berichte aus den KLIMZUG-NORD Modellgebieten, Band 6, Hamburg

Kapitel 6

Alexander Roßnagel[a]

KLIMZUG-Nordhessen – Umsetzungsergebnisse in den Handlungsfeldern Landwirtschaft, Raumklima, Gesundheit und Verkehr

Inhalt

1	Einleitung	106
2	Nordhessen und Aspekte seiner Verwundbarkeit	106
2.1	Wichtige Eigenschaften der Region	106
2.2	Aspekte der Verwundbarkeit der Region	107
3	Das Verbundprojekt	109
3.1	Die Struktur des Verbundprojekts	110
3.2	Die Arbeitsweise des Verbundprojekts	110
4	Umsetzung von Klimaanpassungsmaßnahmen	112
4.1	Umsetzungsverbünde Landwirtschaft	112
4.2	Umsetzungsverbund Raumklima	114
4.3	Umsetzungsverbund Hitzepräventionsnetzwerk	116
4.4	Umsetzungsverbund Personenverkehr	117
5	Fazit	119
	Zusammenfassung	120
	Literatur	121

[a] Kompetenzzentrum für Klimaschutz und Klimaanpassung (CliMA) der Universität Kassel.

1 Einleitung

Zur Anpassung an die inzwischen nicht mehr vermeidbaren Folgen des Klimawandels müssen vor allem Maßnahmen auf regionaler Ebene ergriffen werden. Dabei kommt es darauf an, durch frühzeitiges Handeln einerseits Schäden zu vermindern und Kosten zu sparen sowie andererseits Chancen für neue Produkte und Dienstleistungen zu eröffnen und die Wirtschaftskraft einer Region im Wettbewerb mit anderen Regionen zu stärken.

Die Klimafolgen sind vielfältig und treffen verschiedene Lebensbereiche. Sie sind regional und saisonal unterschiedlich und erfordern deshalb sehr spezifische und differenzierte Maßnahmen. Sie entwickeln sich dynamisch, sind nicht präzise vorhersagbar, sondern im Detail und in ihren lokalen Auswirkungen noch weitgehend ungewiss. Vorsorglich sollte man sich jedoch auf eine höhere Variabilität des Wetters und auf ein häufigeres und stärkeres Auftreten von Wetterextremen einstellen. Folglich wird es bei den Anpassungsmaßnahmen vor allem um die Flexibilität möglicher Reaktionen und um eine allgemeine Stärkung der Widerstandskraft der natürlichen und gesellschaftlichen Systeme gehen.

Der vorliegende Beitrag beschreibt die Region Nordhessen und deren Verwundbarkeit durch Folgen des Klimawandels (Abschnitt 2). Er stellt das Verbundprojekt KLIMZUG-Nordhessen vor (Abschnitt 3) und erläutert beispielhaft die in diesem Projekt erarbeiteten Anpassungsmaßnahmen in den Handlungsfeldern Landwirtschaft, Raumklima, Gesundheit und Verkehr (Abschnitt 4).

2 Nordhessen und Aspekte seiner Verwundbarkeit

Nordhessen ist weder eine historische Landesbezeichnung noch ein offizieller Verwaltungsbezirk, wird aber durch spezifische wirtschaftliche und kulturelle Beziehungen als eigene Region bestimmt.

2.1 Wichtige Eigenschaften der Region

Die Region ist geografisch, wirtschaftlich und soziodemografisch sehr facettenreich. Als typische Mittelgebirgsregion verfügt Nordhessen mit der Stadt Kassel über einen urban verdichteten Raum, aber auch über eine vielgestaltige wald- und flussreiche Kultur- und Naturlandschaft. Land- und forstwirtschaftlich genutzte Flächen sowie Industrie- und Gewerbeflächen bilden ein variantenreiches Muster. Mit einer Fläche von 6.900 Quadratkilometern und etwas mehr als einer Million Einwohnern – von denen etwa 400.000 im Großraum der Stadt Kassel ansässig sind – ist Nordhessen eine Region mit verallgemeinerbaren Eigenschaften. Insofern ist sie ein geeignetes Beispiel für viele durch ähnliche Strukturen geprägte Regionen in Deutschland (Benz et al., 2013).

Klimatisch sind die Unterschiede beachtlich, die zwischen den Schonklimaten der nordhessischen Mittelgebirge, die auch für den Tourismus ausschlaggebend sind, und den engen Tallagen mit austauscharmen, belastenden Wetterlagen existieren. Eine besondere Wärmeinsel – mit bis zu 6 Grad Celsius Differenz zu anderen Regionen Nordhessens – ist die Stadt Kassel, die in einem Talkessel liegt.

Politisch-administrativ besteht Nordhessen aus fünf Landkreisen – Hersfeld-Rotenburg, Schwalm-Eder, Waldeck-Frankenberg, Werra-Meißner, dem Landkreis Kassel – und aus der Stadt Kassel. In den fünf Landkreisen gibt es 115 Gemeinden. Die Landkreise und die Stadt Kassel fungieren bezüglich der örtlichen Angelegenheiten sowohl als untere Verwaltungsbehörden wie auch als Träger politischer Willensbildungen und Entscheidungen. Aufsichtsbehörde für die Stadt Kassel, die Landkreise sowie für die Gemeinden ist das Regierungspräsidium Kassel.

Nach der Rhein-Main-Region stellt Nordhessen mit einer starken Tradition als Standort für Industrie und Gewerbe im Bundesland Hessen den zweitgrößten Wirtschaftsraum dar. Geprägt von einer Vielzahl an Unternehmen (im Jahr 2005 kamen davon 69,7 Prozent aus dem Dienstleistungssektor und 27,7 Prozent aus dem Produzierenden Gewerbe), präsentieren sich in der Region international erfolgreiche und bekannte Weltmarktführer in traditionellen wie auch in neuen Märkten und Branchen. In Kassel und den nordhessischen Landkreisen entwickeln junge Unternehmen – darunter Ausgründungen aus der Universität Kassel – innovative Geschäftsideen und sind mit Wissen und Spezialprodukten auf den Weltmärkten präsent.

Um die Entwicklung der Region zu fördern und zu unterstützen, haben die regionalen Gebietskörperschaften und die dort ansässige Wirtschaft im Jahr 2002 die Regionalmanagement Nordhessen GmbH gegründet. Diese konzentriert sich vor allem darauf, drei Wirtschaftscluster zu vernetzen und zu entwickeln, welche die besonderen Stärken Nordhessens zum Ausdruck bringen: Das Cluster „Mobilitätswirtschaft" nutzt die geografische Lage Nordhessens in der Mitte Deutschlands dazu, die Region zu einer Drehscheibe für den Bahn- und den Straßenverkehr zu machen. Das Cluster „Tourismus und Gesundheit" erarbeitet erfolgreich Angebote, um die Erholungslandschaft für Tourismus und Rehabilitation attraktiv zu gestalten. Darüber hinaus nimmt die Region Nordhessen eine Vorreiterrolle in der Entwicklung und Nutzung regenerativer Energien ein. Forschung und innovative Unternehmen arbeiten diesbezüglich im Cluster „Dezentrale Energietechnologien" zusammen.

Eine wichtige Rolle für die Klimaanpassung spielt auch die Universität Kassel. Umweltbezogene Wissenschaften sind für sie profilbildend. Forschungsaktivitäten in vielfältigen Aufgabenfeldern zum Thema Klima werden vom Kompetenzzentrum für Klimaschutz und Klimaanpassung (CliMA) der Universität Kassel koordiniert.

2.2 Aspekte der Verwundbarkeit der Region

Für Nordhessen ist ein Trend zu einer höheren Jahresmitteltemperatur erkennbar. Die Winter werden tendenziell wärmer und weisen weniger Frosttage auf. Ferner haben die Niederschlagssummen der Wintermonate zugenommen und die der Sommermonate abgenommen. Für den Monat April zeichnet sich ein Trend zu weniger Niederschlag und mehr Sonnentagen ab. Es besteht zudem ein Trend zu mehr Sommertagen und zu einer verlängerten Vegetationsperiode, die früher einsetzt und später endet. Starkniederschläge treten stärker und überwiegend im Sommer auf. Folglich füllen einzelne Starkregenereignisse die Monatssummen – die sich insgesamt in den Sommermonaten verringern – zum Teil gänzlich auf. Auch wenn sich die Wahrscheinlichkeit für Extremwetterereignisse in Nordhessen nicht präzise bestimmen lässt, zeigt deren vermehrtes Auftreten in den letzten Jahren, dass es vernünftig ist, von häufigeren und intensiveren Ereignissen (etwa Starkregen, Hagel, Orkane, Windwurf, Hitzewellen, Dürren) auszugehen und Anpassungsoptionen zu erarbeiten (Matovelle/Simon, 2013). Die Verwundbarkeit durch solche Klimafolgen wird im Folgenden für die vier Handlungsfelder Verkehr, Raumklima, Gesundheit und Landwirtschaft beschrieben:

- Mit Blick auf die **Mobilität** ist das Kasseler Becken ein Dreh- und Angelpunkt im nordhessischen Bergland. Hier zeigen sich bezogen auf Extremwetter bereits heute Anfälligkeiten der Infrastruktur, die nicht nur von regionaler, sondern auch von überregionaler Bedeutung sind, beispielsweise Schäden an Oberleitungen durch Windwurf sowie blockierte Straßen durch Überschwemmungen, Erdrutsche oder umgestürzte Bäume. Solche Ereignisse beeinflussen die nordhessische Mobilitätsinfrastruktur und das Verhalten der Nutzer von Mobilitätsangeboten, selbst wenn die Beeinträchtigungen in der Regel binnen kurzer Zeit wieder behoben sind. Im Kasseler Becken ist zudem die Belastung durch Luftschadstoffe ein Problem, das sich durch vermehrte austauscharme Inversionswetterlagen mit hohen Luftschadstoffkonzentrationen verschärft. Diese Entwicklung könnte durch die Zunahme des motorisierten Individualverkehrs und des städtischen Wirtschaftsverkehrs noch verstärkt werden. Die Anfälligkeit des Verkehrssektors bringt weitere Effekte mit sich, zum Beispiel Einschränkungen beim Berufs- und beim Wirtschaftsverkehr. Dies kann zu Arbeits- und Produktionsausfällen führen und die Versorgung der Bevölkerung mit Waren beeinträchtigen.
- Für den Großraum des Kasseler Beckens ließen sich viele bebaute Areale identifizieren, die in Zukunft häufiger als früher größeren Hitzebelastungen ausgesetzt sein werden (Katzschner et al., 2013). Der **Gebäudebestand** ist sehr heterogen und reicht von effizienten Niedrigenergiehäusern und Siedlungen bis hin zu sanierungsbedürftigen Altbauten sowie unter Denkmalschutz stehenden Objekten. Höhere Maximaltemperaturen im Sommer erfordern eine Anpassung der Bauweise sowie der Frischluft- und Kühlsysteme. Der Energiebedarf für diese Systeme ist durch Dämmung, effiziente Technologien und durch Verhaltensänderungen möglichst gering zu halten und mit regenerativen Energien zu decken.
- Die besonderen Hitzebelastungen in der Stadt werden sich auf die **Gesundheit** gefährdeter Personengruppen auswirken, speziell auf die der älteren und hochaltrigen Menschen, die in schlecht klimatisierten Wohnungen leben. Diese Personengruppe wird in den nächsten Jahren deutlich wachsen. Bereits heute sind 9,2 Prozent der nordhessischen Bevölkerung älter als 75 Jahre (Bund: 7,7 Prozent) und 3,5 Prozent sind pflegebedürftig (Bund: 2,5 Prozent). Die Zahl der Einpersonenhaushalte nimmt zu, die Bevölkerungszahl dagegen nimmt ab. Der Anteil der gegenüber dem Klimawandel hochgradig vulnerablen Menschen steigt an, der Anteil des Unterstützungspotenzials durch Familienangehörige oder Nachbarn sinkt. Notwendig ist es daher, die gefährdeten Stadtteile und Wohnungsstrukturen zu analysieren und die betroffenen Menschen zu identifizieren. Soweit sie bekannt sind, ist für sie eine gezielte Präven-

- tion vor hitzebedingten Gesundheitsschäden zu organisieren. Die Menschen müssen über Hitzegefahren informiert und über Selbsthilfemaßnahmen unterrichtet werden sowie gegebenenfalls von Helfern aufgesucht und versorgt werden.
- Mit einem Flächenanteil von mehr als 50 Prozent spielt die **Landwirtschaft** eine wichtige Rolle in Nordhessen, nicht zuletzt auch mit Blick auf eine künftige Ausweitung der energetischen und industriellen Verwertung von Biomasse. Aufgrund der landschaftlichen Vielfalt der Region bestehen starke Unterschiede in den Nutzungen. Das Spektrum reicht von kleinen bäuerlichen Betrieben bis hin zu Großbetrieben (mit spezialisiertem Ackerbau). In Nordhessen gibt es beim Anbau eine große Variation von Kulturen. Wegen der Zunahme von Dürren, Starkregen und Hagel könnten Ernten künftig häufiger verloren gehen. Außer den jährlichen Erträgen gefährdet der Klimawandel aber auch die Grundlage der Landwirtschaft. In Nordhessen liegen viele Flächen an Hängen. An diesen besteht eine hohe Erosionsgefahr bei einer Kombination von Starkregenereignissen und unbedeckten landwirtschaftlichen Nutzflächen. Bereits in der Vergangenheit hat Starkregen Ackerboden abgetragen und Nährstoffe ausgewaschen. Dies führt nicht nur zu Ertragseinbußen, sondern zerstört diese Flächen.

3 Das Verbundprojekt

Das Verbundprojekt KLIMZUG-Nordhessen wurde im Rahmen der Fördermaßnahme des Bundesministeriums für Bildung und Forschung „Klimaanpassung in Regionen zukunftsfähig gestalten" (KLIMZUG) durchgeführt. Die Region Nordhessen hat dadurch die Chance erhalten, sich zu einer Modellregion in Sachen Klimaanpassung zu entwickeln. Mitte September 2008 wurde der von der Universität Kassel und der Regionalmanagement Nordhessen GmbH koordinierte Antrag positiv beschieden. Rund 10 Millionen Euro standen infolgedessen für fünf Jahre zur Verfügung. Hiervon wurden neben einer zentralen Koordinationsstelle insgesamt 27 Teilprojekte zum Thema Klimaanpassung finanziert, und zwar 18 Forschungsvorhaben und neun Praxisprojekte. Das Verbundprojekt endete am 30. Juni 2013. KLIMZUG-Nordhessen verfolgte dabei mehrere Ziele (Roßnagel, 2013):

- Der Auf- und Ausbau eines Klimaanpassungsnetzwerks sollte eine enge Verschränkung von Forschung und Umsetzung ermöglichen. Hierzu sollte eine Governanceformation mit neuen Institutionen entwickelt, etabliert und erprobt werden, die sich auch auf andere Regionen übertragen lässt.
- Die wissenschaftlichen Teilprojekte sollten fachliche Vorschläge zur Klimaanpassung in den Handlungsfeldern Land-, Wasser- und Forstwirtschaft, Energie, Gesundheit, Verkehr und Tourismus erforschen und entwickeln.
- Die erarbeiteten Strategien, Strukturen, Instrumente, Maßnahmen, Produkte und Dienstleistungen zur Anpassung an Klimaänderungen sollten in Entscheidungsprozesse von Verwaltung, Politik und Wirtschaft integriert und beispielhaft in der Region realisiert werden.

3.1 Die Struktur des Verbundprojekts

Um die im Verbundprojekt KLIMZUG-Nordhessen gesetzten Ziele zu erreichen, wurde für die transdisziplinäre und transformative Durchführung eine Struktur aus vier ineinandergreifenden, funktionellen Arbeitsbereichen gewählt, die Rückkopplungen und Kooperationen erforderte:

- Im Arbeitsbereich **Szenarien** wurden unter Beteiligung regionaler Akteure die großskaligen Klimaszenarien aus der globalen Klimadiskussion regionalisiert und auf einzelne Klimafunktionen und lokale Betrachtungsebenen hin konkretisiert. Daraus wurden dann die regionalen Anpassungsbedarfe auf der Grundlage der zu erwartenden Klimaänderungen abgeleitet.
- Im Arbeitsbereich **Lösungen** wurden fachliche Lösungsvorschläge für die vom Klimawandel betroffenen Handlungsfelder – Agrar-, Wasser- und Forstwirtschaft, Tourismus und Gesundheit, Verkehr und Energienutzung – erforscht und entwickelt. Dies geschah in enger Kooperation mit den in der Region für das jeweilige Handlungsfeld relevanten Akteuren.
- Im Arbeitsbereich **Gesellschaft** wurde untersucht, auf welche fördernden und hemmenden gesellschaftlichen Faktoren politischer, rechtlicher, wirtschaftlicher und psychologischer Natur die Lösungsvorschläge stoßen. Hiervon ausgehend wurden Handlungsempfehlungen erarbeitet, mit denen die erforderlichen Verhaltensänderungen erreicht werden können.
- Im Arbeitsbereich **Umsetzung** wurden Lösungen zur Klimaanpassung exemplarisch in den regionalen Wirtschaftsclustern und in den nordhessischen Gebietskörperschaften realisiert. Die Umsetzungen wurden wissenschaftlich begleitet und evaluiert. Die Ergebnisse wurden regelmäßig an die anderen Arbeitsbereiche weitergeleitet, woraus sich produktive Rückkopplungseffekte ergaben.

3.2 Die Arbeitsweise des Verbundprojekts

Damit anhand der gewählten Struktur die Ziele des Verbundprojekts KLIMZUG-Nordhessen erreicht werden konnten, war es erforderlich, eine tragfähige Governanceformation aufzubauen, die zur Abstimmung und Koordination der vielen Einzelbeiträge drei Aufgaben erfüllte:

- Um Anpassungsbedarfe zu erkennen und zu deren Befriedigung Lösungsvorschläge zu entwickeln, bedurfte es Strukturen und Instrumente der Koordination zwischen Forschern, Entscheidern und Betroffenen.
- Forschung und Umsetzung mussten so koordiniert und aufeinander bezogen werden, dass sie inhaltlich und zeitlich eng verflochten waren.
- Zur Umsetzung der daraus entstandenen Vorschläge in Verwaltung und Wirtschaft, Bildung und Alltagshandeln war es nötig, die richtigen Praxisakteure zu finden und zur Mitarbeit zu bewegen, Interessenkonflikte zu lösen, geeignete Maßnahmen zur Anpassung an den Klimawandel zu ergreifen und die erforderlichen Wirkungen zu erzielen.

Bei der Etablierung der Governanceformation konnte aufgebaut werden auf der bestehenden Vernetzung und Zusammenarbeit zur allgemeinen Regionalentwicklung. Diese wurde hinsichtlich der Aufgabe der Klimaanpassung konkretisiert und fortentwickelt.

Die breite Verankerung der Anpassungsstrategien, -instrumente und -aktivitäten erforderte eine dauerhafte Netzwerkkonstruktion, die erstens spezielle Beratungskompetenzen bot, zweitens Kooperationsverbünde mit der regionalen Wirtschaft strukturierte und drittens einen umfassenden Ansatz zur Implementierung der Thematik in allen relevanten Bildungsbereichen darstellte. Um die bestehende Governancestruktur fortzuentwickeln und zu effektivieren, wurden folgende Governanceinnovationen etabliert und erprobt (Bauriedl, 2013).

- **Klimaanpassungsbeauftragte (KAB)** als Schnittstellen zwischen Wissenschaft und Verwaltung: Deren zentrale Aufgabe war es, alle Teilprojekte (Forschungs- und Umsetzungsprojekte) zur Entwicklung von Klimaanpassungsstrategien unter Einbeziehung aller relevanten Akteure zu vernetzen, zu begleiten und zu unterstützen. Sie sollten dabei die Anpassungsaktivitäten sowohl innerhalb der Verwaltungen als auch zwischen Wissenschaft und Verwaltung koordinieren. Hinzu kamen Kooperationen mit dem Bildungsbereich. Fünf KAB waren für fünf Jahre im Regierungspräsidium Kassel, in der Stadt Kassel und in den fünf Landkreisen beschäftigt, wobei sich zweimal zwei Gebietskörperschaften einen KAB teilten. Die Beauftragten vermittelten beispielsweise Fragen der Verwaltung an die Forschungsprojekte und warben für die Umsetzung bestimmter Lösungsvorschläge aus der Wissenschaft bei den zuständigen Verwaltungsmitarbeitern.
- **Klimaanpassungsmanager (KAM)** als Schnittstellen zwischen Wissenschaft und Wirtschaft: Jeweils ein Klimaanpassungsmanager war für eines der Cluster der Regionalmanagement Nordhessen GmbH – „Tourismus und Gesundheit", „Mobilitätswirtschaft" sowie „Dezentrale Energietechnologien" – zuständig. Die KAM fungierten also als Bindeglieder zwischen Forschung, Wirtschaftsclustern, Unternehmen und Regionalentwicklung. Sie vermittelten Wünsche aus der Wissenschaft an Unternehmen nach schriftlichen Befragungen, Interviews oder Workshopteilnahmen und informierten Unternehmen gezielt über für sie interessante Forschungsergebnisse.
- **Klimaanpassungsakademie (KAA)** der Volkshochschule Kassel als Träger der Aus- und Weiterbildung zu Themen der Klimaanpassung: Die Aufgabe der KAA bestand darin, die im Projekt KLIMZUG-Nordhessen gewonnenen Erkenntnisse in Bildungsangebote zu überführen und sie einer breiten Öffentlichkeit zugänglich zu machen. In den Veranstaltungen der KAA trafen sich Vertreterinnen und Vertreter aus Wissenschaft, Wirtschaft, Verwaltung, Politik und vielen aktiven, engagierten Gruppen zum Austausch und erörterten Themen des Klimawandels. Die KAA organisierte unter anderem Vortragsreihen, Weiterbildungsangebote und die jährlichen Regionalkonferenzen zur Klimaanpassung in Nordhessen.

Die Anpassung der Region Nordhessen an den Klimawandel ist eine Querschnittsaufgabe (Henschke/Roßnagel, 2013), die einen Handlungsbedarf in nahezu sämtlichen gesellschaftlichen Bereichen mit sich bringt. Oftmals wirken sich Anpassungsmaßnahmen auf mehrere Sektoren aus, sodass zum einen Synergien genutzt werden können, zum anderen aber auch Interessenkonflikte gelöst werden müssen. Grundlage einer erfolgreichen Anpassung der Region ist somit eine enge Kooperation, und zwar sowohl zwischen Wissenschaft, Wirtschaft, Politik, Verwaltung und Zivilgesellschaft als auch zwischen unterschiedlichen Akteuren innerhalb der genannten Gruppen. Der erste Schritt in Richtung einer klimaangepassten Region ist folglich eine themenspezifische Vernetzung aller notwendigen Institutionen und Akteure (Roßnagel/Steffens, 2013).

Die Netzwerkbildung wurde vor allem dadurch unterstützt, dass die Verbundpartner aus Wissenschaft und Praxis von Anfang an in den neun Umsetzungsprojekten eng zusammenarbeiteten. Diese Projekte waren von den Praxispartnern beantragt worden und wurden von diesen auch geleitet. Sie dienten der Realisierung von Lösungsideen, die bei der Antragstellung im Prinzip bereits bekannt waren (vgl. Abschnitt 4).

Zur Mitte der Projektlaufzeit führte KLIMZUG-Nordhessen ein Review zu der Frage durch, welche Empfehlungen umsetzungsfähig sind und zudem bis zum Projektende verwirklicht werden können. Als Governanceformation zur Realisierung der Vorschläge wurden **Umsetzungsverbünde** gegründet und weiterentwickelt. Diese führten – zusätzlich zu den im Antrag bereits vorgesehenen Umsetzungsprojekten – praktische Maßnahmen zur Klimaanpassung in Nordhessen durch. Hierdurch wurden mit KLIMZUG-Nordhessen insgesamt 17 Anpassungsmaßnahmen in die Praxis überführt. Über die Umsetzungsverbünde wurde das Klimaanpassungsnetzwerk zusätzlich gestärkt (Roßnagel/Steffens, 2013; Henschke et al., 2013). In ihnen arbeiteten eine breite, interdisziplinär ausgerichtete wissenschaftliche Expertise aus den Bereichen Szenarien, Lösungen und Gesellschaft sowie die regionale Verwaltungseinheit und die lokalen Umsetzungsnetzwerke zusammen. Die KAB oder die KAM gewährleisteten durch ihre Koordinationsfunktion, dass ortsspezifische, sektorale oder branchenbezogene Belange berücksichtigt wurden, und banden die relevanten Verwaltungs- und Wirtschaftsakteure ein. Die KAA unterstützte diese thematischen Verbünde in Form von Informationsmaterialien und Veranstaltungsformaten, die den jeweiligen Besonderheiten Rechnung trugen. Die Umsetzungsverbünde orientierten sich insgesamt am Grundsatz transdisziplinärer Zusammenarbeit und verfolgten zielgerichtet die Transformation der lokalen Verhältnisse in Richtung einer Klimaanpassung. Sie erwiesen sich als geeigneter Ansatz für die kooperative Steuerung von Anpassungshandeln vor Ort.

4 Umsetzung von Klimaanpassungsmaßnahmen

Am Beispiel der vier Handlungsfelder Landwirtschaft, Raumklima, Gesundheit und Verkehr wird nun erläutert, welche Klimaanpassungsmaßnahmen in Umsetzungsverbünden in Nordhessen konkret realisiert wurden.

4.1 Umsetzungsverbünde Landwirtschaft

Im Handlungsfeld Landwirtschaft hat der Anbau von Energiepflanzen für Biogasanlagen in den letzten Jahren stark zugenommen. Als dominierende Energiepflanze wird derzeit Mais angebaut. Durch die Folgen des Klimawandels erhöhen sich bei einer Fixierung auf den Maisanbau die Risiken von Ernteausfällen. Solche die Ernte bedrohenden Klimafolgen sind zum Beispiel Trockenheit, Starkregen und Hagel sowie Qualitätsverschlechterungen der Böden, die dann entstehen, wenn Nährstoffe in Gewässer ausgewaschen werden und Boden von den Flächen abgetragen wird (vgl. Abschnitt 2.2).

Erforderlich sind daher Anbauverfahren, die robust gegenüber Trockenheit und Starkregen sind, das Risiko von Ernteausfällen streuen, möglichst keine negativen ökologischen Auswirkungen haben und dem Landwirt eine ökonomisch überzeugende Alternative bieten. Als Antwort auf diese Herausforderungen wurde von KLIMZUG-Nordhessen ein Zweikulturnutzungssystem untersucht und auf zwei Demonstrationsflächen exemplarisch umgesetzt. Bei dieser innovativen Anbaumethode werden zwei für die lokalen Bedingungen geeignete Pflanzensorten ausgewählt. Die erste Sorte wird im Frühjahr recht früh angebaut und bereits im Frühsommer noch vor der vollen Reife, aber nach dem vollen Ausbau der Biomasse geerntet. So bleibt Zeit, noch eine zweite Sorte anzubauen, die im Winter geerntet wird. Durch die ganzjährige Bodenbedeckung und pro Jahr zwei Ernten mit Energiepflanzen werden Erosion vermieden, die Qualität der Böden erhalten, die Biodiversität erhöht, das Risiko des Ernteausfalls verringert, die Erträge gesteigert und die Energieversorgung unterstützt (Graß et al., 2013).

Um zur Verbreitung dieser Lösung in der Landwirtschaft beizutragen, wurden in zwei Umsetzungsverbünden in den Landkreisen Schwalm-Eder und Waldeck-Frankenberg durch enge Kooperation zwischen Wissenschaft und Praxis exemplarische Vorhaben konzipiert und realisiert. Auf den Demonstrationsflächen werden Energiepflanzen vorgestellt, die sich von Landwirten in unterschiedlichen Variationen als Kombinationen mit Mais oder als Alternativen zu Mais anbauen lassen. Die Führungen auf den Flächen wurden in das Fortbildungs- und Beratungsprogramm des Landesbetriebs Landwirtschaft Hessen übernommen. Sie sind dezentral verortet und sollen neue Möglichkeiten der Bodenbewirtschaftung unter lokalen Bedingungen verdeutlichen sowie den Fachdiskurs vor Ort fördern.

Die Nachfrage aus den Landkreisen nach landwirtschaftlichen Lösungsansätzen wurde durch die KAB an das Projekt herangetragen. Ein Umsetzungsprojekt war im Handlungsfeld Landwirtschaft nicht beantragt worden. Für die Identifizierung des konkreten Vorhabens war die vom rechtswissenschaftlichen Teilprojekt vorgenommene Analyse von Gestaltungsspielräumen für regionale Akteure ausschlaggebend. Da die wichtigsten Zuständigkeiten und Befugnisse im Bereich Landwirtschaft auf höheren Ebenen angesiedelt sind, kommen für die regionale Steuerung weitgehend nur „weiche" Instrumente infrage, also vorwiegend Information, Bildung, Beratung und allenfalls noch die Landschaftsplanung. Bei der Ausgestaltung von Bildung und Beratung können die unteren Verwaltungsbehörden auch neue Themen wie etwa die „klimaangepasste Landwirtschaft" aufnehmen und sie durch Demonstrationsvorhaben und Informationsangebote verbreiten (Hafner et al., 2013). Die Steuerungsinstrumente Information, Bildung und Beratung wurden auch von Akteuren der landwirtschaftlichen Praxis und der Verwaltung als relevant und hinsichtlich der Klimaanpassung als verbesserungswürdig eingestuft.

Nachdem sich das agrarwissenschaftliche und das rechtswissenschaftliche Teilprojekt von den beiden Teilprojekten, die für die Regionalisierung der Klimaprojektionen zuständig waren, hatten beraten lassen, knüpften sie erste Kontakte zu lokalen Praxisakteuren. In der Folge wurden mit starker Unterstützung durch die KAB in den beiden Landkreisen zwei Umsetzungsverbünde etabliert und nach und nach ausgeweitet. Daran beteiligt waren neben den beiden Forschungsprojekten die beiden KAB der Landkreise, die Leiter der Fachbereiche Landwirtschaft, Wasser- und Bodenschutz, die Leiter der unteren Naturschutzbehörden sowie Vertreter des Landesbetriebs Landwirtschaft Hessen (LLH), des Maschinenrings, des Bauernverbands, der Stabsstelle ländlicher Raum und eines lokalen Ingenieurbüros.

In den beiden Landkreisen wurden auf Grundlage dieser transdisziplinären Kooperation Kombinationen von Pflanzensorten entwickelt, die auf den Demonstrationsflächen angebaut werden können. Als Erstkulturen, die bereits im Herbst ausgesät werden, aber erst im Frühjahr richtig austreiben, lassen sich winterharte Getreidearten wie Roggen oder Triticale, andere Getreide oder Gräser sowie Leguminosen (Hülsenfrüchtler) anbauen. Die Aussaat der Zweitkultur findet direkt nach der Ernte der Erstkultur Ende Mai/Anfang Juni statt. Hierfür können zum Beispiel Silomais, Sonnenblumen oder auch Hirsearten, Gräser und Leguminosen eingesetzt werden. Die Realisierung der Demonstrationsvorhaben wurde durch Landkreisakteure (Landwirte, LLH, Maschinenring) organisiert – unter Einbindung des Vorhabens in Informations- und Beratungsangebote des LLH. Zur Finanzierung wurden in den Umsetzungsverbünden Landkreismittel zur Verfügung gestellt; im Landkreis Schwalm-Eder von der Landwirtschaftskommission und der Naturlandstiftung, im Landkreis Waldeck-Frankenberg vom Fachdienst Landwirtschaft. Bis zum Ende der Laufzeit des Vorhabens wurden in den beiden Landkreisen die Demonstrationsflächen angelegt und im Rahmen des Bildungsangebots des LLH Interessierten aus der landwirtschaftlichen Praxis und Beratung präsentiert. Ferner wurden Sonderveranstaltungen für Vertreter aus Politik, Landwirtschaft und Naturschutz durchgeführt.

Aufgrund der positiven Erfahrungen reichten die Akteure der beiden Umsetzungsverbünde gemeinsam einen Förderantrag ein, um die begonnenen Ansätze der transdisziplinären Kooperation zur Etablierung klimaangepasster, ökonomisch tragfähiger und ökologisch schonender Anbauverfahren nach dem Auslaufen der KLIMZUG-Förderung zu vertiefen. Unabhängig vom Ausgang dieses Antrags deuten sich bereits heute positive Wirkungen aus dem Prozess der Antragstellung an. Dazu gehört zum einen die hierdurch möglich gewordene Ausweitung des Netzwerks um weitere, bisher nicht beteiligte Akteure. Zum anderen ist die durch den Folgeantrag dokumentierte Bereitschaft der Landkreisakteure zu nennen, geeignete Kooperationsformen, wie sie für einen umfangreichen gemeinsamen Antrag erforderlich sind, zu entwickeln und zudem über die Laufzeit von KLIMZUG-Nordhessen hinaus in der Region Maßnahmen zur regionalen Steuerung im Kontext von Klimaanpassung und Landwirtschaft zu etablieren (Henschke et al., 2013).

4.2 Umsetzungsverbund Raumklima

Um den Auswirkungen von vermehrt auftretenden Hitzeperioden auf das Innere von Gebäuden zu begegnen, wurden im Teilprojekt „Auswirkungen eines veränderten Klimas auf die Behaglichkeit in Räumen" technische und nicht-technische Maßnahmen entwickelt, die einen ausreichenden Komfort innerhalb von Gebäuden ermöglichen (Maas/Schneider, 2013). Der Umsetzungsverbund Raumklima verfolgte das Ziel, diese Maßnahmen in einer Schule und in einem Altenwohnheim in Kassel zu realisieren. Dabei ging es darum, technische Lösungen mit Veränderungen des Nutzerverhaltens zu kombinieren.

Nach mehreren verbundinternen Arbeitstreffen wurde die Oskar-von-Miller-Schule in Kassel – eine Berufsschule für das Kfz-Handwerk – ausgewählt. Für das Altenheim Fasanenhof wurden zwar Planungen durchgeführt, gelangten aber nicht zur Umsetzung. Für die Schule wurden folgende Maßnahmen zur Verbesserung des Raumklimas geplant:

- Einbau einer Lüftungsanlage mit einem Außenluftvolumenstrom von 25 Kubikmeter pro Stunde und pro Person sowie mit einem integrierten Latentwärmespeicher,
- Installation einer automatisch betriebenen Sonnenschutzvorrichtung,
- Installation einer präsenz- und tageslichtabhängigen dimmbaren Beleuchtung sowie
- Aufnehmen der Ergebnisse in die Lehrinhalte im Rahmen der angestrebten Zusammenarbeit zwischen der Universität Kassel und der Schule.

Im Zuluftkanal der Lüftungsanlage sollte ein Latentwärmespeicher in Form von Elementen aus Phasen-Wechsel-Material (PCM) eingebaut werden, um in Zeiten eines Überangebots an Wärme diese aufzunehmen und sie zu einem späteren Zeitpunkt wieder abzugeben.

Die Kontakte mit den Praxisakteuren zeigten bald, dass umfangreiche Abstimmungen erforderlich waren, um die beabsichtigten Maßnahmen zu verwirklichen. Da die Umsetzung nicht im KLIMZUG-Antrag enthalten gewesen war, bereitete anfangs auch die Frage der Finanzierung große Probleme. Jedoch waren die Schulleitung, die Lehrerinnen und Lehrer sowie der Hausmeister an der Durchführung sehr interessiert. Die Firma Trox GmbH – ein Hersteller und Vertreiber von Komponenten und Systemen zur Belüftung und Klimatisierung von Räumen – sagte zu, unentgeltlich vier Schoolair-Lüftungsgeräte zur Verfügung zu stellen. Zwei dieser Geräte werden mit PCM ausgestattet werden, um vergleichende Untersuchungen in zwei Klassenräumen zur Wirksamkeit von PCM anstellen zu können. Das Hochbauamt Kassel, das den Einbau bewilligte, stellte zudem die Übernahme der Handwerkerkosten in Aussicht. Die Lüftungsanlagen werden somit nach abschließender Klärung der Finanzierung voraussichtlich demnächst eingebaut.

An der Umsetzung der Maßnahmen sind neben dem Teilprojekt „Auswirkungen eines veränderten Klimas auf die Behaglichkeit in Räumen" (Maas/Schneider, 2013) weitere Akteure beteiligt, und zwar: die Teilprojekte „Prävention hitzebedingter Gesundheitsrisiken" (Grewe et al., 2013) und „Rechtsfragen der Klimaanpassung in Nordhessen" (Hafner et al., 2013), der KAM für das Cluster Energie, die KAB der Stadt Kassel, Verwaltungsvertreter der Stadt Kassel, Verantwortliche der Oskar-von-Miller-Schule sowie Vertreter der Trox GmbH.

Die Kooperation zwischen der Universität Kassel und der Oskar-von-Miller-Schule wird über diese Maßnahme hinaus fortgesetzt. Die Auswertung zur Effizenz des PCM wird unter anderem durch Projektarbeiten von Schülerinnen und Schülern erfolgen. Die

Installation der Messgeräte zur messtechnischen Überprüfung des Einflusses des PCM ist bereits erfolgt – in Abstimmung zwischen der zuständigen Mitarbeiterin der Universität, dem Abteilungsleiter für Anlagen- und Versorgungstechnik sowie zwei Schülern der Oskar-von-Miller-Schule. Sobald die Lüftungsanlagen installiert sind, werden die Schülerinnen und Schüler die Messungen in den Klassenzimmern durchführen. Zudem wurden Schulungsunterlagen erstellt, die über das Projekt hinaus sowohl in der Schule als auch an der Universität eingesetzt werden. Sie werden auch die empfohlenen Verhaltensmaßnahmen erproben, beispielsweise andere Pausenzeiten sowie temperaturabhängige Stoßlüftungen in den Pausen.

Der Umsetzungsverbund Raumklima erweist sich somit als geeignete Organisationsform, um konkrete Anpassungsmaßnahmen im Gebäudebereich zu realisieren. Die enge Zusammenarbeit zwischen den beteiligten Akteuren sowie die Zuhilfenahme der Kontakte im Netzwerk trugen wesentlich zu der positiven Entwicklung des Projekts bei. Das Ergebnis zur Wirksamkeit von PCM in Lüftungsanlagen wird Aufschluss darüber geben, inwieweit sich das Material als neue Technologie der Anpassung an den Klimawandel nutzen lässt (Henschke et al., 2013).

4.3 Umsetzungsverbund Hitzepräventionsnetzwerk

Die epidemiologische Auswertung des „Jahrhundertsommers" 2003, in dessen Folge allein in Westeuropa zwischen 35.000 und 50.000 Menschen vorzeitig starben, zeigt, dass Personen, die unter bestimmten Vorerkrankungen leiden (etwa kardiovaskulären und zerebrovaskulären Erkrankungen oder Erkrankungen des endokrinen Systems, der Nieren oder des Zentralnervensystems), ein signifikant erhöhtes Sterberisiko bei Hitze tragen. Weil chronische Krankheiten und ein höheres Lebensalter korreliert sind, betrifft dies faktisch vor allem die über 65-Jährigen. Hitzeperioden wirken sich in bestimmten Arealen der Stadt Kassel besonders stark aus. Daher verfolgte der Umsetzungsverbund Hitzepräventionsnetzwerk die Ziele, gesundheitswissenschaftliche Erkenntnisse über das diesbezügliche Gesundheitsrisiko älterer Menschen zielgruppenspezifisch zu verbreiten und geeignete präventive Maßnahmen zu initiieren.

Um die betreffenden Personen rechtzeitig über drohende Hitzebelastungen zu informieren, sie persönlich zu Schutzmaßnahmen beraten zu können und ihnen eventuell Nachbarschaftshilfe zukommen zu lassen, ist es notwendig, diese zu ermitteln und mit ihnen in Kontakt zu treten. Dieses Zugangsproblem zu lösen, war hier besonders schwierig. Denn die Zielgruppe der älteren Bevölkerung ist gegenüber Präventionsangeboten generell sehr zurückhaltend und unterschätzt häufig die eigene Betroffenheit von hitzebedingten Risiken.

Um herauszufinden, wo besonders viele ältere Menschen in Überwärmungsgebieten leben und wo vorrangig präventives Handeln erforderlich ist, kombinierte das Teilprojekt „Prävention klimabedingter Gesundheitsrisiken" – in Kooperation mit dem Teilprojekt „Regionalklimatologie für die Stadt Kassel" – Daten zum kleinräumigen Klima, zur Demografie und zur baulichen Substanz der Wohngebiete. Damit in den so ermittelten Risikogebieten exemplarisch Maßnahmen zur Anpassung an extreme Hitze entwickelt und erprobt werden konnten, wurde auf Stadtteilebene das „Netzwerk Hitzeprävention" initiiert und nach und nach ausgebaut. In ihm arbeiteten die folgenden Akteure zusammen: die beiden oben genannten Teilprojekte, das Projekt „Gezielte Prävention von hitzebedingten Gesundheitsschäden bei alten Menschen in der Kommune" des Gesundheitsamts Region Kassel sowie Vertreter der Gesundheitswirtschaft, der kommunalen Altenhilfe, des Wohnungsbaus, der öffentlichen Verwaltung, der Kirchen und des Einzelhandels, des Kurhessischen Diakonissenmutterhauses Kassel und des Seniorenbeirats der Stadt Kassel. Das Netzwerk trug das Praxiswissen aus den verschiedenen Richtungen zusammen, erörterte die Auswirkungen des Klimawandels auf die Gesundheit der älteren Bevölkerung, führte Stadtteilbegehungen durch, erstellte Informationsmaterial für die Zielgruppe, bot Informationsveranstaltungen an, entwickelte Strategien zur Verbesserung der Wohn- und Lebenssituation und vertrat die Interessen älterer Menschen in Belangen, die Auswirkungen auf das Stadtteilklima haben (Grewe et al., 2013).

Vor allem aber entwickelte das Netzwerk das Projekt „Hitzetelefon Sonnenschirm". Jeweils in der Zeit vom 15. Juni bis zum 31. August geben eine diensthabende Diakonisse oder ein Mitglied des Seniorenbeirats eingehende Hitzewarnungen des Deutschen Wetterdienstes für die Stadt Kassel bis spätestens 10 Uhr an die Nutzerinnen und Nutzer des Telefonservices weiter und verbinden dies mit Hinweisen zu gesundheitlichen Vorsorgemaßnahmen. Dabei achten sie auch darauf, ob sich erste Beeinträchtigungen bei ihren Gesprächspartnern feststellen lassen. Eine individuelle telefonische Gesundheitsberatung erfolgt wegen haftungsrechtlicher Vorgaben nicht. Das Angebot ist kostenlos und kann seit dem Jahr 2011 von allen Bürgerinnen und Bürgern der Stadt Kassel in Anspruch genommen werden.

Durch die freiwillige Anmeldung beim Hitzetelefon erhielt das Gesundheitsamt Region Kassel Zugang zu Personen mit hitzebedingten Gesundheitsrisiken. Mitarbeiter des Amtes führen das telefonische Erstgespräch durch. Noch vor dem ersten Anruf durch den Telefondienst informieren sie neue Teilnehmer über die Leistungen und Leistungsgrenzen des Hitzetelefons sowie über das Verhalten im Falle einer Hitzewarnung. Zudem bieten sie ihnen eine individuelle Risikoeinschätzung an, die – wenn möglich – im Rahmen des Erstgesprächs durchgeführt wird. Bei einer erhöhten Gefährdung bieten sie den Betroffenen weitergehende Unterstützungsleistungen an. Diese bestehen aus einer individuellen telefonischen Gesundheitsberatung, einer individuellen Gesundheitsberatung zu Hause sowie einer ausführlichen individuellen Risikoeinschätzung und -beratung im Rahmen eines Hausbesuchs.

Mit dem „Hitzetelefon Sonnenschirm" ist es gelungen, ein Präventionsangebot zu entwickeln, das von älteren Menschen angenommen wird und das eine zielgruppengerechte Information und Beratung zu gesundheitlichen Hitzerisiken ermöglicht. Da beide Seiten mit den Ergebnissen zufrieden sind und sich bei den handelnden Akteuren eine gewisse Routine eingestellt hat, wird das „Hitzetelefon Sonnenschirm" als kostenloses Angebot über die Laufzeit von KLIMZUG-Nordhessen hinaus fortgeführt (Henschke et al., 2013).

4.4 Umsetzungsverbund Personenverkehr

Die Untersuchungen des Teilprojekts „Anpassungsstrategien im Personenverkehr" zu den Folgen von extremen Wetterlagen wie Sturm, Starkregen oder Hitze führten zu folgenden Erkenntnissen (Holzapfel/Röhrig, 2013):

- Wege zwischen der Wohnung und der Ausbildungs- oder Berufsstätte weisen im Vergleich zu Freizeitwegen eine geringere Wetterabhängigkeit auf.
- Vor allem ältere Menschen sind durch Extremwetterereignisse in ihrer körperlichen Leistungsfähigkeit und Mobilität beeinträchtigt.
- Der Klimawandel begünstigt den motorisierten Individualverkehr.
- Extremwetterereignisse wirken sich am stärksten auf den Fahrradverkehr aus.
- Besonders beim öffentlichen Nahverkehr besteht ein hoher Handlungsbedarf zur Klimaanpassung.
- Windbruch und Windwurf sind die häufigsten Ursachen für Störungen, und zwar sowohl im Straßen- als auch beim Eisenbahnverkehr.
- Überflutungen treten gelegentlich bei Landstraßen und Flussradwegen auf, selten im Schienennetz.
- Häufige Frost-Tau-Wechsel im Winter schaden dem Straßenbelag erheblich.

Zur Verbreitung der Ergebnisse, zur Erörterung der aus ihnen zu ziehenden Schlussfolgerungen und zur Entwicklung von konkreten Strategien wurde ein Netzwerk für die Anpassung im Personenverkehr gegründet. Zu diesem Zweck wurden die Erkenntnisse und der aus ihnen abgeleitete Handlungsbedarf vorgestellt und diskutiert, zum Beispiel im Verkehrsausschuss der Stadt Kassel, in einer Magistratssitzung der Stadt Bad Wildungen sowie bei diversen regionalen Kongressen. Um das Netzwerk zu erweitern und zu festigen, wurde die ursprüngliche Begleitgruppe des Projekts mithilfe des KAM Mobilität in eine Arbeitsgruppe des Mobilitätsnetzwerks mowin.net des Regionalmanagements überführt. Diese Arbeitsgruppe konnte nach und nach mit zusätzlichen Behördenvertreterinnen und -vertretern besetzt werden. Sie wurde damit unabhängig von der Laufzeit des Verbundprojekts KLIMZUG-Nordhessen und ist nach dessen Ende weiter tätig. Sie hat sich vorgenommen, mit allen Arbeitsgruppenpartnern gemeinsame Anschlussvorhaben zu entwickeln und umzusetzen.

Bei einer Befragung von Verkehrsteilnehmern wurde deutlich, dass für den Öffentlichen Personennahverkehr in Nordhessen die Übermittlung aktueller Informationen zu Verkehrsverbindungen oder zu Notmaßnahmen bei Extremwetterereignissen von besonderer Bedeutung ist. Als wichtige Klimaanpassungsmaßnahmen wurden auch die Temperaturregulierung in Straßenbahnen und Bussen und der Wetterschutz an Haltestellenanlagen genannt. Weitere Schwerpunkte der Untersuchungen waren Maßnahmen zum Schutz von Fahrradfahrern während der Fahrt sowie zusätzliche Infrastrukturen wie Umkleideräume und Duschen an deren Zielorten (Arbeitsplatz, Schule, Universität).

In Anbetracht der im Rahmen des KLIMZUG-Projekts verbleibenden Zeit und der fehlenden finanziellen Mittel formulierte der Verbund das Ziel, als erste exemplarische Maßnahme eine klimaangepasste Nachrüstung an Haltestellenanlagen durchzuführen. Nach vielfältigen Abstimmungen wurde an zwei Haltestellen in der Stadt Eschwege an den mit Glas bedachten Wartepavillons ein Sonnenschutz installiert, um Kunden an künftig häufiger auftretenden sehr heißen Tagen vor der direkten Sonneneinstrahlung zu schützen. Die Konzeption und Umsetzung dieser Maßnahme erfolgte mit Unterstützung des Nordhessischen Verkehrsverbunds, der Nahverkehr Werra-Meißner GmbH, der KAB des

Werra-Meißner-Kreises, der Stadt Eschwege sowie der ProtectES-Solar GmbH. Die so nachgerüsteten Haltestellen wurden im Juli 2012 im Rahmen eines Pressetermins vorgestellt und über lokale Medien bekannt gemacht. Dies hat dazu beigetragen, dass noch während der Projektlaufzeit auch Haltestellen in Bad Wildungen und in der Stadt Kassel klimaangepasst (um-)gestaltet wurden. Ferner wurden die Empfehlungen zum Wetterschutz und zur Ausstattung von Haltestellen in die neue Richtlinie zur Förderung von Haltestellen von Hessen Mobil aufgenommen, sodass die Folgen des Klimawandels in Zukunft mehr Aufmerksamkeit bekommen werden (Henschke et al., 2013).

5 Fazit

Das Verbundprojekt KLIMZUG-Nordhessen hat in der Region das Bewusstsein für die Notwendigkeit einer Anpassung an die Folgen des Klimawandels erheblich verbreitert und gestärkt. Im Laufe des Projekts wurde ein Netzwerk geschaffen, das auf einer guten Zusammenarbeit zwischen Wissenschaft, Wirtschaft, Verwaltung und Politik aufsetzen konnte und diese Zusammenarbeit mit Blick auf die Herausforderungen der Klimaanpassung vertieft hat. Für das Netzwerk wurde eine geeignete Form der regionalen Governance gefunden und weiterentwickelt. Mit den Klimaanpassungsbeauftragten, den Klimaanpassungsmanagern und der Klimaanpassungsakademie sowie den Umsetzungsverbünden wurden Governanceinnovationen etabliert und erprobt. Insbesondere durch die Umsetzungsverbünde konnten alle für das jeweilige Handlungsfeld relevanten Akteure zu einer handlungsfähigen Einheit zusammengeführt werden.

Sowohl die von KLIMZUG-Nordhessen erarbeiteten inhaltlichen Lösungsvorschläge, deren Umsetzbarkeit durch viele Praxisprojekte nachgewiesen wurde, als auch die institutionellen und verfahrensbezogenen Neuerungen lassen sich übertragen auf andere Regionen, die ähnliche Eigenschaften wie Nordhessen aufweisen. Viele der Umsetzungsverbünde und die von ihnen exemplarisch realisierten Klimaanpassungsmaßnahmen werden fortgeführt und haben bereits Nachahmer gefunden. Sie werden die künftigen Diskussionen über Klimaanpassung beeinflussen.

Zusammenfassung

- Das Verbundprojekt KLIMZUG-Nordhessen hat nicht nur eine Vielzahl von fachlichen Lösungen zur Anpassung an den Klimawandel erarbeitet, sondern auch einige davon exemplarisch realisiert. In dem durch KLIMZUG-Nordhessen initiierten Klimaanpassungsnetzwerk war das Interesse der Akteure so groß, dass viel mehr Maßnahmen umgesetzt wurden, als im Rahmen des Projekts beantragt und finanziert worden waren.
- Im Umsetzungsverbund Landwirtschaft wurde auf zwei Demonstrationsflächen ein Zweikulturnutzungssystem umgesetzt, das eine ganzjährige Bodenbedeckung sowie zwei Ernten mit Energiepflanzen im Jahr ermöglicht. Dadurch werden Erosion vermieden, die Qualität der Böden erhalten, die Biodiversität verstärkt, das Risiko des Ernteausfalls verringert, die Erträge erhöht und die Energieversorgung unterstützt.
- Der Umsetzungsverbund Raumklima realisiert exemplarisch in der Oskar-von-Miller-Schule in Kassel Maßnahmen, die auch bei Hitzeperioden behagliche Innenraumverhältnisse gewährleisten. Dabei werden technische Maßnahmen mit Veränderungen des Nutzerverhaltens kombiniert.
- Der Umsetzungsverbund Hitzepräventionsnetzwerk hat in der Stadt Kassel lokale Daten über die Gesundheitsrisiken älterer Menschen zusammengetragen und ausgewertet, Informationsmaterial erstellt und verbreitet, Verbesserungsmöglichkeiten im Wohnumfeld ermittelt und den Telefonservice „Hitzetelefon Sonnenschirm" etabliert. Letzterer wird auch nach Auslaufen der KLIMZUG-Förderung fortgeführt.
- Der Umsetzungsverbund Personenverkehr hat mehrere Klimaanpassungsnotwendigkeiten – vor allem im Fahrradverkehr und im Öffentlichen Personennahverkehr – identifiziert. Noch während der Projektlaufzeit wurden zwei Haltestellen den Klimaänderungen angepasst. Dies hat bereits zu Nachahmerprojekten in Nordhessen geführt und die Richtlinie zur Förderung von Haltestellen von Hessen Mobil beeinflusst. Der Verbund hat sich als Arbeitsgruppe des Regionalmanagements Nordhessen verstetigt.

Literatur

Bauriedl, Sybille et al., 2013, Evaluation der Governance-Innovationen in Nordhessen, in: Roßnagel, Alexander (Hrsg.), Regionale Klimaanpassung. Herausforderungen – Lösungen – Hemmnisse – Umsetzungen am Beispiel Nordhessens, Kassel, S. 687–720

Benz, Steffen / **Roßnagel**, Alexander / **Rötzel**, Stefan, 2013, Die Region Nordhessen und ihre Verwundbarkeit, in: Roßnagel, Alexander (Hrsg.), Regionale Klimaanpassung. Herausforderungen – Lösungen – Hemmnisse – Umsetzungen am Beispiel Nordhessens, Kassel, S. 23–42

Graß, Rüdiger / **Thies**, Burga / **Wachendorf**, Michael, 2013, Anpassungsstrategien an den Klimawandel in der Landwirtschaft am Beispiel des Energiepflanzenanbaus für Biogasanlagen in Nordhessen, in: Roßnagel, Alexander (Hrsg.), Regionale Klimaanpassung. Herausforderungen – Lösungen – Hemmnisse – Umsetzungen am Beispiel Nordhessens, Kassel, S. 141–168

Grewe, Henny A. / **Heckenhan**, Markus / **Blättner**, Beate, 2013, Hitzewellen und kommunaler Gesundheitsschutz, in: Roßnagel, Alexander (Hrsg.), Regionale Klimaanpassung. Herausforderungen – Lösungen – Hemmnisse – Umsetzungen am Beispiel Nordhessens, Kassel, S. 297–322

Hafner, Simone / **Roßnagel**, Alexander / **Weidlich**, Sandra, 2013, Rechtsfragen der Klimaanpassung in Nordhessen, in: Roßnagel, Alexander (Hrsg.), Regionale Klimaanpassung. Herausforderungen – Lösungen – Hemmnisse – Umsetzungen am Beispiel Nordhessens, Kassel, S. 485–524

Henschke, Christian / **Roßnagel**, Alexander, 2013, Herausforderungen des Klimawandels, in: Roßnagel, Alexander (Hrsg.), Regionale Klimaanpassung. Herausforderungen – Lösungen – Hemmnisse – Umsetzungen am Beispiel Nordhessens, Kassel, S. 653–658

Henschke, Christian / **Benz**, Steffen / **Roßnagel**, Alexander / **Steffens**, Marcus, 2013, Umsetzungsverbünde als Werkzeug zum Management von Transdisziplinarität, in: Roßnagel, Alexander (Hrsg.), Regionale Klimaanpassung. Herausforderungen – Lösungen – Hemmnisse – Umsetzungen am Beispiel Nordhessens, Kassel, S. 721–762

Holzapfel, Helmut / **Röhrig**, Carolin, 2013, Anpassungsstrategien im Personenverkehr – insbesondere im Ausbildungs- und Berufsverkehr, in: Roßnagel, Alexander (Hrsg.), Regionale Klimaanpassung. Herausforderungen – Lösungen – Hemmnisse – Umsetzungen am Beispiel Nordhessens, Kassel, S. 365–384

Katzschner, Lutz / **Kupski**, Sebastian / **Campe**, Sabrina, 2013, Auswirkungen des globalen Klimawandels auf das Stadt- und Regionalklima, in: Roßnagel, Alexander (Hrsg.), Regionale Klimaanpassung. Herausforderungen – Lösungen – Hemmnisse – Umsetzungen am Beispiel Nordhessens, Kassel, S. 113–137

Maas, Anton / **Schneider**, Andrea, 2013, Auswirkungen eines veränderten Klimas auf die thermische Behaglichkeit in Räumen, in: Roßnagel, Alexander (Hrsg.), Regionale Klimaanpassung. Herausforderungen – Lösungen – Hemmnisse – Umsetzungen am Beispiel Nordhessens, Kassel, S. 429–450

Matovelle, Alexa / **Simon**, Karl-Heinz, 2013, Regionalisierung von Klimaszenarien, in: Roßnagel, Alexander (Hrsg.), Regionale Klimaanpassung. Herausforderungen – Lösungen – Hemmnisse – Umsetzungen am Beispiel Nordhessens, Kassel, S. 73–111

Roßnagel, Alexander, 2013, Das Projekt „KLIMZUG-Nordhessen", in: Roßnagel, Alexander (Hrsg.), Regionale Klimaanpassung. Herausforderungen – Lösungen – Hemmnisse – Umsetzungen am Beispiel Nordhessens, Kassel, S. 43–69

Roßnagel, Alexander / **Simon**, Karl-Heinz, 2013, Auf dem Weg zu einer klimaangepassten Region, in: Roßnagel, Alexander (Hrsg.), Regionale Klimaanpassung. Herausforderungen – Lösungen – Hemmnisse – Umsetzungen am Beispiel Nordhessens, Kassel, S. 763–780

Roßnagel, Alexander / **Steffens**, Marcus, 2013, Klimaanpassungsnetzwerk Nordhessen, in: Roßnagel, Alexander (Hrsg.), Regionale Klimaanpassung. Herausforderungen – Lösungen – Hemmnisse – Umsetzungen am Beispiel Nordhessens, Kassel, S. 659–686

Kapitel 7

Marion Akamp[a] / Manfred Born[b] / Thomas Blöthe[c] / Klaus Fichter[a] /
Heiko Garrelts[c] / Kevin Grecksch[a] / Stefan Gößling-Resiemann[c] /
Torsten Grothmann[a] / Ralph Hintemann[a] / Karsten Hurrelmann[a] /
André Karczmarzyk[d] / Nana Karlstetter[a] / Matthias Kirke[e] / Marcel Kupczyk[f] /
Andreas Lieberum[b] / Michael Mesterharm[a] / Joachim Nibbe[f] /
Winfried Osthorst[f] / Reinhard Pfriem[a] / Hedda Schattke[a] / Tina Schneider[a] /
Bastian Schuchardt[g] / Bernd Siebenhüner[a] / Martina Stagge[d] /
Sönke Stührmann[c] / Arnim von Gleich[c] / Jakob Wachsmuth[c] / Ines Weller[c] /
Maik Winges[a] / Stefan Wittig[g]

nordwest2050 – Mit der Roadmap of Change zu einer klimaangepassten und resilienten Metropole Bremen-Oldenburg im Nordwesten

Inhalt

1	Einleitung	125
2	Klimaanpassungsnotwendigkeiten im Nordwesten: Ergebnisse der Vulnerabilitätsanalyse	125
3	Leitbild Resilienz	127
4	Wie Unternehmen dem Klimawandel begegnen: Ergebnisse von Unternehmensbefragungen und Fallstudien	129
5	Die Entwicklung unternehmensbezogener Klimaanpassungsstrategien (eukas)	130
6	Querschnittsdimension Geschlechtergerechtigkeit	131
7	Innovative Klimaanpassungslösungen entwickeln: die Methode der Innovationspotenzialanalyse	131
8	Innovationspfade im Sektor Hafen/Logistik	133

[a] Carl von Ossietzky Universität Oldenburg. [b] econtur gGmbH. [c] Universität Bremen. [d] ecco ecology and communication Unternehmensberatung GmbH, Oldenburg. [e] Metropolregion Bremen-Oldenburg im Nordwesten e. V. [f] Hochschule Bremen. [g] BIOCONSULT Schuchardt & Scholle GbR.

9	Innovationspfade im Sektor Ernährungswirtschaft	135
10	Innovationspfade im Sektor Energie	136
11	Innovationspfad Regionale Raumordnung	138
12	Eine „Roadmap of Change" für eine klimaangepasste und resiliente Region	139
13	Fazit	141
Zusammenfassung		143
Literatur		144

1 Einleitung

Die Metropolregion Bremen-Oldenburg im Nordwesten Deutschlands mit ihren elf Landkreisen, dem Bundesland Bremen sowie vier kreisfreien Städten ist wegen ihrer unmittelbaren Lage an der Nordseeküste gegenüber dem Klimawandel exponiert. Ihre spezifische Wirtschafts-, Siedlungs- und Bevölkerungsstruktur (fast drei Millionen Menschen leben in der Region) und die Mischung aus urbanen und ruralen Räumen sind die Folie, auf der das transdisziplinäre Forschungsprojekt nordwest2050 konkrete Innovationsprozesse in den drei Wirtschaftssektoren Energie, Hafen/Logistik und Ernährung/Landwirtschaft erarbeitet. In einem intensiven Beteiligungsverfahren wird zudem eine Strategie zur Verbesserung der Klimaanpassungsfähigkeit und zur Steigerung der Resilienz entwickelt. Resilienz beschreibt die Fähigkeit eines Systems, auch unter starken Turbulenzen und innerem und äußerem Stress seine Systemdienstleistungen aufrechtzuerhalten. Wesentlich ist hierfür ein ausgewogenes Verhältnis von Widerstands-, Anpassungs-, Improvisations- und Innovationsfähigkeit. Das Ziel der Gestaltung resilienter Systeme weist dabei weit über die Anpassung an den Klimawandel hinaus. Die Region soll fit gemacht werden für den Umgang mit Turbulenzen und Krisen. Gleichzeitig soll sie befähigt werden, die mit Veränderungen verbundenen Chancen zu ergreifen.

Leitend für die Projektkonzeption und -abwicklung war der prozessuale Ansatz, dem zufolge wesentliche Projektschritte auf den Erkenntnissen der vorherigen aufbauen. Wichtige Entscheidungen konnten erst getroffen werden, nachdem die Ergebnisse zur Verwundbarkeit und zu den wesentlichen Stärken und Innovationspotenzialen der Region vorlagen. Für das zentrale Produkt des Projekts, die „Roadmap of Change", ist der Prozessgedanke ebenfalls leitend, da diese Roadmap zwar keine exakten Vorgaben machen kann, aber sehr wohl Orientierungsmarken bietet.

Der vorliegende Beitrag zeigt auf, wie dieser Prozess sich in der bisherigen Umsetzung darstellt und welche wesentlichen Erkenntnisse sich daraus ziehen lassen. In den folgenden Abschnitten spiegelt sich die Logik des Projektablaufs wider. So sind – ausgehend von den regionalen Klimaszenarien – die Vulnerabilitäts- und die Innovationspotenzialanalyse Ausgangspunkte für die Entwicklung unterschiedlicher Innovationsoptionen, die in insgesamt 16 konkrete Innovationspfade münden.

2 Klimaanpassungsnotwendigkeiten im Nordwesten: Ergebnisse der Vulnerabilitätsanalyse

Zur Bestimmung regionaler Klimaanpassungsnotwendigkeiten ist dreierlei erforderlich: die Entwicklung von Klimaszenarien mit Angaben über die Spannweiten möglicher regionaler Klimaveränderungen, eine Analyse der Klimasensitivität und der potenziellen Auswirkungen des Klimawandels sowie eine Abschätzung der gesellschaftlichen Anpassungskapazität, welche die Fähigkeit der Gesellschaft im Umgang mit den Klimawirkungen beschreibt. Diese Schritte sind in der Vulnerabilitätsanalyse von nordwest2050 sowohl für verschiedene Sektoren und Handlungsfelder durchgeführt worden als auch übergreifend für die Metropolregion Bremen-Oldenburg. Die zentralen Ergebnisse der

Ergebnisse der Vulnerabilitätsbewertung

Menschliche Gesundheit
- Infektionen/Allergene
- Hitze/Extremereignisse

Bauwesen
- Sturm
- Hitze/Starkregen/Grundwasser

Wasserwirtschaft und Hochwasserschutz
- Geest: Bewässerung
- Marsch: Entwässerung
- Siedlungen: Hochwasser

Küstenschutz
- Moderater Anstieg der Wasserstände
- Stark beschleunigter Anstieg der Wasserstände

Bodenschutz
- Erosion
- Wasserhaushalt
- Verdichtung

Biodiversität und Naturschutz
- Natürliche Anpassungsfähigkeit
- Optionen/Instrumente
- Schutzziele

Ernährungswirtschaft (Milch, Schwein, Geflügel, Fisch)
- Verarbeitung, Handel, Konsum
- Vorproduktion
- Produktion

Energiewirtschaft (Steinkohle, Erdgas, Biomasse)
- Energieanwendung
- Primärenergie (Wärme, Erdgas, Strom)
- Energieverteilung

Hafenwirtschaft und Logistik
- Elemente der betrieblichen Wertschöpfungskette
- Strukturelle Verschiebungen/Raumfunktion
- Kritische Infrastrukturen

Tourismuswirtschaft
- Destinationswahl/Extremereignisse

Raumplanung
- Gesetze/Instrumente
- Praxis
- Legitimation/Ressourcen

Bevölkerungs- und Katastrophenschutz
- Sturmflut/Hochwasser/Hitze
- Vorsorge/Risikokultur

gering ← mittel → hoch
Vulnerabilität

Abbildung 7.1

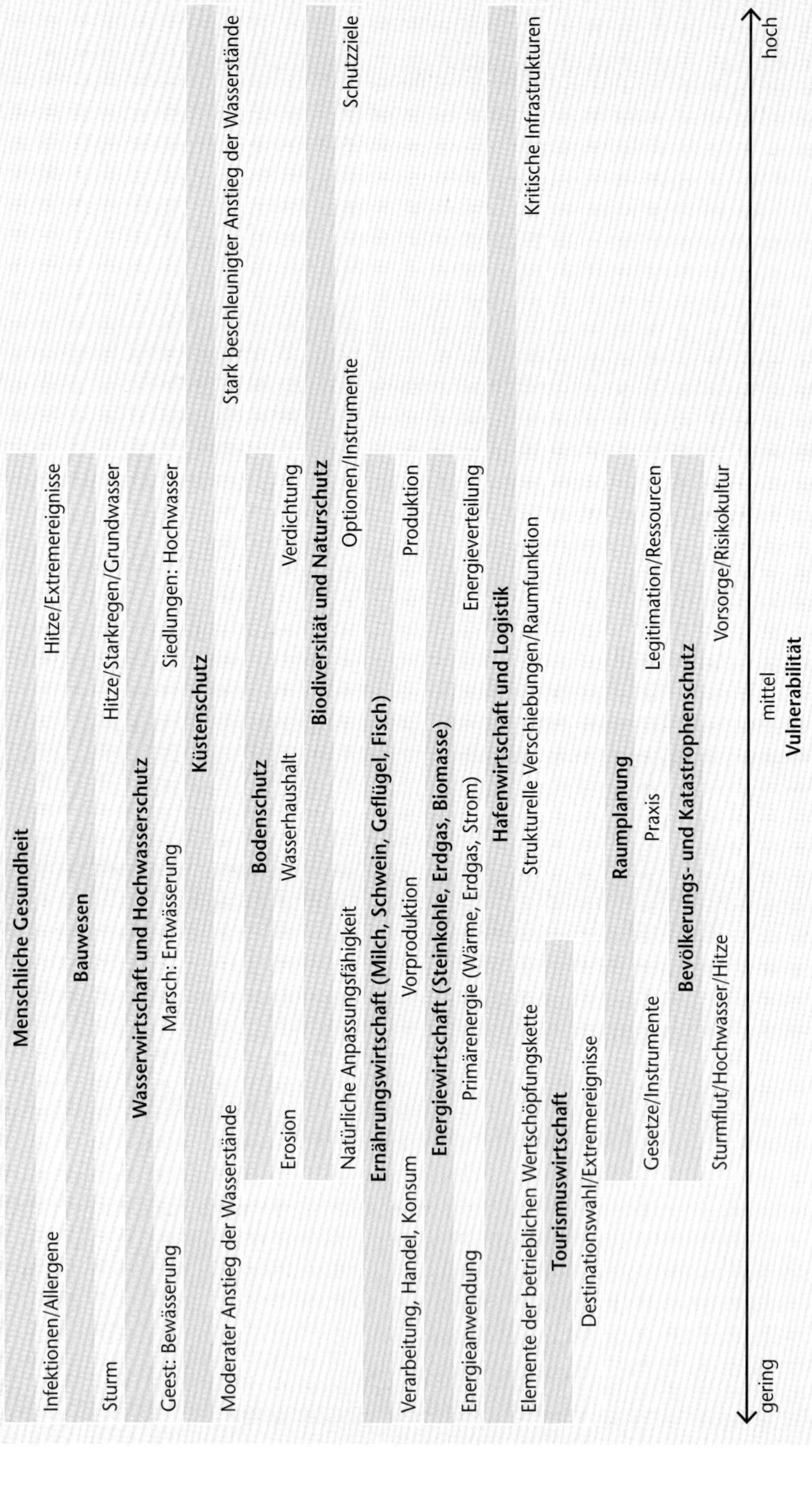

Eigene Darstellung

Vulnerabilitätsbewertung sind in Abbildung 7.1 dargestellt (Schuchardt et al., 2011; Schuchardt/Wittig, 2012).

Ein wichtiges Resultat der Vulnerabilitätsanalyse liegt darin, dass die Folgen des Klimawandels in der Metropolregion voraussichtlich in einer mittelfristigen Perspektive (bis zum Jahr 2050) beherrschbar sein werden. In den meisten Sektoren – wie menschliche Gesundheit, Bauwesen, Ernährungs- und Energiewirtschaft – ist die Verwundbarkeit gering bis mittel. Das beruht zum einen auf den für die Region vergleichsweise moderat ausfallenden Klimaveränderungen mit eher schwachen Auswirkungen. Zum anderen wird die regionale gesellschaftliche Anpassungskapazität in weiten Teilen als mittel bis hoch eingeschätzt.

Besondere Anpassungsnotwendigkeiten können sich aber langfristig (bis zum Jahr 2100) vor allem für den Küstenschutz ergeben, wenn die heutigen Anpassungsstrategien bei einem stark beschleunigten Ansteigen des Meeresspiegels an ihre Grenzen stoßen. Im Sektor Biodiversität und Naturschutz ist die Vulnerabilität bereits heute mittel bis hoch, und zwar aufgrund von starken Vorbelastungen und einer daher begrenzten natürlichen Anpassungsfähigkeit, von nicht aufzuhaltenden Lebensraumveränderungen und Artverschiebungen sowie von fixierten Schutzzielen. Hier können eine Überprüfung und gegebenenfalls eine Anpassung der Naturschutzstrategien erforderlich werden.

Die Vulnerabilität kann bei weiteren Sektoren ansteigen, wenn die potenziell hohe Schäden verursachenden Extremereignisse häufiger werden und/oder gemeinsam auftreten sowie wenn sich aufgrund von komplexen Wechselwirkungen zwischen den Anpassungserfordernissen in der Metropolregion Bremen-Oldenburg Konflikte und Risiken verstärken. Aufbauend auf den Erkenntnissen zur sektoralen und regionalen Vulnerabilität, sind sowohl klimawandelbedingte Risiken als auch Chancen für die Region zu erkennen. Daraus lassen sich Konsequenzen für das Anpassungshandeln ziehen und Empfehlungen für eine Klimaanpassungsstrategie ableiten, die in einem strukturierten Anpassungsprozess frühzeitig berücksichtigt werden sollten (vgl. Fazit, Abschnitt 13). Dies bildet den Ausgangspunkt für die weitere Arbeit im Verbundprojekt nordwest2050 in Richtung einer „Roadmap of Change" für die Region.

3 Leitbild Resilienz

Die Vulnerabilitätsanalyse von nordwest2050 zeigt, dass neben den direkten Auswirkungen des Klimawandels die strukturellen Schwächen besonders relevant für die regionalen Systeme sind. Strukturelle Schwächen sind Elemente im System, die eine hohe Sensitivität gegenüber externem oder internem Stress aufweisen und deren Anpassungsfähigkeit sehr gering ist. Sie sind die Einfallstore sowohl für erwartbare als auch für überraschende Klimafolgenprobleme. Damit sind sie gerade in Bezug auf die Unsicherheiten, die der Klimawandel mit sich bringt, von entscheidender Bedeutung. Besonders gefürchtet werden die sogenannten Kipppunkte (Tipping Points), an denen das Geschehen plötzlich und irreversibel eine andere Richtung oder Dynamik erfährt. Große Unsicherheiten bestehen für die regionalen Wirtschaftssektoren zudem außerhalb der Region aufgrund der überregionalen Wertschöpfungsketten.

Fähigkeiten resilienter Systeme Übersicht 7.1

		Herausforderung	
		Bekannt	Unbekannt
Veränderung	Langsam/schleichend	Anpassungsfähigkeit	Innovationsfähigkeit
	Schnell/abrupt	Widerstandsfähigkeit	Improvisationsfähigkeit

Eigene Darstellung

Für einen angemessenen Umgang mit ungenügendem Wissen und unerwarteten Ereignissen braucht es Richtungssicherheit, die im Prozess von nordwest2050 durch das Leitbild der Resilienz geschaffen wurde. Inspiriert ist dieses Leitbild von der Analyse der Stabilität von Ökosystemen (Holling, 1973; 1986). Resilienz wird definiert als Fähigkeit eines Systems, seine Systemdienstleistungen (zum Beispiel die Versorgung mit Energieträgern in der erforderlichen technischen Qualität unter Einhaltung weiterer qualitativer Anforderungen mit Blick auf Konkurrenzfähigkeit, Bezahlbarkeit, Sicherheit, Gesundheit, Umwelt und Klima) auch unter Stress und in turbulenten Umgebungen zu gewährleisten (Gleich et al., 2010). Resilienz ist nicht durch die starre Erhaltung von Strukturen im Fall von Störungen zu erreichen, sondern erfordert eine dynamische Anpassung an diese. Ein resilientes System erkennt – im Unterschied zu einem effizienten System – das Auftreten nicht vorhersehbarer Störereignisse als unvermeidbar an und bereitet sich entsprechend darauf vor. Dafür müssen bestimmte Ressourcen bereitgehalten werden, welche Effizienzstrategien einschränken. Gleichzeitig muss eine Resilienzstrategie anerkennen, dass die Vorbereitung auf mögliche Ereignisse stets an Grenzen stößt, es also eine absolute Sicherheit nicht geben kann. Resiliente Systeme benötigen vier Fähigkeiten, damit sie mit Veränderungen umgehen können (Übersicht 7.1).

Um die Resilienz eines Systems zu vergrößern, ist es entscheidend, nicht zu stark auf einzelne der Fähigkeiten zu fokussieren, sondern vielmehr auf sinnvolle und ausgewogene Kombinationen zu setzen. Zur Ausrichtung und Gestaltung von Systemen muss das Ideal Resilienz in Gestaltungsleitbildern konkretisiert und operationalisiert werden. Die Beobachtung von Ökosystemen hat dabei wichtige Hinweise auf Architekturelemente ergeben, die sich auf sozioökonomische und soziotechnische Systeme übertragen lassen. Folgende Gestaltungsprinzipien und -elemente gibt es:

- Erstens müssen eine ausreichende Menge und Vielfalt an Ressourcen (Energien, Stoffe, Informationen, Institutionen, Geld, Macht etc.) zur Verfügung stehen, um Durststrecken überstehen und bei Ausfall auf Alternativen zurückgreifen zu können. Auch entsprechende Speicherkapazitäten für Ressourcen gehören dazu.
- Zweitens müssen elementare Strukturen im System so ausgelegt sein, dass sie bei einem Ausfall schnell wieder funktionsfähig sind. Wichtig sind hier Eigenschaften wie Diversität, Modularität und Redundanz.
- Drittens muss ein ausgeglichenes Verhältnis von beschleunigenden und bremsenden Rückkopplungsmechanismen vorliegen, was die Entstehung von neuen Strukturen erleichtert und zugleich ungebremste Entwicklungen vermeidet. Ferner sind genügend

Dämpfer nötig, die das System dynamisch stabil halten und es gleichzeitig träge gegenüber externen Störungen reagieren lassen.

Mithilfe dieser Systemeigenschaften und Systemstrukturen lassen sich Gestaltungshinweise für Innovationen generieren und für die gesamte Region Strategien wie die „Roadmap of Change" erarbeiten. Dies soll im Weiteren konkret gezeigt werden.

4 Wie Unternehmen dem Klimawandel begegnen: Ergebnisse von Unternehmensbefragungen und Fallstudien

Aus der Vulnerabilitätsanalyse folgt, dass in den kommenden Jahrzehnten in Unternehmen Klimaschutzmaßnahmen ergänzt werden sollten durch Klimaanpassungsmaßnahmen. Denn die Veränderungen durch den Klimawandel erhöhen das Risiko, dass Wettbewerbsvorteile, die betriebswirtschaftliche Leistungsfähigkeit und letztlich auch die Überlebensfähigkeit von Unternehmen und ganzen Branchen in bedeutendem Maß beeinträchtigt werden (Günther et al., 2007; Bundesregierung, 2008). Die Folgen des Klimawandels bedeuten aber nicht nur Risiken, sondern auch Chancen für Unternehmen und Branchen.

Im Rahmen von nordwest2050 wurde eine Panelbefragung mit zwei Erhebungswellen (2010 und 2012) durchgeführt (Fichter/Schneider, 2014). Gefragt wurden rund 4.000 Unternehmen in der Metropolregion Bremen-Oldenburg, inwiefern sie Folgen des Klimawandels wahrnehmen, wie sie diese bewerten und welche Maßnahmen sie planen oder umsetzen. An der Befragung haben im Jahr 2010 insgesamt 267 und im Jahr 2012 insgesamt 300 Unternehmen teilgenommen. Ergänzt wurde die Panelbefragung durch sechs vertiefende Fallstudien von Unternehmen.

Ein zentraler Einflussfaktor für die Klimaanpassung in Unternehmen, der sich auf Basis der Panelbefragung identifizieren ließ, sind Managementkompetenzen im Bereich Nachhaltigkeits- und Innovationsmanagement (Veränderung durch Einsicht). Aber auch die Schadenserfahrung (Veränderung durch Erfahrung) und die Innovativität scheinen wesentliche Treiber zu sein. Weitere zentrale Ergebnisse sind:

- Die Folgen des Klimawandels sind schon heute für über ein Drittel der befragten Unternehmen spürbar.
- Aus Sicht der Unternehmen werden die Folgen des Klimawandels zukünftig deutlich an strategischer Relevanz gewinnen.
- Ein Großteil der befragten Unternehmen plant oder realisiert Maßnahmen in den Bereichen Versicherungen, dezentrale Energieversorgung und Gebäude/Anlagen. Im Rahmen der ergänzenden Fallstudien (Fichter et al., 2013) wird deutlich, dass Klimaanpassungsmaßnahmen in Unternehmen mit höherer Wahrscheinlichkeit umgesetzt werden, wenn sie sich mit weiteren Unternehmenszielen verbinden lassen.
- Der Einschätzung, dass Maßnahmen zur Anpassung an die Folgen des Klimawandels notwendig sind, stimmten in den Jahren 2010 und 2012 jeweils fast 90 Prozent der Unternehmen zu.

- Rund ein Drittel der Unternehmen rechnet für die kommenden zehn Jahre mit witterungsbedingten Ausfällen bei der Lieferung. Zudem ist hier die Anzahl der Befragten, die „völlig ausschließen" können, dass ihr Unternehmen in den kommenden zehn Jahren von Lieferausfällen betroffen sein wird, von 14,4 Prozent (2010) auf 8,8 Prozent (2012) zurückgegangen.
- Mit Blick auf die Informationen zum Thema Klimawandel zeigt sich, dass sich aus Sicht der Befragten seit dem Jahr 2010 sowohl die Verfügbarkeit der Informationsangebote als auch deren Qualität verbessert haben.

5 Die Entwicklung unternehmensbezogener Klimaanpassungsstrategien (eukas)

Innerhalb von 18 Monaten hat die ecco Unternehmensberatung GmbH, An-Institut der Carl von Ossietzky Universität Oldenburg, als Unterauftrag des Verbandprojekts nordwest2050 mit 20 hinsichtlich ihrer Größe, Branche etc. sehr verschiedenen Unternehmen der Region im Durchschnitt je sechs Workshops durchgeführt. Diese hatten zum Inhalt, die Unternehmen dialogisch zu beraten bei der Identifizierung klimawandelbedingter Herausforderungen, der Entwicklung von Klimaanpassungsstrategien und der Festlegung von Maßnahmen zur Umsetzung.

Für alle beteiligten Unternehmen war dieses Projekt eine echte Herausforderung. Klimawandel und dessen Bewältigung hieß bislang (wenn das Thema überhaupt schon auf der unternehmenspolitischen Agenda stand), Maßnahmen des Klimaschutzes zu planen und umzusetzen. Sich selbst als Betroffenen anzusehen und dies mit einer derart langfristigen Perspektive zu verknüpfen, war für alle Beteiligten neu.

Gerade daraus erwuchs der Reiz dieses Beratungsprojekts für alle Beteiligten. Bei der vorausgegangenen Akquisition der Unternehmen hatte kein einziges seine Beteiligung aus Gründen inhaltlichen Desinteresses abgesagt. Daraus und aus dem Verlauf von eukas kann abgeleitet werden, dass in den Unternehmen bisher nur unzureichend genutzte Potenziale von Bereitschaft schlummern, sich mit langfristigen und erheblichen Veränderungen auseinanderzusetzen. Eine solche Auseinandersetzung sprengt den Rahmen der verbreiteten Praxis strategischen Managements, Strategie nur als die Verlängerung der jetzigen Unternehmenspolitik in die nächsten Jahre hinein zu verstehen.

Über den dialogischen Charakter des Beratungsprojekts eukas hat ecco einige methodische Elemente entwickelt, die sich hervorragend bewährt haben:

- Ein Quick-Check führte zur ersten Sensibilisierung in den Unternehmen, die durchgehend ein definiertes Team für das Projekt zur Verfügung stellten.
- Über die Verknüpfung der regionalen Szenarien zum Klimawandel mit der jeweils besonderen Betroffenheit der zugehörigen Branche bekam die Identifizierung klimawandelbedingter Herausforderungen sehr schnell Substanz.
- Die Überführung dieser praktischen Erkenntnisse in ein sogenanntes eukaskop erlaubte die Identifizierung von je drei Top-Themen, die als mit besonderer Dringlichkeit anzupacken bestimmt wurden.

- Mit der Hilfe von „eukaszenarien" wurden mit Blick auf verschiedene denkbare Entwicklungen konkrete Klimaanpassungsstrategien abgeleitet.
- „eukaskaden" dienten zur direkten Verankerung von Maßnahmen der Klimaanpassung im Unternehmen.

Neben der Beschreibung ähnlicher Aktivitäten in anderen KLIMZUG-Projekten ist eukas bei Karczmarzyk/Pfriem (2011) gründlich dokumentiert worden.

6 Querschnittsdimension Geschlechtergerechtigkeit

In die Entwicklung von Maßnahmen und Handlungsvorschlägen, welche die Klimaanpassung und Resilienz in der Metropolregion Bremen-Oldenburg unterstützen sollen, wurde als innovatives Element die Zielperspektive Geschlechtergerechtigkeit integriert. Politischer Rahmen ist die von der EU beschlossene und von der Bundesregierung verabschiedete Strategie „Gender Mainstreaming". Demnach sind bei allen (politisch-administrativen) Maßnahmen und Entscheidungen Auswirkungen auf die Geschlechter und die Geschlechtergerechtigkeit zu untersuchen und zu berücksichtigen. Hintergrund sind Forschungsergebnisse, die herausgearbeitet haben, dass sich die Folgen des Klimawandels in ihren Auswirkungen bei (unterschiedlichen Gruppen von) Frauen und Männern unterscheiden und die Geschlechterverhältnisse insgesamt beeinflussen können (Bauriedl, 2013; Kronsell, 2013; Calar et al., 2012).

Um Genderdimensionen bei der Erstellung der „Roadmap of Change" einzubeziehen, wurde zur Geschlechtergerechtigkeit ein eigenes Kapitel in die Vision2050 (vgl. dazu Abschnitt 12) aufgenommen und darauf Bezug nehmend eine „Roadmap Geschlechtergerechtigkeit" erarbeitet. Deren Resultate fußen zum einen auf der Aufarbeitung der wissenschaftlichen Erkenntnisse zu den Beziehungen zwischen Gender und Klimawandel auf nationaler und internationaler Ebene. Zum anderen basieren sie auf einem partizipativen Entwicklungs- und Gestaltungsprozess, an dem sich Expertinnen und Experten der Bereiche Chancengleichheit und/oder Klimawandel aus der Nordwestregion beteiligt haben. Damit soll gewährleistet werden, dass der Fahrplan zu einer klimaangepassten und resilienten Region nicht geschlechtsblind ist, sondern das Ziel Geschlechtergerechtigkeit explizit mit in den Blick nimmt und dadurch auch einen Beitrag zur sozialen Gerechtigkeit leistet.

7 Innovative Klimaanpassungslösungen entwickeln: die Methode der Innovationspotenzialanalyse

Für viele Herausforderungen des Klimawandels gibt es bereits heute leistungsfähige Lösungsansätze und Technologien, die sich adaptieren und nutzen lassen. Beispiele sind moderne Deichanlagen gegen Sturmfluten sowie Technologien des solaren oder geothermischen Kühlens gegen Hitzebelastungen. Viele weitere Ansätze befinden sich noch im Entwicklungsstadium, sodass erst kurz- und mittelfristig mit deren Anwendung zu rechnen ist.

Das Instrument der Innovationspotenzialanalyse (Fichter/Hintemann, 2010) wurde im Rahmen von nordwest2050 entwickelt, um neuartige Klimaanpassungslösungen systematisch zu identifizieren und zu bewerten. Mit dieser Methode konnten insgesamt 70 Innovationsideen zur Klimaanpassung in den drei Sektoren Hafen/Logistik, Ernährung/Landwirtschaft und Energie sowie im Handlungsfeld Regionalpolitik (Governance) generiert und bewertet werden. Einige dieser Ideen werden aktuell bereits umgesetzt (vgl. die Abschnitte 9 und 10).

Bewertete Innovationskandidaten — Übersicht 7.2

Energiewirtschaft
- Abwärmenutzung aus Blockheizkraftwerk
- Abwärme aus anderen Quellen als KWK (z. B. **Abwasser-Wärmerückgewinnung**)
- Langzeitwärmespeicher
- **Geo-/hydrothermales Kühlen**
- Bioenergiedörfer
- Organic-Rankine-Cycle-Anlagen
- „Mobile Wärme"
- **System Cellulose-Reststoffe-Biogasanlagen**
- System Virtuelles Kraftwerk
- System Kühlhäuser-Bioabfälle-Biogas-Kälte (z. B. **Putenstallkühlung**)
- System Biogasanlagen-ORC-Mobile-Wärme
- System Biogasanlagen-Rohgassammelleitung-Satelliten-BHKW
- **„Energiespardose Nordwest"** – methanbasierte Stromspeicher

Hafenwirtschaft und Logistik
- **Klimaangepasstes Hafenmanagement**
- **Klimaangepasste Transportlogistik**
- **Frühwarnung vor Extremwetterereignissen**
- Climate Proofing in der Hafenwirtschaft
- **Förderung regionaler Netzwerke zur Klimaanpassung**
- Klimaangepasste Logistikimmobilien
- Mobiler Hochwasserschutz/mobile Deiche

Regionalpolitik (Governance)
- Klimawandelanpassungsbeauftragte(r)
- **Klimarat**
- Klimaanpassungskommunikation
- Klimawandelverträglichkeitsprüfung
- **Climate Proofing**
- Leitbildprozess
- Partizipation im Wassermanagement
- **Climate Adaptation Reporting**

Ernährungswirtschaft
- **„SolarEis"** (Kühlung und Heizung mit Eis)
- **„Wetter in Control"**
- Innovative Vermarktungsansätze und -strukturen „Klimarobuste Rassen und Sorten"
- Pädagogische Konzepte in Bildung und Ausbildung im Bereich Ernährung/Landwirtschaft
- **Entwicklung eines Kompetenzzentrums „Klimarobuste Sorten und Rassen"**
- **Reflexives Wertschöpfungskettenmanagement zur Verbesserung der Klimaanpassung in der Milchwirtschaft**

Innovationskandidaten, die weiter verfolgt werden sollen, sind fett gedruckt.
Eigene Darstellung

Ziel der Innovationspotenzialanalyse ist es, mit Blick auf den Klimawandel Technologiechancen herauszuarbeiten. Diese können in bestimmten Branchen oder Bedarfsfeldern als Grundlage für konkrete Projekte dienen, welche von Unternehmen, Forschungsverbünden oder Unternehmensnetzwerken verwirklicht werden. Die im Rahmen des Verbundprojekts nordwest2050 erarbeitete Methodik der Innovationspotenzialanalyse greift konzeptionelle Elemente anderer Methoden (beispielsweise zur Bewertung des Innovationsgrads) auf, ist aber zugleich im Vorgehen und im Bewertungsverfahren spezifisch ausgerichtet auf die im Zusammenhang mit der Anpassung an den Klimawandel vorliegenden Erkenntnis- und Gestaltungsinteressen.

Das Identifizieren von Innovationsideen (sogenannte Innovationskandidaten), die einen bedeutenden Beitrag zur Klimaanpassung leisten können, stellt eine zentrale Aufgabe der Innovationspotenzialanalyse dar. Ansatzpunkte bieten sich beispielsweise bei der Betrachtung von aktuellen Innovationstrends und von neuartigen Lösungen, die schon in anderen Regionen oder Branchen erfolgreich angewendet werden. Auch die gezielte Analyse der im jeweiligen Wirtschaftssektor oder Handlungsfeld vorhandenen Verwundbarkeiten kann Ideen und Ansatzpunkte für erfolgreiche Klimaanpassungsinnovationen liefern. Es ist hierbei hilfreich, zunächst ein Wunschbild der Zukunft zu entwerfen und dann Überlegungen anzustellen, welche Innovationen notwendig sind, um diesen Zustand zu erreichen.

Die Bewertung der identifizierten Innovationskandidaten (Übersicht 7.2) und die Auswahl der erfolgversprechenden Innovationsprojekte stellen die abschließenden Schritte der Innovationspotenzialanalyse dar. Hierzu wurde ein Kriterienraster entwickelt (Fichter/Hintemann, 2010). Zentrale Elemente dieses Rasters sind die Fragen: Wie lösen die Projekte Probleme, die durch den Klimawandel entstehen? Können sie erfolgreich umgesetzt werden? Wie innovativ sind sie?

Von den insgesamt über 70 Innovationsideen, die im Rahmen von nordwest2050 identifiziert worden sind, wurden 34 vertiefend analysiert und anhand des Kriterienrasters bewertet. Als besonders erfolgversprechend wurden 16 Innovationskandidaten eingeschätzt, an deren Realisierung dann gearbeitet wurde.

8 Innovationspfade im Sektor Hafen/Logistik

Klimaanpassung in der Hafen- und Logistikwirtschaft

Seit einigen Jahren wird der Klimaschutzpolitik in der Hafen- und Logistikwirtschaft ein hoher Stellenwert beigemessen. Hiermit reagiert dieser Wirtschaftssektor auf politische und regulative Vorgaben sowie auf Marktimpulse. Beispielsweise drängen Großkonzerne als Kunden zunehmend auf nachweisbare CO_2-Reduzierungen oder die Darstellung des CO_2-Fußabdrucks. Klimaanpassung wird ebenfalls immer stärker zum Thema: Von Interesse sind hier etwa der Meeresspiegelanstieg, die Zunahme von Extremwetterereignissen oder Verschiebungen der Niederschlags- und Temperaturverhältnisse. Jedoch blieb die Auseinandersetzung mit dem Thema Klimaanpassung lange auf technische Aspekte (Auslegung von Küstenschutzanlagen, Anforderungen an Installationen) und auf Planungsanforderungen beschränkt.

Die Situation der Branche ist – in der Metropolregion Bremen-Oldenburg wie in anderen Küstenregionen – von einer gewissen Ambivalenz geprägt: Einerseits sind Häfen besonders anfällig gegenüber den Folgen des Klimawandels, denn sie weisen eine hohe Wertkonzentration an potenziell gefährdeten Standorten auf. Störungen als Folge extremer Wetterbedingungen können in der globalen Logistikwirtschaft spürbare ökonomische Verluste in nachgelagerten Wertschöpfungsketten nach sich ziehen. Andererseits besitzen Häfen gewachsene Fähigkeiten, auf wetterbedingte Betriebsstörungen kurzfristig und flexibel zu reagieren.

Innovationen finden in den verschiedenen Segmenten des Sektors als Teil der Steigerung der Wettbewerbsfähigkeit statt, etwa in Form langwieriger Planungen der Basisinfrastrukturen in den Häfen und bei den Hinterlandverbindungen. Hier müssen Anpassungserfordernisse möglichst frühzeitig ermittelt werden. Einen weiteren bedeutenden Bereich von Innovationen stellt der Betrieb der Häfen durch die Terminalbetreiber dar. In der von kurz- bis mittelfristigen Auftragsbeständen geprägten Transport- und Lagerlogistik werden Innovationen bei Betriebsmitteln vor allem im Zuge von Ersatzbeschaffungen realisiert.

Innovationen für eine resiliente Hafen- und Logistikwirtschaft

Konkrete Potenziale für betriebsnahe Innovationen wurden in folgenden Bereichen identifiziert:

- **Frühwarnung vor Extremwetterereignissen.** Ein Warnsystem stellt eine mögliche Klimaanpassungsmaßnahme dar, die der Logistikbranche sowohl aktuelle als auch präzise Informationen über drohende Extremwetterereignisse geben kann. Neben dem Nutzen für den individuellen Empfänger würden auch Überlastungen von betroffenen Verkehrsverbindungen reduziert, beispielsweise durch großräumige Umleitungsempfehlungen.
- **Klimaangepasste Transportlogistik.** Temperaturschwankungen durch extreme Witterungsbedingungen sind bei verschiedenen Gütern erhebliche Herausforderungen, auf die durch temperaturgeführte Transporte und die Wahl des am besten geeigneten Verkehrsträgers reagiert werden kann.
- **Klimaangepasstes Hafenmanagement.** Möglichkeiten der Klimaanpassung wurden in enger Kooperation mit dem bremischen Hafeninfrastrukturanbieter bremenports GmbH & Co. KG zum Gegenstand eines mehrstufigen Organisationsentwicklungsprozesses gemacht. Wirtschaft, Fachressorts und Infrastrukturgesellschaft haben Optionen und zugehörige Maßnahmen überprüft und bewertet. Verbesserungen bei der Gestaltung von Küstenschutzmaßnahmen und beim Umgang mit Extremwetterereignissen erwiesen sich weniger als technische Fragen, sondern vorwiegend als Fragen der Abstimmung an Schnittstellen zwischen Organisationen wie bremenports, städtischen Einrichtungen und Terminalbetreibern.
- **Klimaanpassung im Güterverkehrszentrum Bremen.** Das Institut für Seeverkehrswirtschaft und Logistik in Bremen hat bei den im Güterverkehrszentrum Bremen ansässigen Unternehmen die geplanten Klimaanpassungs- und -schutzmaßnahmen

ermittelt und Handlungsempfehlungen entwickelt, welche die Funktionalität des Güterverkehrszentrums unter den Bedingungen sich ändernder Klimaeinflüsse fördern. Beispiele sind: optimierte Entwässerungssysteme, Verstärkungen von Gebäuden, Klimaanlagen, Notstromversorgung und die Einrichtung von Schutzplätzen für umweltsensible Güter.

9 Innovationspfade im Sektor Ernährungswirtschaft

Die Metropolregion Bremen-Oldenburg liegt im Zentrum der niedersächsischen Land- und Ernährungswirtschaft. Die Primärproduktion sowie die vor- und nachgelagerten Stufen vielfältiger Ernährungssektoren (Fisch, Fleisch, Gemüse) sind in der Region eingebunden in Wertschöpfungsketten. Es wurde ermittelt, welche innovativen Lösungsansätze für die regionale Agrar- und Ernährungswirtschaft geeignet sind, um negative klimawandelbedingte Auswirkungen zu reduzieren und die entstehenden Chancen frühzeitig zu nutzen.

Die durchgeführten Vulnerabilitätsanalysen fokussierten daher auf die sektorenspezifische Untersuchung der natürlichen Anpassungskapazität, der Anpassungsmöglichkeiten, des Anpassungswissens und der Anpassungsbereitschaft der Akteure (Mesterharm, 2011; Akamp/Schattke, 2011; Beermann, 2011; Karlstetter et al., 2013a). Ergebnis war, dass Wertschöpfungsketten einer wachsenden Gefahr von Lieferverzögerungen oder -unterbrechungen (unter anderem durch Extremwetterereignisse) sowie von Kostensteigerungen (durch höhere Kühlanforderungen aufgrund heißerer Sommer) ausgesetzt sind. Dabei hat sich die Anpassungsbereitschaft der Akteure als eine kritische Größe herausgestellt. Aus diesem Grund wurden die Akteure der regionalen Agrar- und Ernährungswirtschaft im Laufe des Verbundprojekts nordwest2050 kontinuierlich in Anpassungsprozesse einbezogen. Gemeinsam mit zwölf Praxispartnern wurden Pilotprojekte definiert und auf den Weg gebracht. Unterschieden wurden dabei:

- **Technologische Prozessinnovationen** im Bereich der Kühlung und Belüftung von Gebäuden oder Ställen, um auf mögliche Spannweiten und Unsicherheiten bei den Temperaturen vorzubereiten. Diese Innovationen setzen zunächst an der Anpassung des bestehenden Systems an, ohne es vor dem Hintergrund einer nachhaltigen Entwicklung zu hinterfragen (Akamp et al., 2011). Ein Beispiel für Prozessinnovationen ist das Praxisprojekt des Geflügelzuchtbetriebs Moorgut Kartzfehn. Entwickelt und getestet wurden verschiedene Lüftungsstrategien und Fütterungskonzepte, welche während extremer Hitzeperioden den Stress für die Puten entscheidend verringern konnten (Akamp/Schattke, 2012).
- **Produktinnovationen** implizieren einen umfassenderen strukturellen Wandel, zum Beispiel im Hinblick auf verändertes Konsumverhalten und auf die Generierung von Zukunftsmärkten: Wie können klimarobuste Rassen und Sorten erfolgreich eingesetzt und vermarktet werden? Ein Beispiel dafür ist die Rekultivierung des Urroggens auf dem Biolandhof Freese. Eine Herausforderung bestand darin, Kriterien der Klimaanpassungsfähigkeit des Produkts auch an die Verbraucher zu kommunizieren

und sie bei der Vermarktung der Endprodukte nicht nur zu thematisieren, sondern auch gezielt für das Marketing zu nutzen (Beermann/Schattke, 2010).

In einer umfassenden Innovationspotenzialanalyse (Karlstetter et al., 2012) wurden spezifische Produkt- und Prozessinnovationen erarbeitet, die in der Region erfolgversprechend sein könnten. Hemmnisse wurden ebenfalls bestimmt (etwa Pfadabhängigkeiten und fehlendes Informationsmanagement in den Wertschöpfungsketten).

- **Organisatorische Innovationen** beziehen sich auf Veränderungen in der Kooperation und Kommunikation der Akteure. In einer Workshop-Reihe wurden gemeinsam mit Praktikern Klimaanpassungsmaßnahmen in der Wertschöpfungskette Milch hinsichtlich ihrer Eignung und Realisierbarkeit diskutiert. Erarbeitet wurden Wege, wie ein verbesserter Informationsaustausch, Kooperationen und freiwillige Selbstverpflichtungen sowie Diskursprozesse zur Umsetzung und zum Erfolg der Maßnahmen beitragen können (Mesterharm/Akamp, 2011).

Auch Dialogprozesse zur Bewältigung der immer schwieriger werdenden Flächennutzungsproblematik sind organisatorische Innovationen (Karlstetter/Pfriem, 2010; Karlstetter, 2012). Auf einer Dialogveranstaltung mit 120 Teilnehmenden wurde eine gemeinsame Position zum klimaangepassten Umgang mit Flächenkonkurrenzen formuliert (nordwest2050, 2013). Für die „Roadmap of Change" des Wirtschaftssektors Ernährung sind neben diesen Innovationen auch Veränderungen in Richtung einer höheren Transparenz und einer stärkeren Nachhaltigkeitsausrichtung unumgänglich. Innerhalb der Ernährungswirtschaft müssen neue strategische Denkanstöße und Pfade generiert werden, die nicht nur in technische Anpassungen und in alleinige klimaphysiologische Maßnahmen (Temperatur- und Belüftungsregulierungen) münden, sondern die ansetzen an neuen, nachhaltigen Perspektiven für die Ernährungsproduktion und -verarbeitung (Karlstetter et al., 2013b; Pfriem et al., 2011; Beermann/Schattke, 2009).

10 Innovationspfade im Sektor Energie

Der Energiesektor hat in der Metropolregion Bremen-Oldenburg eine vergleichsweise große Bedeutung:

- Ein Drittel der deutschen Gasspeicherkapazitäten liegen innerhalb der Region.
- Circa 40 Prozent der per Schiff nach Deutschland importierten Steinkohle werden in den Häfen der Region umgeschlagen.
- 78 Prozent der deutschen Ölimporte wurden im Jahr 2008 in Wilhelmshaven angelandet.
- Es besteht ein hoher regionaler Energieverbrauch, bedingt durch den großen Industriesektor (Stahl, Automobil, Ernährungswirtschaft sowie Luft- und Raumfahrt).
- Es gibt einen hohen Anteil an erneuerbaren Energien (Kapazität: 3,6 Gigawatt, vor allem Wind plus Biogas).

Im Energiebereich werden – auf Basis der Ergebnisse der Vulnerabilitätsbewertung sowie verschiedener analytischer und theoretischer Zugänge – konkrete Leuchtturmprojekte identifiziert und umgesetzt, welche die Resilienz des Systems gegenüber dem Klimawandel erhöhen (Gößling-Reisemann et al., 2013; Wachsmuth et al., 2012).

Leuchtturmprojekte

Bei der Innovationspotenzialanalyse stellten sich insbesondere zwei Innovationsfelder – „Low Exergy Solutions" und „Resiliente Energieinfrastrukturen" – als wesentliche Schritte in Richtung eines resilienten Energiesystems heraus (Abbildung 7.2). Die Auswahl orientierte sich in erster Linie an der Erkenntnis, dass aufgrund der Energiewende speziell im Elektrizitätsbereich mit verstärkten Belastungen der Netze zu rechnen ist. Diese Belastungen werden durch den Klimawandel und sich verändernde Lebensgewohnheiten weiter verstärkt.

Unter „Low Exergy Solutions" werden Konzepte verstanden, die auf vorhandene, aber bisher ungenutzte, dezentrale Abwärmequellen (unter 100 Grad Celsius) und auf Reststoffe zurückgreifen, um die Netze zu entlasten sowie zugleich lokale und regionale Stoff- und Energieströme zu schließen. „Resiliente Energieinfrastrukturen" sind soziotechnische Systeme, die – aufbauend auf grundlegenden Resilienzprinzipien (Diversität, Flexibilität etc.) – einen essenziellen Beitrag erbringen zur Sicherung der Systemdienstleistungen (Versorgung mit Elektrizität, Wärme etc.) durch intelligente Ortsnetzstationen, Smart-Grids und anderes.

Für beide Innovationsfelder wurden Technologie-Screenings durchgeführt und insgesamt 28 Innovationskandidaten identifiziert, die anschließend mithilfe des Kriterienrasters (vgl. Abschnitt 7) bewertet wurden. Schließlich wurden drei Leuchtturmprojekte ausgewählt, die derzeit vorrangig umgesetzt werden. Eines davon soll im Folgenden beispielhaft angeführt werden.

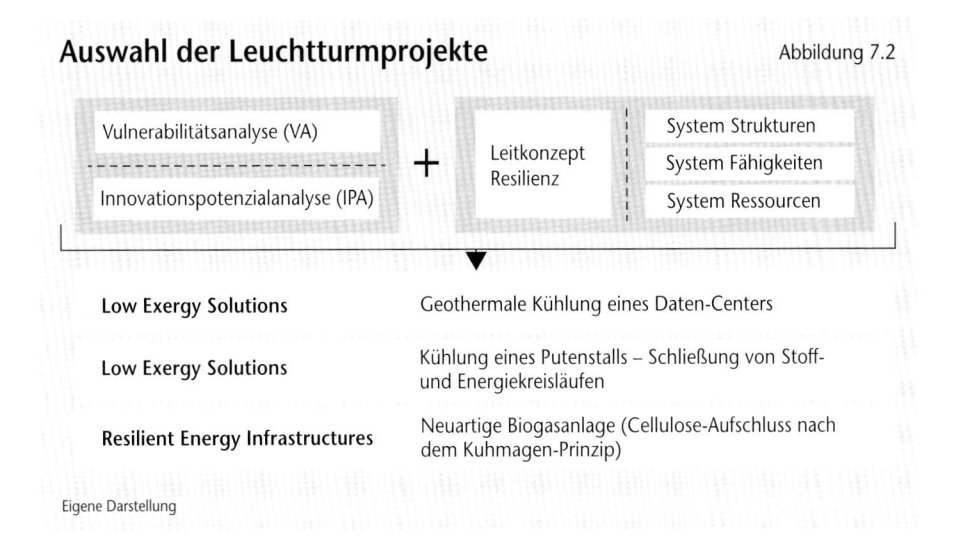

Auswahl der Leuchtturmprojekte

Abbildung 7.2

Vulnerabilitätsanalyse (VA)		Leitkonzept Resilienz	System Strukturen
Innovationspotenzialanalyse (IPA)	+		System Fähigkeiten
			System Ressourcen

Low Exergy Solutions	Geothermale Kühlung eines Daten-Centers
Low Exergy Solutions	Kühlung eines Putenstalls – Schließung von Stoff- und Energiekreisläufen
Resilient Energy Infrastructures	Neuartige Biogasanlage (Cellulose-Aufschluss nach dem Kuhmagen-Prinzip)

Eigene Darstellung

Beispiel: Geothermale Kühlung eines Rechenzentrums

In dem Projekt aus dem Innovationsfeld „Low Exergy Solutions" wird demonstriert, wie sich auf Basis einer lokalen, niederexergetischen Energiequelle eine alternative Kühlung für ein Rechenzentrum realisieren lässt. Bisher werden für diesen Zweck Kältemaschinen mit einem sehr hohen Stromverbrauch verwendet. Der Klimaanpassungsbedarf besteht in diesem Fall in der Realisierung einer erhöhten Kühlleistung bei gleichzeitiger Entlastung des Stromnetzes.

Das alternative Kühlungskonzept, basierend auf der Nutzung natürlicher Wärmesenken, verknüpft verschiedene Kühltechniken wie Freikühlung, Erdsonden und Integralbrunnen. Über den eingesparten Strom werden die CO_2-Emissionen gesenkt und durch den auf dezentrale Energieressourcen zurückgreifenden Technologiemix werden die Diversifizierung der Ressourcenbasis erzielt und die Resilienz befördert. In einer weiteren Ausbaustufe bietet das System die Möglichkeit, in Kombination mit Wärmepumpen die eingebrachte Wärme zu speichern oder in ein Nahwärmenetz abzugeben.

Aus Sicht der Klimaanpassung unterstützen alle drei Leuchtturmprojekte die Entlastung des Energiesystems (in erster Linie des elektrischen Systems) durch eine frühzeitige Einbindung verschiedener Resilienzprinzipien (vgl. Abschnitt 3). Voraussetzung dafür war die Einbettung von Technologieentscheidungen in eine Systemperspektive unterstützt durch das Leitbild Resilienz.

11 Innovationspfad Regionale Raumordnung

Eine wesentliche Herausforderung bei der Anpassung an den Klimawandel besteht darin, das Thema in die verschiedenen regionalen Handlungsfelder einzubringen und sowohl bei den Entscheidungsträgern als auch bei potenziell betroffenen Bürgern ein Bewusstsein dafür zu schaffen. Das Climate Proofing – verstanden als Untersuchung von Plänen oder Vorhaben auf ihre Anfälligkeit gegenüber möglichen klimatischen Änderungen – ist hierzu ein geeignetes Rahmenkonzept (ARL, 2010, 36). In der Frühphase eines Climate Proofings erscheint es vor allem realistisch, Klimaanpassungsgesichtspunkte heranzutragen an Akteure, die eine Klimaanpassung möglicherweise schon deshalb (noch) nicht unterstützen, weil sie diese als Problemstellung (noch) nicht wahrnehmen.

Das Ziel bestand dementsprechend darin, die Öffentlichkeitsbeteiligung bei der Erstellung des Regionalen Raumordnungsprogramms (RROP) des Landkreises Oldenburg zu ergänzen um klimaanpassungsrelevante Fragen im Sinne eines Climate Proofings. In Niedersachsen bilden die RROPs die Zwischenstufe zwischen den planerischen Landesvorgaben (Landesraumordnungsprogramm) und den konkreten Bauleitplänen vor Ort. Die RROPs legen die angestrebte räumliche und strukturelle Entwicklung für den Planungsraum fest und entscheiden über Fragen der Grundversorgung, über regional bedeutsame Wohn- und Gewerbeflächen sowie über Nutzungsvorränge zur Sicherung intakter Lebens- und Wirtschaftsräume sowie der natürlichen Lebensgrundlagen. Im Kontext der Anpassung an den Klimawandel kommt ihnen daher eine hohe Bedeutung zu.

Um dabei möglichst viele Bürger „mitzunehmen", wurden vom Landkreis neben den gesetzlichen Beteiligungsverfahren, die in erster Linie Verbandsbeteiligung und öffentliche

Auslegung umfassen, Mitwirkungsforen gestartet, in denen ein direkter Austausch zwischen interessierten Bürgern und Planern stattfindet. Für die drei Mitwirkungsforen Flächenverbrauch/Siedlungsentwicklung, Gewässer und Energie wurde eine Zusammenarbeit mit dem nordwest2050-Arbeitsbereich Governance vereinbart. Ziel war es, das Thema der Anpassung an den Klimawandel zunächst grundsätzlich einzuführen und mögliche künftige Klimarisiken für den Landkreis zu debattieren. Zu diesem Zweck wurden vonseiten der Governanceforscher thematische Inputs und fachliche Expertise in den Prozess eingebracht.

Bürger und Planer zeigten sich offen für das neue Thema. Im Verlauf der Veranstaltungen wurde zwar ersichtlich, dass sich die Teilnehmenden zunächst konkretere Daten zu den Klimarisiken wünschten. Dieser Wunsch führte aber nicht zu einem vollständigen „Vertagen" der Anpassung an den Klimawandel. Den Beteiligten gelang es, den hohen Abstraktionsgrad des Themas auf die lokale Lebenswirklichkeit herunterzubrechen. Die Inputs der Wissenschaftlerinnen und Wissenschaftler konnten zu relevanten Modifikationen im RROP beitragen, etwa bezüglich der formulierten Ziele für den Abschnitt Gewässer (klimaangepasstes Wassermanagement; Einrichtung eines Wasserrats unter Beteiligung aller betroffenen Bevölkerungsgruppen).

Die Ergebnisse aus den Mitwirkungsforen werden den Kreistagsabgeordneten übermittelt und von den Teilnehmenden gegenüber dem Kreistag und den Medien präsentiert. Ihre Übernahme in das RROP ist damit nicht automatisch sichergestellt, denn die Ergebnisse haben keine Bindungswirkung. Sie geben aber an die verantwortlichen Akteure im Landkreis das Signal, dass der Anpassung an den Klimawandel ein gewisser Stellenwert beigemessen werden sollte. Somit hat ein noch wenig beachtetes Thema (Garrelts et al., 2013) Eingang in einen politischen Entscheidungsprozess gefunden.

12 Eine „Roadmap of Change" für eine klimaangepasste und resiliente Region

Das Verbundprojekt nordwest2050 verfolgt das Ziel, Handlungsorientierungen zur erfolgreichen Anpassung der Region Nordwest an die erwartbaren Folgen des Klimawandels zu geben. Darüber hinaus soll die Region generell auf den Umgang mit Überraschungen und Unsicherheiten bei künftigen Entwicklungen vorbereitet werden. Die „Roadmap of Change" stellt hierbei das in einem hohen Maße beteiligungsorientiert erarbeitete, zentrale Projektergebnis mit dem Zeithorizont 2050 dar. Sie beinhaltet mögliche Handlungspfade bis zur Mitte des Jahrhunderts und benennt konkrete Strategien und Handlungsempfehlungen für die nahe Zukunft bis 2020.

Mit dem Klimawandel sind vielfältige Unsicherheiten und Herausforderungen verbunden, die das Leben und Arbeiten im Raum der Metropolregion Bremen-Oldenburg beeinflussen werden. Angesichts der Vielfalt und Komplexität im Zusammenspiel regionaler Entwicklungsprozesse ist es ausgeschlossen, sich nach dem Was-wäre-wenn-Prinzip auf alle denkbaren Veränderungen vorzubereiten. Daher folgt nordwest2050 – gerade auch bei der Erarbeitung der Roadmap – dem Leitkonzept der Resilienz. Damit verbunden ist der Anspruch, die Anpassungs-, Widerstands- und Gestaltungsfähigkeit in zentralen Handlungsfeldern der Region und bei den Akteuren zu verbessern.

Auf unterschiedlichen Ebenen sind Beteiligungsforen geschaffen worden:

- Der Projektbegleitkreis bindet führende Persönlichkeiten und regionale Entscheidungsträger in das Projekt ein. Er dient zur Qualitätssicherung im Verbundprojekt, ermöglicht die Einbeziehung individueller Kompetenzen im Rahmen bilateraler Kontakte sowie die Chance, dass diese Personen als Multiplikatoren und Botschafter des Projekts fungieren.
- Der Arbeitskreis „Roadmap of Change" mit seiner thematisch querschnittsorientierten Besetzung auf der Arbeitsebene unterstützt die Entwicklung der Roadmap in allen zentralen Arbeitsschritten. Ein Schwerpunkt liegt auf der Rückkopplung und gemeinsamen Finalisierung von Ergebnissen.
- Die Entwurfsfassung der Roadmap wird im Rahmen eines offenen Beteiligungsprozesses für eine breite Öffentlichkeit zugänglich gemacht. Die Anregungen aus diesem Prozess fließen in eine öffentliche Aussprache im Rahmen einer Regionalkonferenz ein. Zudem sind die bestehenden regionalen Gremien in der Metropolregion Bremen-Oldenburg regelmäßig mit dem Projektfortschritt befasst. In den Schwerpunktbereichen des Projekts – insbesondere in den drei Wirtschaftssektoren Hafen/Logistik, Ernährungswirtschaft und Energie sowie im Themenfeld Regionale Raumordnung – sind darüber hinaus fachlich besetzte Beteiligungsforen unter Einbeziehung der Praxispartner aus der Wirtschaft etabliert worden.

Die „Roadmap of Change" wird in einem mehrstufigen Verfahren erarbeitet. In einem ersten Schritt sind gemeinsam mit regionalen Akteuren mehrere in sich konsistente Rahmenszenarien entwickelt worden. Ziel dieses Arbeitsschritts war die Klärung der Leitplanken regionaler Handlungsspielräume, die durch übergeordnete, aus der Region heraus nicht oder kaum beeinflussbare Faktoren bestimmt werden.

In einem zweiten Schritt ist eine Vision2050 für eine Vielzahl regional relevanter Handlungsfelder (Abbildung 7.3) formuliert worden, die als Orientierungsrahmen der Roadmap dienen. Die Vision2050 beschreibt eine gewünschte Zukunft und soll im Prozess der Ausarbeitung der Roadmap richtungsgebend wirken.

Auf Grundlage der Forschungsergebnisse, der Rahmenszenarien und der Vision2050 wurden in partizipativ angelegten Roadmapping-Prozessen für die ausgewählten Handlungsfelder sektorale Roadmaps formuliert. Die sektoralen Roadmaps stehen jeweils für sich, bilden zugleich aber auch die Basis für die Erstellung einer integrierten regionalen Roadmap. Diese nimmt insbesondere die Schnittstellen zwischen den Teil-Roadmaps in den Blick, da an ihnen sowohl Zielkonflikte als auch Synergien deutlich werden. Sie identifiziert sektorenübergreifende Querschnittsthemen und berücksichtigt nicht nur Barrieren der Anpassung, sondern auch Chancen der Transformation.

Die „Roadmap of Change" ist ein Meilenstein im Umgang mit den Folgen des Klimawandels in der Metropolregion Bremen-Oldenburg und bildet einen Rahmen für das weitere Vorgehen der Akteure innerhalb der Region. Bei der Umsetzung der Roadmap sind die Zuständigkeiten von Land, Landkreisen, Städten, Gemeinden und Unternehmen sowie bereits existierende Ansätze und Strategien zu berücksichtigen. Die formulierten Hand-

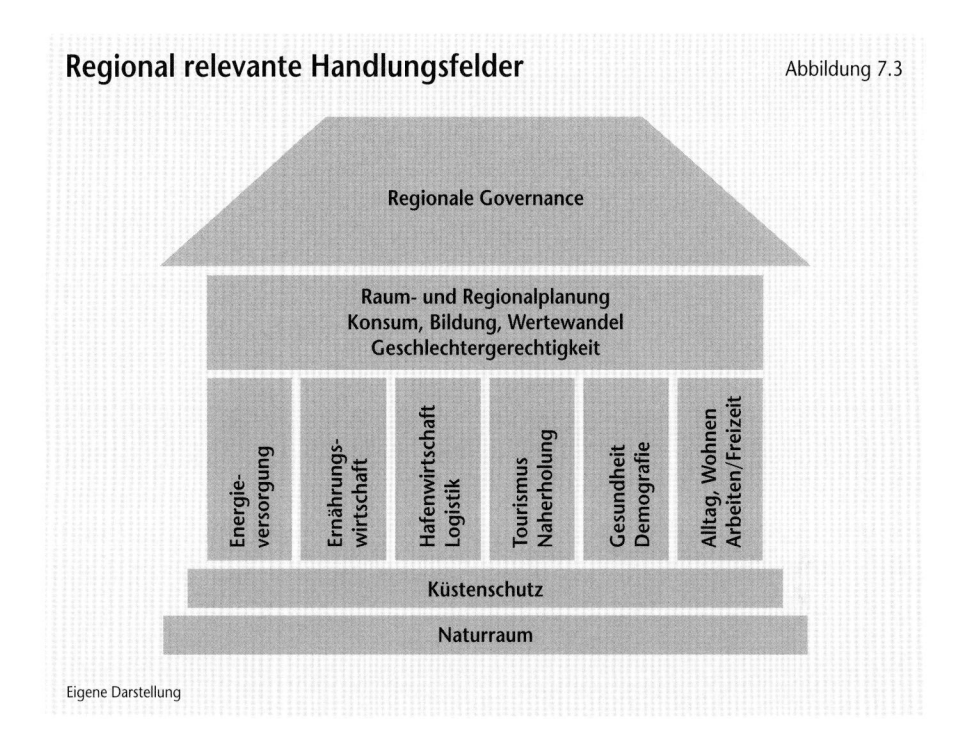

Regional relevante Handlungsfelder   Abbildung 7.3

Regionale Governance

Raum- und Regionalplanung
Konsum, Bildung, Wertewandel
Geschlechtergerechtigkeit

| Energieversorgung | Ernährungswirtschaft | Hafenwirtschaft Logistik | Tourismus Naherholung | Gesundheit Demografie | Alltag, Wohnen Arbeiten/Freizeit |

Küstenschutz

Naturraum

Eigene Darstellung

lungsempfehlungen und -pfade in den Handlungsfeldern sind aufeinander abzustimmen, um mögliche Konflikte frühzeitig zu erkennen, zu lösen und potenzielle Synergien zu nutzen. Ein Ziel der Roadmap liegt darin, die Klimaanpassung künftig – wann immer möglich – im Sinne eines Anpassungs-Mainstreamings in bestehende Strategie- und Planungsprozesse einfließen zu lassen beziehungsweise neben weiteren relevanten Entwicklungen in die Abwägung einzubeziehen. Wegen der Unsicherheiten in Klimaszenarien stehen No-Regret-Maßnahmen (das sind Maßnahmen, die in jedem denkbaren Fall Vorteile haben) sowie Maßnahmen der Prävention, Information und Sensibilisierung, welche in der Regel mit gutem bis sehr gutem Kosten-Nutzen-Verhältnis abschneiden, kurz- bis mittelfristig im Vordergrund. Im Sinne eines „Living Documents" gilt es, die „Roadmap of Change" mit Blick auf die faktischen Notwendigkeiten, die erzielten Fortschritte bei der Anpassung an den Klimawandel und den Wissenszuwachs in regelmäßigen Abständen zu evaluieren und weiterzuentwickeln.

13 Fazit

Es sollte deutlich geworden sein, dass das Themenfeld Klimaanpassung als solitäres Element derzeit nur begrenzte Durchsetzungskraft entfaltet: Der weite Zeithorizont, die Unsicherheiten in den Klimaszenarien und die akut in der Region bisher wenig spürbaren Auswirkungen des Klimawandels (mit Ausnahme von Extremwetterereignissen) stehen einer adäquaten, frühzeitigen und damit proaktiven Beschäftigung mit Anpassungsfragen entgegen. Dies bestätigt den Ansatz, dass nur eine breitere Fassung des Themenfelds erfolgreich sein kann. Dabei geht es zunächst um die Verbindung von Klimaanpassung mit Klimaschutz. Viel weiter gehend ist die Steigerung der Resilienz der Region – also nicht nur ihrer Widerstandsfähigkeit, sondern auch ihrer Anpassungs- und Innovationsfähigkeit. Eine hohe Innovationsfähigkeit erhöht auch die Wettbewerbsfähigkeit der Region. Empfehlungen für einen strukturierten Anpassungsprozess sind daher unter anderem:

- Aufgrund der Vielzahl der von Klimawirkungen betroffenen Sektoren und der komplexen Wechselwirkungen muss Klimaanpassung als sektorübergreifender Prozess verstanden werden, der die Langfristigkeit und partielle Unvorhersehbarkeit des Klimawandels angemessen in Entscheidungsprozessen verankert und dabei Vorsorgeaspekte berücksichtigt. Hierzu sind auch Dialog- und Beteiligungsprozesse zu etablieren, die Transparenz schaffen und Kooperation ermöglichen. Solche Prozesse können durch ein integriertes Vorsorgemanagement gegenüber Klima- und Anpassungsfolgen gefördert werden, dessen Ergebnisse in alle Planungen und Entscheidungen zur Minimierung von Nutzungs- und Zielkonflikten Eingang finden sollten.
- Basierend auf den Erkenntnissen aus der Vulnerabilitätsanalyse zur Notwendigkeit und Dringlichkeit von Klimaanpassungsmaßnahmen, auf den Resultaten der Innovationspotenzialanalyse zu den sich eröffnenden regionalen Chancen sowie auf dem Leitbild Resilienz sind Anpassungsmaßnahmen in einer regionalen Anpassungsstrategie zu priorisieren. Eine derartige regionale Klimaanpassungsstrategie ist (nicht nur unter Kostengesichtspunkten) effizient; sie verbessert weit über die Klimaanpassung hinaus die Handlungsoptionen in der Region auch gegenüber heutigen Problemen und trägt zu einer nachhaltigen Entwicklung bei.
- Die Zukunft ist offen. Die Fähigkeit zu vorsorgendem Handeln unter Unsicherheitsbedingungen muss verbessert werden. Es empfiehlt sich, neue Pfadabhängigkeiten zu minimieren und auf flexible, nachsteuerbare Anpassungsmaßnahmen zu setzen, begleitet von einem kontinuierlichen Monitoring des Klimawandels, der Klimawirkungen und der Wirksamkeit der Maßnahmen.

Eine besondere Herausforderung jeder Strategie der Anpassung an einen beschleunigten Klimawandel liegt insgesamt im Spannungsfeld zwischen teuren („zu viel", „zu früh") und gefährlichen („zu wenig", „zu spät") Maßnahmen oder Entscheidungen. Die Berücksichtigung der erarbeiteten Empfehlungen sollte dazu beitragen, in einer Klimaanpassungsstrategie den Mitteleinsatz und den Zeitpunkt der Maßnahmen angemessen abzuwägen.

Zusammenfassung

- Das transdisziplinäre Forschungsprojekt nordwest2050 hat in einem mehrjährigen Prozess die Erstellung einer regionalen Anpassungsstrategie vorangetrieben. Aufgeteilt war der Prozess in mehrere Schritte: die Erstellung regionaler Klimaszenarien, die Vulnerabilitäts- und Innovationspotenzialanalyse sowie die darauf basierende Entwicklung unterschiedlicher Innovationsoptionen, welche in insgesamt 16 konkrete Innovationspfade mündeten.
- Ein wichtiges Ergebnis der Vulnerabilitätsanalyse ist, dass die Folgen des Klimawandels in der Metropolregion Bremen-Oldenburg in einer mittelfristigen Perspektive (bis 2050) voraussichtlich beherrschbar sein werden.
- Aus Sicht der Unternehmen werden die Folgen des Klimawandels künftig deutlich an strategischer Relevanz gewinnen. Jedoch werden Klimaanpassungsmaßnahmen in Unternehmen meist nur in Verbindung mit weiteren Unternehmenszielen umgesetzt.
- Eine besondere Herausforderung jeder Strategie der Anpassung an einen beschleunigten Klimawandel liegt insgesamt im Spannungsfeld zwischen teuren („zu viel", „zu früh") und gefährlichen („zu wenig", „zu spät") Maßnahmen oder Entscheidungen. Die Berücksichtigung der erarbeiteten Empfehlungen in der „Roadmap of Change" soll dazu beitragen, in einer Klimaanpassungsstrategie den Mitteleinsatz und den Zeitpunkt der Maßnahmen angemessen abzuwägen.

Literatur

Akamp, Marion / **Schattke**, Hedda, 2011, Regionale Vulnerabilitätsanalyse der Ernährungswirtschaft im Kontext des Klimawandels. Eine Wertschöpfungskettenbetrachtung der Fleischwirtschaft in der Metropolregion Bremen-Oldenburg, nordwest2050-Werkstattbericht, Nr. 8, Oldenburg

Akamp, Marion / **Schattke**, Hedda, 2012, Der Umgang mit dem Klimawandel. Anpassungsbedarfe für die Fleischwirtschaft?, in: Fleischwirtschaft, Nr. 12, S. 17–22

Akamp, Marion / **Karlstetter**, Nana / **Schattke**, Hedda, 2011, Die Entwicklung von Klimaanpassungsstrategien. Bedarfe und Potenziale in der Fleischwirtschaft, in: Karczmarzyk, André / Pfriem, Reinhard (Hrsg.), Klimaanpassungsstrategien von Unternehmen, Marburg, S. 287–312

ARL – Akademie für Raumforschung und Landesplanung, Arbeitskreis Klimawandel und Raumplanung, 2010, Planungs- und Steuerungsinstrumente zum Umgang mit dem Klimawandel, Diskussionspapier der Berlin-Brandenburgischen Akademie der Wissenschaften, Nr. 8, Berlin

Bauriedl, Sybille, 2013, Geschlechterperspektiven auf Klimawandel und -politik, in: Hofmeister, Sabine / Katz, Christine / Mölders, Tanja (Hrsg.), Geschlechterverhältnisse und Nachhaltigkeit, Berlin, S. 235–244

Beermann, Marina, 2011, Vulnerabilitätsanalyse Fischwirtschaft, nordwest2050-Werkstattbericht, Nr. 7, Oldenburg

Beermann, Marina / **Schattke**, Hedda, 2009, Innovationspotenziale für die Ernährungswirtschaft – das Resilience-Konzept als Perspektivenwechsel, in: Antoni-Komar, Irene et al. (Hrsg.), Neue Konzepte der Ökonomik. Unternehmen zwischen Nachhaltigkeit, Kultur und Ethik, Marburg, S. 119–141

Beermann, Marina / **Schattke**, Hedda, 2010, Nutzung, Vermarktung und Kommunikation klimaangepasster Sorten in der Ernährungswirtschaft, in: Ländlicher Raum, 61. Jg., Nr. 3, S. 60

Bundesregierung, 2008, Deutsche Anpassungsstrategie an den Klimawandel, Berlin

Calar, Gülay / **Castro Varela**, María do Mar / **Schwenken**, Helene (Hrsg.), 2012, Geschlecht – Macht – Klima. Feministische Perspektiven auf Klima, gesellschaftliche Naturverhältnisse und Gerechtigkeit, Berlin

Fichter, Klaus / **Hintemann**, Ralph, 2010, Leitfaden Innovationspotenzialanalyse, nordwest2050-Werkstattbericht, Nr. 5, Oldenburg

Fichter, Klaus / **Schneider**, Tina, 2014, Wie Unternehmen den Folgen des Klimawandels begegnen. Ergebnisse einer Panelbefragung 2010 und 2012, nordwest2050-Werkstattbericht, Oldenburg (im Erscheinen)

Fichter, Klaus / **Hintemann**, Ralph / **Schneider**, Tina, 2013, Unternehmensstrategien im Klimawandel. Fallstudien zum strategischen Umgang von Unternehmen mit den Herausforderungen der Anpassung an den Klimawandel, nordwest2050-Werkstattbericht, Nr. 20, Oldenburg

Garrelts, Heiko et al., 2013, Vulnerabilität und Klimaanpassung. Herausforderungen adaptiver Governance im Nordwesten Deutschlands, nordwest2050-Werkstattbericht, Nr. 23, Oldenburg

Gleich, Arnim von et al., 2010, Resilienz als Leitkonzept. Vulnerabilität als analytische Kategorie, in: Fichter, Klaus et al. (Hrsg.), Theoretische Grundlagen für Klimaanpassungsstrategien, nordwest2050-Berichte, Nr. 1, Bremen, S. 13–49

Gößling-Reisemann, Stefan / **Stührmann**, Sönke / **Wachsmuth**, Jakob / **Gleich**, Arnim von, 2013, Climate Change and Structural Vulnerability of a Metropolitan Energy Supply System. The Case of Bremen-Oldenburg in Northwest Germany, in: Journal of Industrial Ecology, 17. Jg., Nr. 6, S. 846–858

Günther, Elmar / **Kirchgeorg**, Manfred / **Winn**, Monika, 2007, Resilience Management. Konzeptentwurf zum Umgang mit Auswirkungen des Klimawandels, in: Umweltwirtschaftsforum, 15. Jg., Nr. 3, S. 175–182

Holling, Crawford S., 1973, Resilience and stability of ecological systems, in: Annual Review in Ecology and Systematics, 23. Jg., Nr. 4, S. 1–23

Holling, Crawford S., 1986, Resilience of ecosystems. Local surprise and global change, in: Clark, William C. / Munn, Robert E. (Hrsg.), Sustainable Development of the Biosphere, Cambridge (UK), S. 292–317

Karczmarzyk, André / **Pfriem**, Reinhard (Hrsg.), 2011, Klimaanpassungsstrategien von Unternehmen, Marburg

Karlstetter, Nana, 2012, Unternehmen in Koevolution. Ein Regulierungsansatz für regionale Flächennutzungskonflikte, Marburg

Karlstetter, Nana / **Pfriem**, Reinhard, 2010, Bestandsaufnahme: Kriterien zur Regulierung von Flächennutzungskonflikten zur Sicherung der Ernährungsversorgung, nordwest2050-Werkstattbericht, Nr. 4, Oldenburg

Karlstetter, Nana / **Beermann**, Marina / **Akamp**, Marion, 2012, Innovationspotenzialanalyse im Cluster Ernährungswirtschaft, nordwest2050-Werkstattbericht, Nr. 16, Oldenburg

Karlstetter, Nana / **Gasper**, Rebecca / **Boules**, Caroline, 2013a, Klimaanpassung im Agrarsektor in Marylands Eastern Shore. Risiken, Wahrnehmungen und Kapazitäten im Vergleich mit Nordwestdeutschland, nordwest2050-Werkstattbericht, Nr. 21, Oldenburg

Karlstetter, Nana / **Oberdörffer**, Julia / **Scheele**, Ulrich, 2013b, Indikatorenentwicklung für skalenübergreifende Transformationsprozesse. Am Beispiel nachhaltige Klimaanpassung in der Landnutzung, Vortrag auf den 5. BUIS-Tagen „IT-gestütztes Ressourcen- und Energiemanagement" am 25.4.2013, http://www.arsu.de/sites/default/files/buis5_karlstetter_et_al_deutsch_.pdf [10.1.2014]

Kronsell, Annica, 2013, Gender and transition in climate governance, in: Environmental Innovation and Societal Transitions, 7. Jg., S. 1–15

Mesterharm, Michael, 2011, Regionale Vulnerabilitätsanalyse der Ernährungswirtschaft im Kontext des Klimawandels. Eine Wertschöpfungskettenbetrachtung der Milchwirtschaft in der Metropolregion Bremen-Oldenburg, nordwest2050-Werkstattbericht, Nr. 9, Oldenburg

Mesterharm, Michael / **Akamp**, Marion, 2011, Unternehmenskommunikation in der Wertschöpfungskette. Erkenntnisse aus der Forschung zur Klimaanpassung, in: Umweltwirtschaftsforum, 19. Jg., Nr. 3, S. 223–228

nordwest2050, 2013, Auricher Erklärung, erarbeitet auf der Fachtagung „Klimaangepasste Landnutzung im Nordwesten. Lösungsansätze rund um die Ernährungswirtschaft", http://www.nordwest2050.de/doc/nw2050_Auricher_Erklärung?unid=03f351c5ebf32b3cd0996baf204d5632 [24.6.2013]

Pfriem, Reinhard / **Beermann**, Marina / **Schattke**, Hedda, 2011, Nachhaltige Ernährungsverantwortung. Eine Herausforderung für Unternehmen und Kunden, in: Pfriem, Reinhard (Hrsg.), Eine neue Theorie der Unternehmung für eine neue Gesellschaft, Marburg, S. 243–270

Schuchardt, Bastian / **Wittig**, Stefan (Hrsg.), 2012, Vulnerabilität der Metropolregion Bremen-Oldenburg gegenüber dem Klimawandel (Synthesebericht), nordwest2050-Berichte, Nr. 2, Bremen

Schuchardt, Bastian / **Wittig**, Stefan / **Spiekermann**, Jan, 2011, Klimawandel in der Metropolregion Bremen-Oldenburg. Regionale Analyse der Vulnerabilität ausgewählter Sektoren und Handlungsbereiche, nordwest2050-Werkstattbericht, Nr. 11, Oldenburg

Wachsmuth, Jakob et al., 2012, Sektorale Vulnerabilität: Energiewirtschaft, in: Schuchardt, Bastian / Wittig, Stefan (Hrsg.), Vulnerabilität der Metropolregion Bremen-Oldenburg gegenüber dem Klimawandel (Synthesebericht), nordwest2050-Berichte, Nr. 2, Oldenburg, S. 95–112

Kapitel 8

Daniel Blobel[a] / Norman Dreier[b] / Sandra Enderwitz[c] / Christian Filies[d] /
Peter Fröhle[b] / Inga Haller[d] / Claudia Heidecke[e] / Jesko Hirschfeld[f] /
Judith Mahnkopf[g] / Gerald Schernewski[h] / Christian Schlamkow[i] /
Rieke Scholz[d] / André Schröder[f] / Andrea Wagner[e]

RADOST – Regionale Anpassungsstrategien für die deutsche Ostseeküste

Inhalt

1	Einleitung	148
2	Strategien und Optionen der Küstenschutzplanung für die deutsche Ostseeküste	152
2.1	Methodik im RADOST-Projekt	153
2.2	Ergebnisse	153
3	Tourismus und Strandmanagement	155
3.1	Auswirkungen des Klimawandels auf die touristische Ressource Strand	155
3.2	Anpassungsstrategien im Strandmanagement	156
4	Effekte landwirtschaftlicher Nährstoffeinträge auf die Gewässerqualität	158
4.1	Landwirtschaft in der Ostseeregion und Ist-Zustand der Nährstoffüberschüsse	158
4.2	Optionen zur Verbesserung der Gewässerqualität	160
5	Die deutschen Ostseehäfen und ihre Verwundbarkeit durch Wetterereignisse	160
5.1	Bisherige und erwartete Betroffenheit der deutschen Ostseehäfen durch den Klimawandel	161
5.2	Erfordernisse und Kapazitäten der Klimaanpassung in den deutschen Ostseehäfen	162
5.3	Entwicklung einer Anpassungsstrategie für die Lübecker Häfen	162
	Zusammenfassung	164
	Literatur	165

[a] Ecologic Institut. [b] Technische Universität Hamburg-Harburg, Institut für Wasserbau. [c] Christian-Albrechts-Universität Kiel. [d] EUCC – Die Küsten Union Deutschland e. V. [e] Johann Heinrich von Thünen-Institut, Bundesforschungsinstitut für Ländliche Räume, Wald und Fischerei. [f] Institut für ökologische Wirtschaftsforschung (IÖW). [g] Leibniz-Institut für Gewässerökologie und Binnenfischerei. [h] Leibniz-Institut für Ostseeforschung Warnemünde. [i] Universität Rostock, Fachgebiet Küstenwasserbau.

1 Einleitung

Das RADOST-Verbundprojekt (Laufzeit: Juli 2009 bis Juni 2014) beschäftigt sich mit Klimaanpassungsstrategien für die deutsche Ostseeküste. Damit ist eine Projektregion definiert, die sich über zwei Bundesländer – Mecklenburg-Vorpommern und Schleswig-Holstein – erstreckt. Schwerpunkte der Projektarbeit bilden die sechs „Fokusgebiete" Kieler Bucht, Lübecker Bucht, Rostock, Fischland-Darß-Zingst, Adlergrund/Lubmin und Oderästuar (Abbildung 8.1).

Aufbauen konnte das RADOST-Projekt auf Vorarbeiten wie der Klimawandelstudie des Landes Mecklenburg-Vorpommern (Ministerium für Wirtschaft, Arbeit und Tourismus Mecklenburg-Vorpommern, 2010) und dem langjährig laufenden Projekt IKZM-Oder (www.ikzm-oder.de), an denen jeweils mehrere der späteren RADOST-Projektpartner beteiligt waren. Hinzu kamen Kontakte zu einschlägigen Partnern in Schleswig-Holstein aus Forschung und Verwaltung. Die 18 Kernpartner des Projekts umfassen neben Forschungseinrichtungen auch Landesbehörden, Ingenieurbüros und eine Nichtregierungsorganisation. Darüber hinaus wurde ein Netzwerk von rund 150 weiteren Partnern – mehrheitlich aus Kommunalverwaltungen und aus der Wirtschaft – aufgebaut, die in Anwendungsprojekte eingebunden sind, als Referenten oder Diskutanten auf Veranstaltungen auftreten, als Abnehmer von Projektergebnissen an den Informationsflüssen teilhaben oder in anderer Weise mit dem Projekt in Austausch stehen.

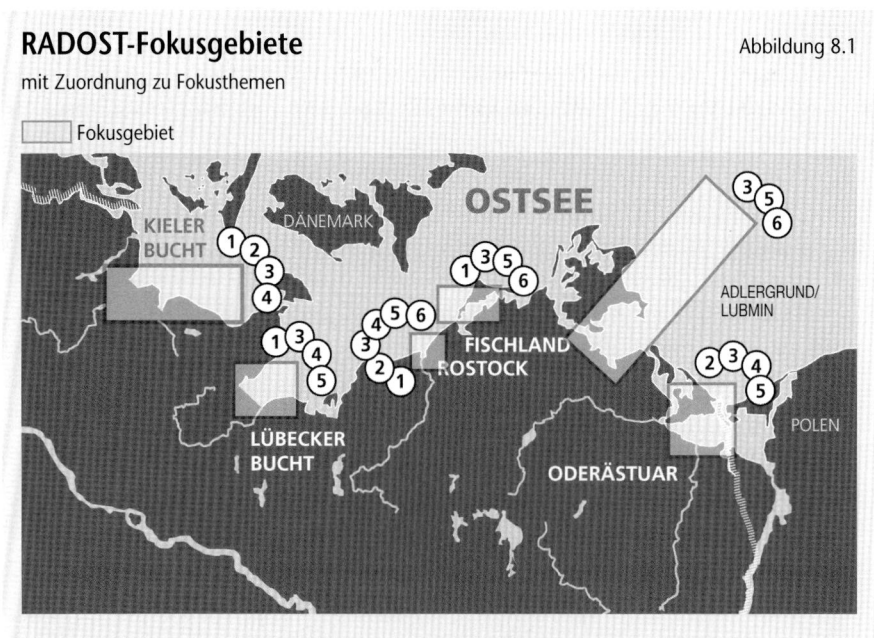

RADOST-Fokusgebiete — Abbildung 8.1
mit Zuordnung zu Fokusthemen

Fokusthemen: (1) Küstenschutz, (2) Tourismus und Strandmanagement, (3) Gewässermanagement und Landwirtschaft, (4) Häfen und maritime Wirtschaft, (5) Naturschutz und Nutzungen, (6) Erneuerbare Energien.
Quelle: Ecologic Institut

Struktur des RADOST-Projekts

Abbildung 8.2

```
                        RADOST Projektaufbau

  Akteure in              Modul 1:                      Modul 2:
  der Region      ↔    Netzwerk und Dialog     ↔     Natur-/Ingenieur-
(Netzwerkpartner)         (Ecologic)                wissenschaften (IÖW)

                  Küstenschutz (TUHH,   Häfen & maritime
                  URCE, StALU MM)       Wirtschaft (IÖW)
                                                             Modul 3:
                                                      ↔   Sozioökonomie (IÖW)
                  Tourismus &           Naturschutz &
                  Strand (EUCC-D)       Nutzungen (IfAÖ)
                                                             Modul 4:
                  Gewässer &            Erneuerbare    ↔   D/EU/international
                  Landwirtschaft (IÖW)  Energien (GICON)     (Ecologic)

              Modul 5: Informationsverbreitung (Ecologic)
```

Eigene Darstellung (Ecologic Institut)

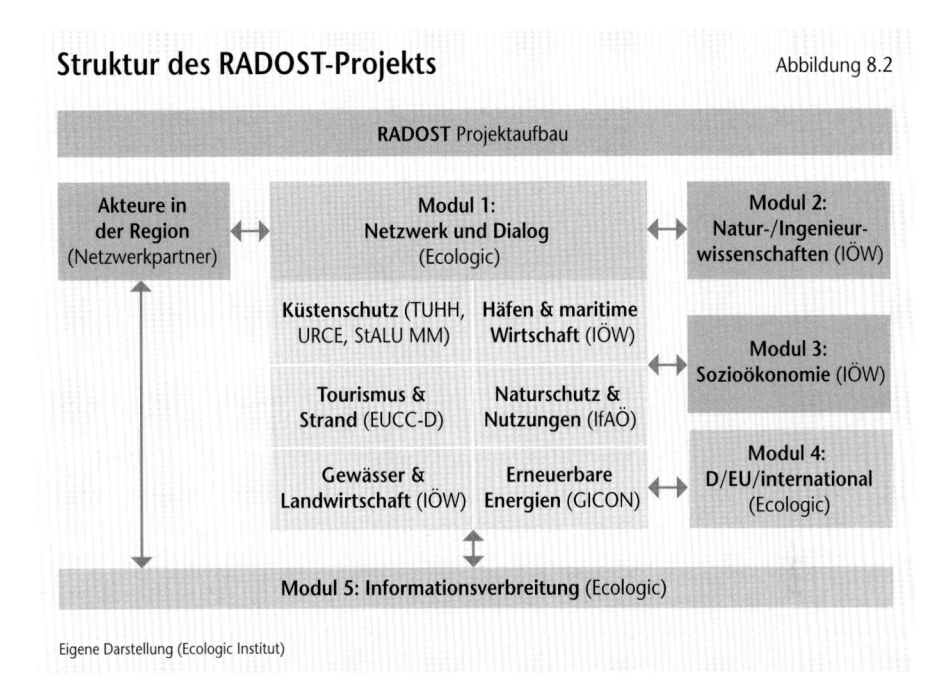

Um den Anwendungsbezug der Forschungsarbeiten sicherzustellen, wurde eine thematische Doppelstruktur gewählt (Abbildung 8.2): Als Modul 1 wurden Netzwerkbildung, Dialog und die Bearbeitung anwendungsorientierter Fragestellungen entlang von sechs „Fokusthemen" definiert, die vom Klimawandel betroffene und für die Region prägende Bereiche darstellen: Küstenschutz, Tourismus und Strandmanagement, Gewässermanagement und Landwirtschaft, Häfen und maritime Wirtschaft, Naturschutz und Nutzungen sowie Energie mit Schwerpunkt auf erneuerbaren Energien. Diesen Themen sind jeweils Anwendungsprojekte mit Praxispartnern zugeordnet. Stärker grundlagenorientierte Untersuchungen, die in die erwähnten Arbeitsbereiche einfließen, werden in den Modulen „natur- und ingenieurwissenschaftliche Forschung" (Modul 2) und „sozioökonomische Forschung" (Modul 3) geleistet.

Für die **natur- und ingenieurwissenschaftliche Forschung** (Modul 2) wurden drei Schwerpunktbereiche gewählt:

- Modellierungen von klimabedingten Veränderungen der Hydrodynamik (Wasserstände, Seegang, Strömungen) und daraus resultierenden Sedimenttransporten,
- Modellierungen zu Veränderungen der Gewässerqualität in Abhängigkeit vom Klimawandel und von Veränderungen der Landnutzung im Zusammenhang mit politischen Vorgaben und der allgemeinen weltwirtschaftlichen Entwicklung,
- Analysen der Entwicklung von Ökosystemen und Artengemeinschaften im Klimawandel; hierbei wurden Modellierungen des Klimawandels in Beziehung gesetzt zu bestehenden Kenntnissen über Lebensraumansprüche von Arten und zu umfangreichen vorhandenen Daten zum Vorkommen von Tieren des Gewässerbodens in der Region.

Im Rahmen der **sozioökonomischen Forschung** des RADOST-Projekts (Modul 3) wurde zunächst eine regionalwirtschaftliche Analyse zur Bedeutung ausgewählter Wirtschaftsbereiche für die Region vorgenommen. Darauf aufbauend zeigen sozioökonomische Basisszenarien denkbare Entwicklungen einzelner Sektoren unter Berücksichtigung des Klimawandels. Anhand von Input-Output-Analysen und von Kosten-Nutzen-Analysen sollen schließlich die Auswirkungen unterschiedlicher in RADOST erarbeiteter Anpassungsmaßnahmen abgeschätzt werden.

Zudem wurden – in weit stärkerem Umfang als zunächst vorgesehen – Akteursbefragungen durchgeführt, um die Bedürfnisse und Einstellungen der unterschiedlichen Akteursgruppen in der Region zu ermitteln. Über eine qualitative Analyse der öffentlichen und privaten Akteure mithilfe vertiefter Interviews hinaus (Hirschfeld et al., 2012; Knoblauch et al., 2012) wurde eine Umfrage unter 103 kommunalen Entscheidungsträgern statistisch ausgewertet (Martinez/Bray, 2011). Ergänzend wurden Befragungen in den Handlungsfeldern Tourismus und Hafenwirtschaft durchgeführt (vgl. die Abschnitte 3 und 5) und Informationen über bereits umgesetzte Anpassungsmaßnahmen in der Region erhoben (Stelljes, 2012).

Als eigenes Modul innerhalb der RADOST-Struktur wurde der **nationale und internationale Austausch** zu Fragen von Klimawandel und Anpassung über die Grenzen der Region hinweg etabliert (Modul 4). Der Schwerpunkt lag hier auf gemeinsamen Aktivitäten mit anderen Ostseeanrainerstaaten sowie mit Regionen an der Ostküste der USA. Anknüpfungspunkte innerhalb der Ostseeregion gab es durch eine Reihe von thematisch verwandten internationalen Vorhaben, oft mit direkter Beteiligung von RADOST-Partnern (wie BaltCICA, Baltadapt, BalticCompass oder BaltClim). Mit Unterstützung von RADOST wurde eine Veranstaltungsreihe mit Stationen in Deutschland, Polen und in baltischen Staaten organisiert, um zu erörtern, wie Klimadaten und Klimawissen für Entscheidungsträger auf der regionalen und der kommunalen Ebene besser zugänglich gemacht werden können (Circum Mare Balticum, www.ecologic-events.eu/cmb/home).

Als Partnerregion in den USA diente die Chesapeake Bay. Diese ist die größte Flussmündung der USA und weist naturräumliche Ähnlichkeiten mit dem Binnenmeer Ostsee auf. Der inhaltliche Schwerpunkt der Aktivitäten lag auf einem Austausch zum Thema Küstenschutz und zu den soziokulturellen Besonderheiten, welche die Problemwahrnehmung und die Herangehensweisen prägen (Martinez, 2012; Frick, 2013). So ist in den USA die Frage des menschengemachten Klimawandels einerseits immer noch in viel stärkerem Maße als hierzulande Gegenstand von Kontroversen. Andererseits rechnen Küstenschützer dort teilweise bereits mit einem stärkeren Meeresspiegelanstieg als die Behörden der deutschen Küstenländer (Henderson, 2012; Ecologic Institut, 2013, 82).

Das RADOST-Projekt hat von vornherein keine regionale Gesamtstrategie und keinen Masterplan zum Umgang mit dem Klimawandel angestrebt. Schon weil die Projektregion keine zusammenhängende Verwaltungseinheit bildet, bot sich diese Option nicht an. Stattdessen wurden Bewusstseinsbildung und Problemlösungsstrategien vor allem sektoral entlang der sechs Fokusthemen ausgerichtet. Soweit möglich wurden hierfür vorhandene Strukturen und Netzwerke genutzt (etwa die Arbeitsgruppen zur Umsetzung der Wasserrahmenrichtlinie), zum Teil wurden auch neue Strukturen geschaffen (etwa das in Abschnitt 3.2 näher vorgestellte „Klimabündnis Kieler Bucht").

Dennoch erschöpft sich das RADOST-Projekt nicht in einer bloß sektoralen Betrachtung entlang von etablierten Fachgebieten und Zuständigkeiten. Vielmehr ist es ein zentrales Anliegen, Akteure verschiedener Bereiche zusammenzubringen und den Dialog zwischen Fachgebieten, administrativen Ebenen sowie zwischen Wissenschaft, Entscheidungsträgern und der Öffentlichkeit zu fördern. Diesem Ziel dienten zahlreiche Veranstaltungen in unterschiedlichen Formaten, oft mit Workshop-Charakter. Nach den Jahreskonferenzen in Schwerin (2010) und Travemünde (2011) wurde im Jahr 2012 als neues Veranstaltungskonzept die RADOST-Tour realisiert: Mit 16 über die Region verteilten Fachworkshops und Abendveranstaltungen wurden die verschiedenen Zielgruppen – von Fachbehörden bis hin zu Bewohnern und Touristen der Region – innerhalb von zwei Wochen vor Ort aufgesucht.

Im Ergebnis ist RADOST – nach den Einschätzungen von Spitzenvertretern der am Projekt beteiligten Landesbehörden – „zu einem geflügelten Wort für den Küstenraum in Mecklenburg-Vorpommern geworden" (Meier, 2012) und dessen Netzwerke würden „ihrem Anspruch des Bottom-up- und Top-down-Informationsflusses umfassend und vollständig gerecht" (Vogel, 2013). Die Fördermaßnahme KLIMZUG habe wesentlich dazu beigetragen, dass die möglichen Folgen des Klimawandels zu einem gesamtgesellschaftlich akzeptierten Thema geworden seien und dass „die sich daraus ergebenden Herausforderungen auf kommunaler und politischer Ebene als Schwerpunktaufgaben deklariert wurden" (Meier, 2012). Ein Effekt gegenseitiger Verstärkung in der öffentlichen Wahrnehmung entstand durch eine Reihe von weiteren, thematisch verwandten Initiativen in der Region. Hierzu zählen die Klimaanpassungsprojekte der Planungsregionen Vorpommern (Regionaler Planungsverband Vorpommern, 2011) und Westmecklenburg (Regionaler Planungsverband Westmecklenburg, 2012) sowie die Entwicklung des „Fahrplans Anpassung" für Schleswig-Holstein (MLUR, 2011) und von Anpassungsstrategien der Städte Lübeck, Kiel und Rostock.

Neben dem durch RADOST geleisteten Zuwachs an Wissen, Bewusstsein, Kooperations- und Kommunikationsstrukturen wurde von beteiligten Akteuren allerdings immer wieder darauf hingewiesen, dass eine Weiterführung der Aktivitäten im wünschenswerten Umfang nicht allein aus den eigenen Ressourcen – beispielsweise denen von Kommunen und Fachbehörden – möglich ist. So wurden verbesserte Fördermöglichkeiten für kleinere Umsetzungsprojekte angemahnt, da bestehende Förderrichtlinien oftmals finanzielle Eigenbeteiligungen der Antragsteller in einem Umfang voraussetzen, den viele interessierte Akteure nicht aufbringen können. Im Küstenschutz kann ein Forschungsprojekt zwar helfen, den Einsatz von Mitteln zu optimieren, jedoch nichts daran ändern, dass der Klimawandel steigende finanzielle Aufwendungen erforderlich macht.

Im Folgenden werden Schlaglichter auf verschiedene Forschungsergebnisse des RADOST-Verbundprojekts in ausgewählten Fokusthemen geworfen.

2 Strategien und Optionen der Küstenschutzplanung für die deutsche Ostseeküste

Für den Küsten- und Hochwasserschutz sind die künftigen Entwicklungen der örtlichen Windverhältnisse, der Wasserstände, des Seegangklimas und der Strömungen sowie der Eisverhältnisse von besonderer Bedeutung. Um auch in Zukunft ein hohes Schutzniveau zu gewährleisten, werden die Küstenschutzanlagen in regelmäßigen Abständen einer Sicherheitsüberprüfung durch die zuständigen Küstenschutzbehörden unterzogen und an die gegebenenfalls veränderten Bedingungen angepasst.

In der Vergangenheit betrug der regionale Meeresspiegelanstieg in der südlichen Ostsee im Mittel rund 14 Zentimeter (KFKI, 2003). Systematische Änderungen in den Windverhältnissen über der Ostsee konnten nicht nachgewiesen werden (The BACC Author Team, 2008). Neuere wissenschaftliche Ergebnisse aus der Klima- und der Klimafolgenforschung deuten hin auf einen sich künftig verstärkenden regionalen Meeresspiegelanstieg im Vergleich zu den letzten 100 Jahren und zudem auf mögliche Veränderungen der Windverhältnisse. Hierbei unterscheiden sich die Projektionen jeweils nach dem verwendeten Modellansatz, dem gewählten Emissionsszenario sowie nach der Region und dem Zeithorizont. Global werden bis zum Jahr 2100 aktuell 28 bis 97 Zentimeter als wahrscheinliche Spannbreite für den Meeresspiegelanstieg angegeben (IPCC, 2013, 13 ff.). Hochaufgelöste regionale Szenarien für die deutsche Ostsee sind bislang nicht verfügbar. Es ist jedoch davon auszugehen, dass die Auswirkungen des Klimawandels auf die künftigen Wasserstände der südwestlichen Ostseeküste mindestens so stark sind wie im globalen Mittel.

Eine der Folgen des Meeresspiegelanstiegs ist die Zunahme der Häufigkeit von erhöhten Sturmflutwasserständen, da Sturmfluten auf ein höheres Ausgangsniveau des mittleren Wasserstands aufsetzen werden. Die Häufigkeit und die absolute Größenordnung der Belastungen von Küstenschutzanlagen wachsen demzufolge und die Sicherheit gegen Überflutung nimmt ab, sofern keine entsprechenden Anpassungsmaßnahmen getroffen werden. Zudem weisen bereits heute – ohne beschleunigten Meeresspiegelanstieg – mehr als zwei Drittel der deutschen Ostseeküste einen negativen Sedimenthaushalt mit entsprechender Erosion auf, sodass neben verstärkten Hochwasserschutzmaßnahmen zusätzlich regelmäßige Küstenschutzmaßnahmen zum Erosionsschutz erforderlich sind.

Als Folge der Veränderung von örtlichen Wasserständen und Windverhältnissen kommt es ferner zu einem veränderten Energieeintrag auf die Küsten, welcher zum einen die küstenparallelen Strömungen und zum anderen den Sedimenttransport und die resultierende morphologische Entwicklung der Küsten beeinflusst. An einigen Küstenabschnitten wird dies zu einer Intensivierung von Akkumulations- und/oder Erosionsprozessen führen.

Wesentliches Ziel beim RADOST-Fokusthema „Küstenschutz" ist es, in einem Dialog mit den regionalen Akteuren vor dem Hintergrund sich wandelnder klimatischer Bedingungen zukunftssichere und langfristige Strategien für den Schutz an der deutschen Ostseeküste zu erarbeiten. Als Grundlage für die Diskussionen wird analysiert, wie sich die Sicherheit bestehender Küstenschutzwerke unter veränderten hydrodynamischen Verhältnissen entwickeln wird. Darüber hinaus wird die mittel- und langfristige Anwendbarkeit der derzeit vorherrschenden Küstenschutzbauwerke und -konzeptionen bewertet.

2.1 Methodik im RADOST-Projekt

Für die Entwicklung von Anpassungsstrategien wird der Ausbauzustand der gegenwärtigen Sturmflut- und Küstenschutzsysteme berücksichtigt und es wird auf der Grundlage von Sensitivitätsanalysen eine Priorisierung einzelner Küstenabschnitte oder Küstenschutzmaßnahmen vorgenommen. Des Weiteren werden Handlungszeiträume und -spielräume bewertet. In Sensitivitätsanalysen erfolgt zunächst die prinzipielle Einschätzung der Wirksamkeit und Leistungsfähigkeit von typischen Küstenschutzbauwerken unter den derzeitigen sowie unter veränderten hydrodynamischen Bedingungen. Auf Grundlage von Erkenntnissen der natur- und ingenieurwissenschaftlichen Forschung in RADOST zu den möglichen meteorologischen und hydrodynamischen Veränderungen von Seegang, Wasserstand und Strömungen erfolgt dann eine funktionelle Sicherheitsüberprüfung der Küstenschutzanlagen in Fallstudien der RADOST-Fokusgebiete (vgl. Abschnitt 1, Abbildung 8.1).

In Zusammenarbeit mit den Küstenschutzbehörden werden parallel die Strategien für den Küsten- und Hochwasserschutz überarbeitet und mögliche Anpassungsmaßnahmen für typische Küstenschutzbauwerke entwickelt. Die Umsetzung lokaler Maßnahmen wird dann im Rahmen des RADOST-Anwendungsprojekts „Vorarbeiten für eine Fachplanung zum Schutz sandiger Küsten" fachlich diskutiert.

Um auf der lokalen Ebene mögliche Veränderungen bei der Küstenerosion und der morphologischen Entwicklung abzuschätzen, werden Veränderungen des Sedimenttransports an der deutschen Ostseeküste analysiert und deren Auswirkungen auf die Küstenmorphologie bewertet. Ferner wird seit Juni 2011 in Kooperation mit dem Staatlichen Amt für Landwirtschaft und Umwelt Mittleres Mecklenburg ein Langzeit-Monitoring im Küstenvorfeld von Rostock-Warnemünde durchgeführt. Dieses dient dazu, zusätzliche Erkenntnisse über die Entwicklung der Hydrodynamik und über daraus resultierende Änderungen der Morphologie zu gewinnen und den Entwurf und die Planung von Küstenschutzanlagen in der Region zu verbessern.

2.2 Ergebnisse

RADOST-Szenarien

Die in RADOST erstellten Szenarien zeigen mögliche Entwicklungen des Wasserstands sowie des Seegangs im Tiefwasser für mittlere und extreme Ereignisse auf. Die mittleren Veränderungen zum Ende des 21. Jahrhunderts sind in Tabelle 8.1 zusammengefasst.

Die Ergebnisse stammen aus Untersuchungen der Veränderungen des lokalen Seegangs auf der Basis von Winddaten des regionalen Klimamodells COSMO-CLM (Rockel et al., 2008; Lautenschlager et al., 2009a bis 2009f; 2011).

Wirksamkeit und Leistungsfähigkeit von Küstenschutzbauwerken

Auf Grundlage der dargestellten Szenarien wurden die Wirksamkeit und die Leistungsfähigkeit von für die deutsche Ostseeküste typischen Küstenschutzbauwerken wie

RADOST-Szenarien[1]

Tabelle 8.1

Szenario	Meeresspiegelanstieg	30-Jahresmittel der signifikanten Wellenhöhe[2] und mittleren Wellenanlaufrichtung	Extreme Wellenhöhen (statistisches Wiederkehrsintervall: 200 Jahre)
Moderat	+0,3 Meter	Keine signifikanten Änderungen	Keine signifikanten Änderungen
Mittel	+0,6 Meter	+2 Prozent geringe Änderungen der Wellenanlaufrichtungen (+2 Prozent häufiger aus W-NW, −2 Prozent seltener aus N-NE)	+10 Prozent
Hoch	+0,9 Meter	+5 Prozent signifikante Änderungen der Wellenanlaufrichtungen (+4 Prozent häufiger aus W-NW, −4 Prozent seltener aus N-NE)	+15 Prozent

N: Nord; NW: Nordwest; NE: Nordost; W: West. [1] Im Mittel zu erwartende Veränderungen von Wasserstand, Wellenhöhen und Wellenanlaufrichtungen im Tiefwasser zum Ende des 21. Jahrhunderts (ortsabhängig können sich andere Werte ergeben, vgl. Schlamkow et al., 2012). [2] Die signifikante Wellenhöhe ist definiert als der Mittelwert des obersten Drittels der Wellenhöhen.
Quelle: Institut für Wasserbau an der Technischen Universität Hamburg-Harburg

Küstenschutzdünen, Deichen, Deckwerken und Ufermauern untersucht. Die betrachteten Bauwerke sind für die aktuellen Bemessungsereignisse (Bemessungswasserstand und -seegang) ausgelegt und diesbezüglich auch wirksam und sicher. Bei gutem Unterhaltungszustand widerstehen sie im Allgemeinen auch einem moderaten Anstieg des mittleren Wasserstands von bis zu 30 Zentimetern, auch wenn die Versagenswahrscheinlichkeit dann natürlich zunimmt.

Die Leistungsfähigkeit der Küstenschutzanlagen sinkt jedoch ab einem Anstieg des Wasserstands von etwa 60 Zentimetern deutlich. Steigt der Wasserstand über diesen Wert hinaus, sind Maßnahmen zur Verstärkung der Konstruktion erforderlich, damit es nicht zu Schäden an den Anlagen kommt. Oder es sind generell anders konstruierte Anlagen einzusetzen.

Entwicklung von Anpassungsstrategien und -maßnahmen

In Anlehnung an Dronkers et al. (1990) lassen sich grundsätzlich folgende Anpassungsstrategien unterscheiden, die den Küsten- und Hochwasserschutz auch für die Zukunft gewährleisten können:

- Linie halten (Aufrechterhalten der derzeitigen Küstenschutzstrategie),
- Linie seewärts vorverlegen (seeseitige Anpassung der Küstenschutzanlagen),

- beschränktes Eingreifen (lokal erhöhte Aufwendungen an Küstenschutzanlagen) und
- Linie landwärts zurückverlegen (gegebenenfalls Rückzug aus gefährdeten Gebieten).

Diese generellen Strategien wurden auf die oben aufgeführten typischen Küsten- und Hochwasserschutzanlagen angewendet. Verschiedene mögliche Maßnahmen wurden im Detail entwickelt (Fröhle, 2012) und mit den Küstenschutzbehörden diskutiert, um eine Bewertung vorzunehmen.

Für Anpassungsaktivitäten gilt, dass es keine universelle Strategie zur Anpassung gibt. Entsprechend den regionalen Gegebenheiten ist beispielsweise zu berücksichtigen, welcher Flächenbedarf für den Küsten- und Hochwasserschutz einerseits und für die Nutzung der Küste (touristische Infrastruktur etc.) andererseits besteht. Zur Prüfung der Durchführbarkeit von Maßnahmen gehört neben Kosten-Nutzen-Betrachtungen auch die Untersuchung der Bauwerkseffekte, um großräumige nachteilige Entwicklungen benachbarter Küstenabschnitte zu minimieren. Aufgrund der Schwierigkeiten bei der Umsetzung der Maßnahmen ist es notwendig, die lokalen Entscheidungsträger möglichst frühzeitig in die Planung und Erarbeitung eines integrierten Küsten- und Hochwasserschutzkonzepts einzubeziehen. Großes Potenzial für die Zukunft kann in der landschaftsplanerisch geschickten Eingliederung von Küsten- und Hochwasserschutzanlagen in die vorhandenen Strukturen liegen. Ebenfalls zukunftsträchtig ist die Entwicklung flexibler, modifizierbarer oder reversibler Anpassungsmaßnahmen (sogenannte No-Regret-Maßnahmen).

3 Tourismus und Strandmanagement

Das Klima zählt zu den wichtigsten Faktoren für den Tourismus. Klimaveränderungen werden daher auch auf den Tourismus an der deutschen Ostseeküste Auswirkungen haben. Einige der heute diskutierten Einflüsse wecken vielerorts die Hoffnung auf optimierte Tourismusbedingungen und stabile oder gar steigende Gästezahlen. Denkbare Risiken werden hingegen oftmals als unsicher oder als in weiter Ferne liegend wahrgenommen. Besonders für den Küstenbereich kann sich jedoch durchaus ein zeitnaher Anpassungsbedarf ergeben.

3.1 Auswirkungen des Klimawandels auf die touristische Ressource Strand

Sandtransport durch Wind, Wellen und küstennahe Strömungen gehört zur natürlichen Küstendynamik. Wie in Abschnitt 2 zum Küstenschutz ausgeführt, können erhöhte Wasserstände und geänderte Windverhältnisse jedoch Einfluss nehmen auf vorherrschende Sedimenttransportprozesse. RADOST-Projektergebnisse zeigen eine Geschwindigkeitsveränderung von Wind und Wellen von bis zu 7 Prozent (Dreier et al., 2012) und damit einhergehend eine Zunahme der Transportkapazität von West nach Ost. Je nach Lage und Ausrichtung der Strände kann es zu verstärkter Anlandung oder Abtragung von Sand kommen. Extremwetterereignisse wie Sturmfluten und Starkregen können zudem Bestandteile strandnaher Infrastruktur wie Rad- und Wanderwege oder Seebrücken schädigen.

Der Druck auf die Küste erfolgt nicht nur vom Meer her, sondern auch landseitig durch eine steigende touristische Nutzung. Heutige Reiseregionen im Mittelmeerraum könnten durch wachsende klimatische Erwärmung an Attraktivität verlieren. Die Welttourismusorganisation sieht deshalb die Länder in gemäßigten Breiten aus touristischer Sicht als mögliche Profiteure des Klimawandels (Simpson et al., 2008, 12). Durch einen Anstieg der durchschnittlichen Sommertemperaturen an der Ostseeküste zwischen 1,9 und 5,1 Grad Celsius bis zum Jahr 2100 ergibt sich – je nach eintretendem Szenario – eine Zunahme der Sommertage mit Lufttemperaturen über 25 Grad Celsius von vier bis 38 Tage (Norddeutsches Klimabüro, 2012, 35) und mit ihr eine Verlängerung der Badesaison.

3.2 Anpassungsstrategien im Strandmanagement

Der Strand ist für viele touristisch geprägte Gemeinden entlang der deutschen Ostseeküste eine wichtige Ressource. Er bietet Raum für Freizeitaktivitäten wie Spaziergänge, Sport und Sonnenbaden und bildet zudem ein wertvolles Ökosystem. Die Vielfalt und Intensität seiner Nutzung machen ein umfassendes Management erforderlich (Haller et al., 2011, 71). Aufgrund der Ungewissheiten über die tatsächlichen Ausprägungen und Folgen des Klimawandels und der unterschiedlichen Gegebenheiten vor Ort sollten auf regionaler oder kommunaler Ebene Anpassungskonzepte entwickelt werden, welche die Vulnerabilität und die Anpassungskapazität einzelner Küstenabschnitte berücksichtigen.

Zusammenarbeit mit Küsten- und Naturschutz

Einige bereits angewandte Strategien und Maßnahmen im Küsten- und Naturschutz haben indirekt Auswirkungen auf die Strände und sind somit auch für den Tourismus und das Strandmanagement von Bedeutung. So werden Sandvorspülungen in erster Linie durchgeführt, um die Sicherheit der hinter Dünen oder Deichen liegenden Gemeinden zu gewährleisten; sie wirken sich jedoch auch positiv auf den Badetourismus aus. Sollten Sandvorspülungen durch eine Zunahme von Sturmfluten oder von Erosion häufiger notwendig werden, könnten sie in Zukunft auch aus rein touristischer Sicht durchgeführt und mit Tourismuseinnahmen finanziert werden, solange sie ökologisch vertretbar sind. Im Gegensatz dazu stehen Maßnahmen, die den Erhalt der natürlichen Schutzfunktion der Küste zum Ziel haben und aktives Management langfristig reduzieren (Rupp-Armstrong/ Nicholls, 2007). Hierzu zählt beispielsweise die Renaturierung künstlich befestigter Küstenabschnitte und dahinter liegender Feuchtgebiete. Am Hütelmoor bei Rostock wurde so durch die Verbindung von Küsten- und Naturschutz eine natürliche Überschwemmungszone zurückgewonnen, die im Vergleich zu künstlichen Schutzmaßnahmen kosteneffizienter ist und den Druck auf marine Sandressourcen reduziert (Weisner/Schernewski, 2013, 1967).

Anpassungsansätze für intensiv genutzte Strände

Im Zuge steigender Touristenzahlen steht Strandabschnitten, die bereits heute stark genutzt werden, eine weitere Nutzungsintensivierung bevor. Mögliche Anpassungsmaßnahmen umfassen die Zonierung sportlicher Aktivitäten, eine bessere Besucherlenkung (auch ins Küstenhinterland) oder den Ausbau bestehender Infrastruktur unter Nachhaltigkeitsgesichtspunkten. So könnten Temperaturerhöhungen etwa Schattenspender, Trinkwasser und Duschen im Strandbereich erfordern.

Wahrnehmung und Informationsvermittlung

Eine im Rahmen von RADOST durchgeführte Wahrnehmungsanalyse ergab, dass die Mehrheit der Ostsee-Badegäste sich bislang kaum mit der natürlichen Küstenentwicklung oder mit möglichen klimabedingten Veränderungen der Küste auseinandergesetzt hat. Informationen dazu werden jedoch durchaus gewünscht (Hallermeier, 2011, 46 ff.). Verbreitung von Wissen und Bewusstseinsbildung sollten also ein zentraler Aspekt in neuen Anpassungsstrategien sein. Eine allgemeinverständliche und interessante Aufbereitung von Informationen spielt eine entscheidende Rolle. Der im September 2012 eröffnete, als RADOST-Anwendungsprojekt realisierte Klimapavillon am Strand von Schönberg bei Kiel (Abbildung 8.3) ist daher als Infotainment-Angebot konzipiert. Ein etwa sechs Quadratmeter großes Modell der Küste der Probstei visualisiert Küstenveränderungen, auch solche, die eine Folge des Klimawandels sind. Erbaut wurde das Modell vom Hamburger Miniatur Wunderland, dessen Bekanntheit dem Pavillon ein mediales Interesse garantiert, sodass eine breite Öffentlichkeit für das Thema sensibilisiert werden kann. Informationstafeln liefern wissenschaftliche Erläuterungen, „Kinderecken" halten bunt illustrierte Rätsel für die jungen Besucher des Pavillons bereit.

Das Klimabündnis Kieler Bucht

Handlungsfelder wie Küstenschutz und klimaangepasstes Strandmanagement sind für einzelne Gemeinden schwer zu bewältigen. Häufig fehlt es an Fachwissen und noch öfter an ökonomischen und personellen Ressourcen (Koerth/Sterr, 2012, 9 ff.). Hier leistet

Klimapavillon Schönberg — Abbildung 8.3

Quelle: Ecologic Institut (Karin Beese)

seit dem Jahr 2010 das ebenfalls als RADOST-Anwendungsprojekt gestartete, interkommunale „Klimabündnis Kieler Bucht" einen Beitrag (www.klimabuendnis-kieler-bucht.de). Kommunale Entscheidungsträger werden in den genannten Schwerpunkten sensibilisiert und der Dialog mit Fachbehörden und Tourismusverbänden wird intensiviert. Ziel ist die Initiierung von Anpassungsmaßnahmen auf dem Weg zu einer klimabewussten Modellreiseregion. Angesiedelt am Geographischen Institut der Universität zu Kiel sorgt das Bündnis für einen kontinuierlichen Austausch zwischen Praxis und Wissenschaft.

4 Effekte landwirtschaftlicher Nährstoffeinträge auf die Gewässerqualität

Die Landwirtschaft hat einen erheblichen Anteil an der Verschmutzung der Gewässer in Deutschland; 70 bis 80 Prozent der Nitrateinträge gelangten im Jahr 2005 überwiegend durch die von landwirtschaftlichen Flächen gespeisten Wege in die Oberflächengewässer. Im Gegenzug nahmen punktuelle Einträge, beispielsweise durch Kläranlagen, in den letzten zwei Jahrzehnten deutlich ab (BMU/BMELV, 2012). Im Rahmen von RADOST wird untersucht, inwieweit die landwirtschaftliche Produktion in der Ostseeregion zur Belastung der Gewässer beiträgt, wie sich die Landwirtschaft vor dem Hintergrund klimatischer Veränderungen und des globalen Wandels in Zukunft entwickeln wird und wie dies die Ziele der Wasserrahmenrichtlinie und des Baltic Sea Action Plan beeinflussen kann. Anhand von Szenarioanalysen konnte festgestellt werden, dass politisch induzierte Veränderungen (wie etwa künftige Landnutzungsänderungen) einen größeren Einfluss auf den Nährstoffhaushalt und das Ökosystem der Ostsee haben als der Klimawandel.

Es werden die landwirtschaftlichen Strukturen und ihre Auswirkungen auf die Stickstoffüberschüsse, die zu einer Gewässerbelastung führen können, untersucht und deren Einfluss auf die Belastung der Gewässer und der Küstenregion analysiert. Im Rahmen des RADOST-Modellverbunds werden dazu das Agrarsektormodell RAUMIS (Henrichsmeyer et al., 1996), das Nährstoffemissionsmodell MONERIS (Venohr et al., 2011) sowie das Ostsee-Ökosystemmodell ERGOM-MOM (Friedland et al., 2012) miteinander gekoppelt.

4.1 Landwirtschaft in der Ostseeregion und Ist-Zustand der Nährstoffüberschüsse

Die rund 30.000 Quadratkilometer des Ostseeeinzugsgebiets in Deutschland sind von der Landwirtschaft geprägt; über 70 Prozent der Fläche werden landwirtschaftlich genutzt, davon fast 80 Prozent für den Ackerbau. Durch die Verabschiedung des Erneuerbare-Energien-Gesetzes wurden in den letzten Jahren zunehmend Energiepflanzen angebaut. Dies führte dazu, dass speziell der Anbau von Silomais zur Verwendung in Biogasanlagen auch in der Ostseeregion zugenommen hat. Die resultierenden Gärsubstrate führen zu zusätzlichen Nährstoffaufträgen auf die Felder.

Auf Basis der landwirtschaftlichen Flächennutzung und der Tierhaltung werden mithilfe eines Agrarsektormodells konsistente Nährstoffüberschüsse auf Kreisebene (für Mecklenburg-Vorpommern) beziehungsweise auf Gemeindeebene (für Schleswig-Holstein) gerechnet. Dabei werden die Stickstoffeinträge über Wirtschaftsdüngeranfall, Mineraldüngereinsatz, Gärreste und sonstige Stickstoffbindungen den Stickstoffausträgen über das Erntegut und den Ammoniakverlusten gegenübergestellt. Die Stickstoffüberschüsse sind regional unterschiedlich (Abbildung 8.4a). Gerade im äußeren Westen des Einzugsgebiets liegen die Stickstoffüberschüsse teilweise bei über 100 Kilogramm pro Hektar landwirtschaftlich genutzte Fläche, vor allem durch die intensive Viehhaltung in der Region.

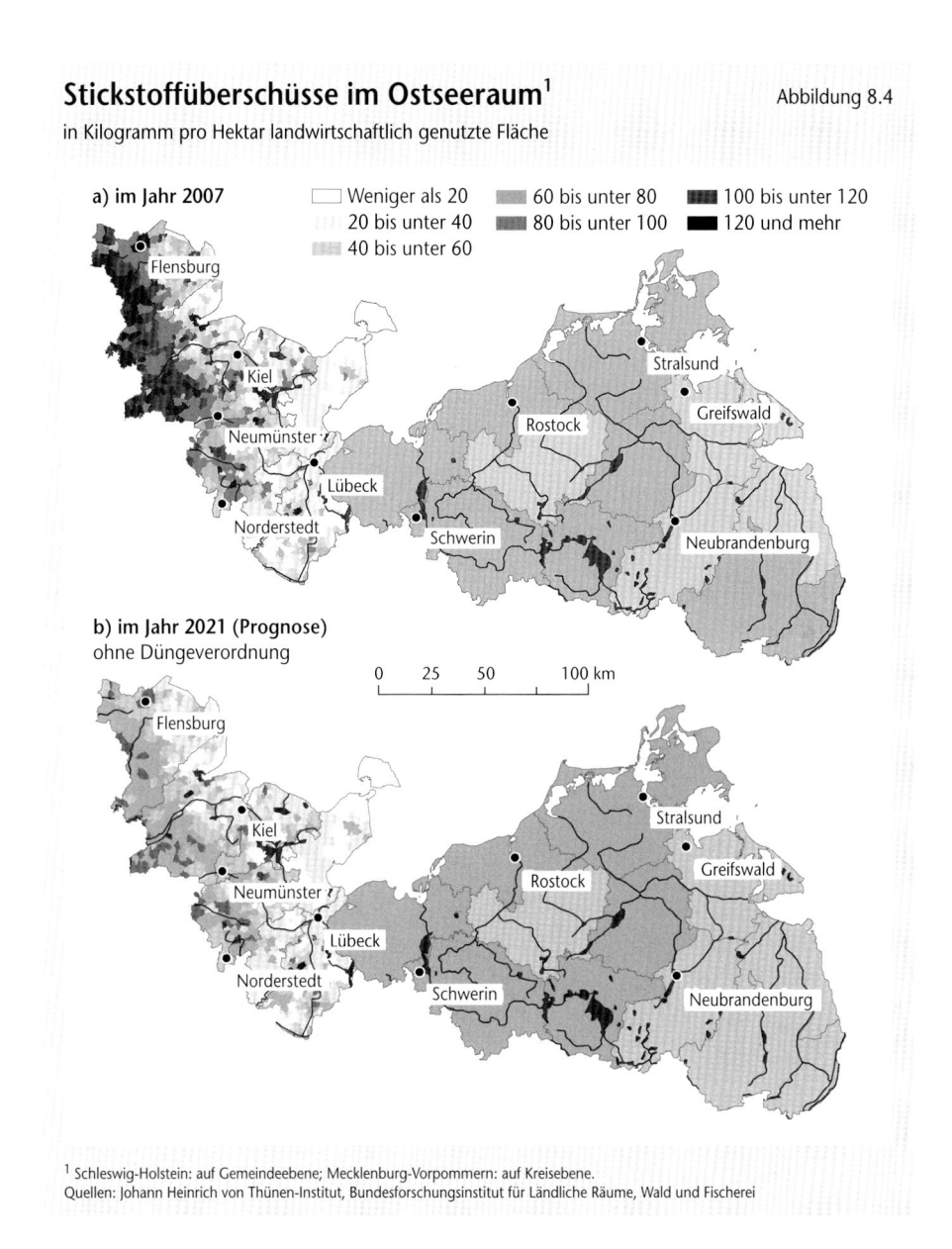

Stickstoffüberschüsse im Ostseeraum[1]   Abbildung 8.4
in Kilogramm pro Hektar landwirtschaftlich genutzte Fläche

a) im Jahr 2007

- Weniger als 20
- 20 bis unter 40
- 40 bis unter 60
- 60 bis unter 80
- 80 bis unter 100
- 100 bis unter 120
- 120 und mehr

b) im Jahr 2021 (Prognose)
ohne Düngeverordnung

[1] Schleswig-Holstein: auf Gemeindeebene; Mecklenburg-Vorpommern: auf Kreisebene.
Quellen: Johann Heinrich von Thünen-Institut, Bundesforschungsinstitut für Ländliche Räume, Wald und Fischerei

Für die Einträge in die Gewässer und für das Erreichen der Bewirtschaftungsziele bis zum Jahr 2015 beziehungsweise 2021 ist die weitere Entwicklung der Stickstoffüberschüsse entscheidend. Besonders Markt- und Preisentwicklungen und politische Vorgaben der Gemeinsamen Agrarpolitik der EU sowie auf nationaler Ebene – wie zum Beispiel die Umsetzung der Düngeverordnung im Rahmen der Nitratrichtlinie – haben bedeutende Einflüsse auf die landwirtschaftliche Flächennutzung und damit auf die Nährstoffüberschüsse. Diese Einflüsse gehen in die Analysen einer Baseline bis zum Jahr 2021 ein (Abbildung 8.4b). Insgesamt sinken die Stickstoffüberschüsse demnach bis zum Jahr 2021, wobei nach den Berechnungen einige Kreise und Gemeinden in beiden genannten Bundesländern die Düngeverordnung nicht einhalten können und weitere Maßnahmen erforderlich sind.

4.2 Optionen zur Verbesserung der Gewässerqualität

Um die Vorgaben der Wasserrahmenrichtlinie (WRRL) erreichen zu können, werden zusätzliche Anstrengungen nötig sein. Diese sollten kosteneffizient sein und zur Zielerreichung beitragen (EG, 2000). Im Rahmen des Projekts RADOST werden unterschiedliche Maßnahmen seitens der Landwirtschaft und darüber hinaus untersucht. In der Landwirtschaft ist insbesondere die Umsetzung der Düngeverordnung relevant, da sie zur Verminderung von Nährstoffüberschüssen beitragen kann, sowie weitere flächenbezogene Maßnahmen (Anbau von alternativen Pflanzensorten, Zwischenfruchtanbau, verbesserte Gülletechniken, Extensivierung von Grünland etc.). Die Anlage von Retentionsbecken und deren Auswirkungen auf Nährstoffeinträge werden im Rahmen von RADOST ebenfalls untersucht.

In manchen deutschen Einzugsgebieten wird es schwer, die für eine gute Gewässerqualität (gemäß WRRL) in der Ostsee und den angrenzenden Küstengewässern erforderliche Reduktion der Nährstofffrachten zu realisieren. Daher müssen ergänzende Maßnahmen in den Gewässern selbst erwogen werden. Besonders erfolgversprechend sind Strategien, die neben einer Retention von Nährstoffen noch einen weiteren Nutzen erbringen. Die Anlage von Muschelfarmen (Schernewski et al., 2012) ist ein gutes Beispiel, weil sich dadurch Nährstoffe entziehen lassen, die Trübung des Wassers vermindert wird und zudem ein hochwertiges, eiweißreiches Nahrungsmittel auf nachhaltige Weise produziert werden kann. Der Klimawandel verbessert die Bedingungen für Muschelfarmen in den Küstengewässern der Ostsee (Klamt/Schernewski, 2013).

5 Die deutschen Ostseehäfen und ihre Verwundbarkeit durch Wetterereignisse

Die deutschen Ostseehäfen sind mit ihrer starken Ausrichtung auf den ostseeinternen Güter- und Passagierverkehr das zentrale Tor der deutschen Wirtschaft zu den skandinavischen und den baltischen Staaten sowie nach Russland und Polen. Neben ihrer Bedeutung als Knotenpunkte internationaler Transportketten sind sie zugleich wichtige Dienstleistungs- und Industriestandorte.

Die große Relevanz der Seehäfen im globalen Güterverkehr zeigt, wie wichtig die Erhaltung ihrer Funktionsfähigkeit für die regionale und erst recht für die globale Wirtschaftsentwicklung ist. Der fortschreitende Klimawandel wirft jedoch zunehmend die Frage auf, wie stark die Funktionsfähigkeit der Seehäfen in Zukunft gefährdet ist. Die im RADOST-Verbundprojekt gewonnenen Erkenntnisse sollen dazu dienen, in Zusammenarbeit mit den Häfen Bausteine für eine Anpassungsstrategie zu entwickeln, die sowohl die Chancen des Klimawandels nutzt als auch die mit ihm verbundenen Risiken reduziert.

Im Folgenden wird eine Einschätzung zur bisherigen und zur erwarteten Betroffenheit der deutschen Ostseehäfen durch den Klimawandel abgegeben. Diese beruht auf einer schriftlichen Befragung der Betreiber von zehn deutschen Ostseehäfen und auf den Aussagen von Akteuren der Hafenwirtschaft auf mehreren Workshops und in Interviews im Rahmen des RADOST-Projekts. Es folgen Ausführungen zu den Erfordernissen und den Kapazitäten der Häfen hinsichtlich der Umsetzung von Anpassungsmaßnahmen. Abschließend wird ein Einblick in die gegenwärtige Erarbeitung einer Anpassungsstrategie für die öffentlichen Lübecker Häfen an den Klimawandel gegeben.

5.1 Bisherige und erwartete Betroffenheit der deutschen Ostseehäfen durch den Klimawandel

Die deutschen Ostseehäfen werden aufgrund ihrer Lage im Übergangsbereich von Land und See seit jeher von extremen Wetterlagen wie Stürmen und Sturmhochwassern heimgesucht. In den vergangenen 15 Jahren verzeichneten alle größeren deutschen Ostseehäfen Schäden und Betriebsstörungen durch Wetterereignisse, vor allem durch Stürme, aber auch durch Starkregen, Hochwasser und Eisgang.

Eine besondere Gefährdung für die Häfen stellen schwere Sturmhochwasser dar. Im vergangenen Jahrhundert kam es in der südwestlichen Ostsee zweimal zu Ereignissen mit einem maximalen Scheitelwasserstand von zwei und mehr Metern über Normalnull (NN). Sturmhochwasser könnten in Zukunft häufiger die Schwelle von zwei Metern über NN überschreiten, da sie durch den Meeresspiegelanstieg von einem zunehmend höheren Ausgangsniveau auflaufen. So würde das schwere Sturmhochwasser von 1904/05 mit einem damals in Lübeck gemessenen maximalen Scheitelwasserstand von 2,09 Metern über NN heutzutage, allein durch den höheren Meeresspiegel, mit einem maximalen Scheitelwasserstand von über 2,25 Metern über NN auflaufen. Bei einem solchen Ereignis rechnen sieben der zehn im Sommer 2012 befragten deutschen Ostseehäfen mit Schäden. Ein Teil dieser Häfen würde vermutlich sogar schwere Schäden verzeichnen, wenn man berücksichtigt, dass in den vergangenen 15 Jahren vier der zehn befragten Häfen nach eigenen Angaben schwere Schäden durch weniger starke Sturmhochwasser (weniger als zwei Meter über NN) erlitten haben.

Schäden und/oder Betriebsstörungen in den Häfen können dazu führen, dass die An- und Ablieferung von Gütern zeitweise unterbrochen wird. Nach eigenen Angaben würden bei einer Unterbrechung der An- und Ablieferung von Gütern von 18 befragten Unternehmen 22 Prozent bereits nach einem Tag und 39 Prozent nach drei Tagen nicht mehr voll arbeits- und produktionsfähig sein (Schröder et al., 2013, 19). Neben direkten Schäden an Infrastrukturen (Verkehrswege, Ver- und Entsorgungsanlagen, Kaimauern etc.) und Suprastrukturen (Hafengebäude, Krane, Rampen etc.) drohen somit bei einem schweren Sturmhochwasser Schäden auch durch Produktionsausfälle in den ansässigen Unternehmen.

Risiken, aber auch Chancen können sich für die Häfen darüber hinaus aus einer Veränderung der Temperatur-, Niederschlags- und Windregime ergeben. So könnten ostwindexponierte Häfen von einer möglichen Abnahme von Winden aus Ost durch einen geringeren Wellengang und eine geringere Sedimentation profitieren. Westwindexponierte Häfen dagegen müssen durch die mögliche Zunahme von Westwinden voraussichtlich höhere Aufwendungen für das Freihalten der Hafenzufahrten und -becken einkalkulieren. Gibt es künftig mehr warme und heiße Tage, kann dies zudem die Kühllast in den Häfen erhöhen. Eine Verringerung der Zahl der Eistage würde hingegen die Aufwendungen für das Freihalten der Verkehrsflächen in den Häfen deutlich reduzieren.

5.2 Erfordernisse und Kapazitäten der Klimaanpassung in den deutschen Ostseehäfen

In etwa der Hälfte der größeren deutschen Ostseehäfen wurden nach deren Angaben die Folgen des Klimawandels bereits diskutiert. Eine systematische Analyse der eigenen Verwundbarkeit ist bislang allerdings eher die Ausnahme als die Regel. In Anbetracht der großen wirtschaftlichen Bedeutung der Häfen und der wachsenden Eintrittswahrscheinlichkeit schwerer Sturmhochwasser sollten daher auch diejenigen Häfen die Folgen des Klimawandels thematisieren, die dies bislang nicht als notwendig erachteten.

Die den Häfen vorliegenden Informationen zu möglichen Folgen des Klimawandels weisen häufig breite Spannweiten auf und sind für die konkrete Planung von Anpassungsmaßnahmen nicht einfach zu interpretieren. Hier sind speziell die Wissenschaft sowie planende und beratende Ingenieure gefordert, Unsicherheiten in den Aussagen zu reduzieren, einen angemessenen Umgang mit Unsicherheiten zu vermitteln sowie die wissenschaftlichen und praktischen Erkenntnisse für die Häfen zugänglicher aufzubereiten und gezielter zu verbreiten.

Da etwa die Hälfte aller befragten deutschen Ostseehäfen in den nächsten fünf Jahren Investitionen in landseitige Verkehrsflächen, Lagerhallen, Kaimauern und in Be-/Entwässerungssysteme plant, sollte sich die Forschung und Beratung vor allem auf Klimawirkungen und Anpassungsmaßnahmen für diese langlebigen Strukturelemente konzentrieren.

5.3 Entwicklung einer Anpassungsstrategie für die Lübecker Häfen

An dem nach Güterumschlägen zweitgrößten deutschen Hafenstandort an der Ostsee, Lübeck, wären flächendeckende und länger anhaltende Betriebsunterbrechungen der Häfen für die regionale Wirtschaft besonders schwerwiegend. Zwar sind die Lübecker Häfen mit einer Höhe der Kaianlagen von rund 2,5 Metern gegenwärtig ausreichend gegen Sturmhochwasser geschützt. Jedoch könnte eine Wiederholung des in der südwestlichen Ostsee seit Beginn der Aufzeichnungen schwersten Sturmhochwassers (Lübeck-Travemünde 1872: 3,3 Meter über NN) weite Teile der Terminalflächen überfluten. Eine weitere Gefahr stellt die potenzielle Zunahme von Starkregenereignissen dar. Hierdurch können kurzfristige Überlastungen der Drainageanlagen auftreten und vorübergehend ebenfalls Terminalflächen und Zufahrten überfluten. Die Folge wären Verspätungen im Be- und Entladeprozess. Ein durch Starkregen oder Hochwasser verursachter Wassereinbruch in den großen Papierlagern der Lübecker Häfen würde schwere finanzielle Verluste nach sich ziehen.

In Zusammenarbeit mit dem Institut für ökologische Wirtschaftsforschung erarbeitet das Consultingunternehmen Competence in Ports and Logistics daher gemeinsam mit der Lübeck Port Authority und der Lübecker Hafen-Gesellschaft eine Anpassungsstrategie für die öffentlichen Lübecker Häfen. Diese soll unter anderem Konzepte zum Ausbau der Hafeninfrastruktur und zum Hochwasserschutz beinhalten. Übergeordnetes Ziel ist es, die Havarie- und Hochwassergefahren in den Lübecker Häfen mittel- bis langfristig zu reduzieren (Wenzel/Treptow, 2013). Im Erfolgsfall kann eine solche Strategie als Blaupause für andere Häfen an der Ostseeküste dienen.

Zusammenfassung

- Das RADOST-Verbundprojekt hat dazu beigetragen, die Anpassung an die Folgen des Klimawandels als Thema für Politik und Öffentlichkeit in der deutschen Ostseeküstenregion zu verankern. Anpassungsmöglichkeiten wurden sowohl sektoral als auch in einem sektorübergreifenden Dialog zur Diskussion gestellt.
- Die bestehenden Küstenschutzanlagen würden einem geringen Meeresspiegelanstieg standhalten, bei einem mittleren bis hohen Anstieg wären zusätzliche Maßnahmen erforderlich.
- Der Klimawandel könnte die Aufgabe, den Strand für Urlaubsgäste attraktiv und dessen Ökosystem intakt zu halten, in Zukunft komplexer werden lassen. Eine vorausschauende und strategische Berücksichtigung der sich aus den Klimaveränderungen ergebenden Herausforderungen kann auf regionaler und kommunaler Ebene im Konkurrenzgeschäft Tourismus neue Wettbewerbsvorteile eröffnen.
- Um die internationalen Gewässerqualitätsziele in der RADOST-Region zu erreichen, müssen die Nährstoffeinträge aus der Landwirtschaft weiter reduziert werden. Darüber hinaus sind Maßnahmen in den Küstengewässern zu erwägen, etwa das Anlegen von Muschelfarmen, das durch die mit dem Klimawandel einhergehenden Temperaturanstiege voraussichtlich begünstigt werden wird.
- Von zehn befragten Ostseehäfen rechnen sieben mit Schäden im Falle eines schweren Sturmhochwassers, vier von ihnen verzeichneten in den letzten 15 Jahren bereits erhebliche Schäden durch weniger gravierende Sturmhochwasser. Trotz der wahrscheinlich wachsenden Gefahr durch Extremereignisse findet eine systematische Auseinandersetzung mit den Folgen des Klimawandels bisher erst ansatzweise statt.

Literatur

BMU – Bundesministerium für Umwelt, Naturschutz und Reaktorsicherheit / **BMELV** – Bundesministerium für Ernährung, Landwirtschaft und Verbraucherschutz, 2012, Nitratbericht 2012, Bonn

Dreier, Norman / **Schlamkow**, Christian / **Fröhle**, Peter / **Salecker**, Dörte, 2012, Future wave conditions at the German Baltic Sea Coast on the basis of wind-wave-correlations and regional climate change scenarios, in: Book of Abstracts – PIANC-COPEDEC VIII, Eighth International Conference on Coastal and Port Engineering in Developing Countries, 20.–24.2.2012, IIT Madras, Chennai (Indien)

Dronkers, Job et al., 1990, Strategies for Adaptation to Sea Level Rise, Report of the IPCC Coastal Zone Management Subgroup, Intergovernmental Panel on Climate Change, Genf

Ecologic Institut (Hrsg.), 2013, Ostseeküste 2100 – auf dem Weg zu regionaler Klimaanpassung. Ergebnisse der RADOST-Tour 2012, RADOST-Berichtsreihe, Nr. 16, Berlin

EG – Europäische Gemeinschaft, 2000, Richtlinie 2000/60/EG des Europäischen Parlaments und des Rates vom 23. Oktober 2000 zur Schaffung eines Ordnungsrahmens für Maßnahmen der Gemeinschaft im Bereich der Wasserpolitik (EG-Wasserrahmenrichtlinie), Brüssel

Frick, Fanny, 2013, Contested Values and Practices in Coastal Adaptation to Climate Change. The role of socio-cultural construction in decision making for adaptation to climate change and sea level rise in three US states, RADOST-Berichtsreihe, Nr. 18, Berlin

Friedland, René / **Neumann**, Thomas / **Schernewski**, Gerald, 2012, Climate Change and the Baltic Sea Action Plan. Model simulations on the future of the western Baltic Sea, in: Journal of Marine Systems, Nr. 105-108, S. 175–186

Fröhle, Peter, 2012, To the Effectiveness of Coastal and Flood Protection Structures under Terms of Changing Climate Conditions, Proceedings of 33rd International Conference on Coastal Engineering (ICCE), 1.–6.7.2012, Santander (Spanien)

Haller, Inga / **Stybel**, Nardine / **Schumacher**, Susanne / **Mossbauer**, Matthias, 2011, Will Beaches be enough? Future Changes for Coastal Tourism at the German Baltic Sea, in: Journal of Coastal Research, Special Issue, Nr. 61, S. 70–80

Hallermeier, Larissa, 2011, Küsten und Klimawandel in den Augen von Touristen, Coastline WEB 1, EUCC – Die Küsten Union Deutschland e. V., Rostock-Warnemünde

Henderson, Bruce, 2012, Coastal N. C. counties fighting sea-level rise prediction, in: Charlotte Observer, 28.5.2012, http://www.newsobserver.com/2012/05/28/2096124/coastal-nc-counties-fighting-sea.html [19.12.2013]

Henrichsmeyer, Wilhelm et al., 1996, Entwicklung eines gesamtdeutschen Agrarsektormodells RAUMIS96. Endbericht zum Kooperationsprojekt, Forschungsbericht für das BML (94 HS 021), vervielfältigtes Manuskript, Bonn

Hirschfeld, Jesko / **Krampe**, Linda / **Winkler**, Christiane, 2012, RADOST Akteursanalyse, Teil 1: Konzept und methodische Grundlagen der Befragung und Auswertung, RADOST-Berichtsreihe, Nr. 8, Berlin

IPCC – Intergovernmental Panel on Climate Change, 2013, Working Group I Contribution to the IPCC Fifth Assessment Report Climate Change 2013. The Physical Science Basis, Final Draft Underlying Scientific-Technical Assessment, http://www.ipcc.ch/report/ar5/wg1/#.Ukv9QhAmEa8 [30.9.2013]

KFKI – Kuratorium für Forschung im Küsteningenieurwesen (Hrsg.), 2003, Die Wasserstände an der Ostseeküste. Entwicklung – Sturmfluten – Klimawandel, in: Die Küste, Nr. 66, Heide (Holstein)

Klamt, Anna-Marie / **Schernewski**, Gerald, 2013, Climate Change. A New Opportunity for Mussel Farming in the Southern Baltic?, in: Schmidt-Thomé, Philipp / Klein, Johannes (Hrsg.), Climate Change Adaptation in Practice. From Strategy Development to Implementation, Chichester (UK), S. 171–184

Knoblauch, Doris / **Kiresiewa**, Zoritza / **Stuke**, Franziska / **Raggamby**, Anneke von, 2012, RADOST Akteursanalyse. Teil 2: Auswertung der Befragung von Akteuren aus Politik, Verwaltung und Zivilgesellschaft. Interessen, Nutzungsansprüche, Ziele und Konflikte relevanter Akteure der deutschen Ostseeküste vor dem Hintergrund des Klimawandels, RADOST-Berichtsreihe, Nr. 9, Berlin

Koerth, Robin / **Sterr**, Horst, 2012, Ostseegemeinden im Klimawandel. Interviews mit Gemeindevertretern im Klimabündnis Kieler Bucht, RADOST-Berichtsreihe, Nr. 12, Berlin

Lautenschlager, Michael et al., 2009a, Climate Simulation with CLM. Climate of the 20th Century run no. 1, Data Stream 3: European region MPI-M/MaD, World Data Center for Climate, http://cera-www.dkrz.de/WDCC/ui/Compact.jsp?acronym=CLM_C20_1_D3 [5.3.2014]

Lautenschlager, Michael et al., 2009b, Climate Simulation with CLM. Climate of the 20th Century run no. 2, Data Stream 3: European region MPI-M/MaD, World Data Center for Climate, http://cera-www.dkrz.de/WDCC/ui/Compact.jsp?acronym=CLM_C20_2_D3 [5.3.2014]

Lautenschlager, Michael et al., 2009c, Climate Simulation with CLM. Scenario A1B run no. 1, Data Stream 3: European region MPI-M/MaD, World Data Center for Climate, http://cera-www.dkrz.de/WDCC/ui/Compact.jsp?acronym=CLM_A1B_1_D3 [5.3.2014]

Lautenschlager, Michael et al., 2009d, Climate Simulation with CLM. Climate of the 20th Century run no. 1-3, Scenario A1B run no. 2, Data Stream 3: European region MPI-M/MaD, World Data Center for Climate, http://cera-www.dkrz.de/WDCC/ui/Compact.jsp?acronym=CLM_A1B_2_D3 [5.3.2014]

Lautenschlager, Michael et al., 2009e, Climate Simulation with CLM. Climate of the 20th Century run no. 1-3, Scenario B1 run no. 1, Data Stream 3: European region MPI-M/MaD, World Data Center for Climate, http://cera-www.dkrz.de/WDCC/ui/Compact.jsp?acronym=CLM_B1_1_D3 [5.3.2014]

Lautenschlager, Michael et al., 2009f, Climate Simulation with CLM. Climate of the 20th Century run no. 1-3, Scenario B1 run no. 2, Data Stream 3: European region MPI-M/MaD, World Data Center for Climate, http://cera-www.dkrz.de/WDCC/ui/Compact.jsp?acronym=CLM_B1_2_D3 [5.3.2014]

Lautenschlager, Michael et al., 2011, Climate Simulation with CLM. Climate of the 20th Century run no. 3, Data Stream 3: European region MPI-M/MaD, World Data Center for Climate, http://cera-www.dkrz.de/WDCC/ui/Compact.jsp?acronym=CLM_C20_3_D3 [5.3.2014]

Martinez, Grit, 2012, Anpassung an den Klimawandel. Einblicke in den „American Way of Adaptation", in: Meer & Küste, Nr. 3, S. 36–37

Martinez, Grit / **Bray**, Dennis, 2011, Befragung politischer Entscheidungsträger zur Wahrnehmung des Klimawandels und zur Anpassung an den Klimawandel an der deutschen Ostseeküste, RADOST-Berichtsreihe, Nr. 4, Berlin

Meier, Hans-Joachim, 2012 (unveröffentlicht), KLIMZUG-/RADOST-Feedback. Schreiben des Amtsleiters des Staatlichen Amtes für Landwirtschaft und Umwelt Mittleres Mecklenburg an die RADOST-Projektkoordination, 20.11.2012, Rostock

Ministerium für Wirtschaft, Arbeit und Tourismus Mecklenburg-Vorpommern (Hrsg.), 2010, Folgen des Klimawandels in Mecklenburg-Vorpommern 2010, Schwerin

MLUR – Ministerium für Landwirtschaft, Umwelt und ländliche Räume des Landes Schleswig-Holstein (Hrsg.), 2011, Fahrplan Anpassung an den Klimawandel, Kiel

Norddeutsches Klimabüro, 2012, Ostseeküste im Klimawandel. Ein Handbuch zum Forschungsstand, Geesthacht

Regionaler Planungsverband Vorpommern (Hrsg.), 2011, Raumentwicklungsstrategie Anpassung an den Klimawandel und Klimaschutz in der Planungsregion Vorpommern, Greifswald

Regionaler Planungsverband Westmecklenburg (Hrsg.), 2012, Klimawandel. Regionalplanerische Anpassungsstrategien, Schwerin

Rockel, Burkhard / **Will**, Andreas / **Hense**, Andreas (Hrsg.), 2008, Special Issue Regional Climate Modelling With COSMO-CLM (CCLM), Meteorologische Zeitschrift, 17. Jg., Nr. 4

Rupp-Armstrong, Susanne / **Nicholls**, Robert J., 2007, Coastal and Estuarine Retreat. A Comparison of the Application of Managed Realignment in England and Germany, in: Journal of Coastal Research, 23. Jg., Nr. 6, S. 1418–1430

Schernewski, Gerald / **Stybel**, Nardine / **Neumann**, Thomas, 2012, Zebra mussel farming in the Szczecin (Oder) Lagoon. Water-quality objectives and cost-effectiveness, in: Ecology and Society, 17. Jg., Nr. 2, S. 4

Schlamkow, Christian / **Dreier**, Norman / **Fröhle**, Peter / **Salecker**, Dörte, 2012, Future Extreme waves at the German Baltic Sea coast derived from regional climate model runs, Proceedings of 33rd International Conference on Coastal Engineering (ICCE), 1.–6.6.2012, Santander (Spanien)

Schröder, André / **Hirschfeld**, Jesko / **Fritz**, Sabine, 2013, Auswirkungen des Klimawandels auf die deutschen Ostseehäfen. Ergebnisse einer Befragung der Hafenbehörden, RADOST-Berichtsreihe, Nr. 23, Berlin

Simpson, Murray C. et al., 2008, Climate Change Adaptation and Mitigation in the Tourism Sector. Frameworks, Tools and Practices, Paris

Stelljes, Nico, 2012, Anpassungsmaßnahmen an der deutschen Ostseeküste. Auswertung einer qualitativen Befragung von Akteuren auf unterschiedlichen Verwaltungsebenen, RADOST-Berichtsreihe, Nr. 13, Berlin

The BACC Author Team, 2008, Assessment of Climate Change for the Baltic Sea Basin, Berlin

Venohr, Markus et al., 2011, Modelling of Nutrient Emissions in River Systems – MONERIS. Methods and Background, in: International Review of Hydrobiology, 96. Jg., Nr. 5, S. 435–483

Vogel, Wolfgang, 2013 (unveröffentlicht), E-Mail-Kommentar des Direktors des Landesamtes für Landwirtschaft, Umwelt und Ländliche Räume Schleswig-Holstein zum 4. RADOST-Jahresbericht an die RADOST-Projektkoordination, 15.4.2013, Rostock

Weisner, Eva / **Schernewski**, Gerald, 2013, Adaptation to climate change. A combined coastal protection and re-alignment scheme in a Baltic tourism region, in: Journal of Coastal Research, Special Issue, Nr. 65, S. 1963–1968

Wenzel, Heiko / **Treptow**, Niko, 2013, Anpassungsstrategie an den Klimawandel für die zukünftige Entwicklung der öffentlichen Lübecker Häfen. Teil 1: Zukunftsszenarien und Klimarisiken, CPL Competence in Ports and Logistics, RADOST-Berichtsreihe, Nr. 20, Berlin

Kapitel 9

Alfred Olfert[a] / Bernhard Müller[a] / Christian Bernhofer[b] /
Christian Korndörfer[c] / Werner Sommer[d]

REGKLAM – ein integriertes regionales Klimaanpassungsprogramm: das Beispiel Dresden

Inhalt

1	Das REGKLAM-Verbundprojekt in der Modellregion Dresden	170
2	Regionale Szenarien des klimatischen und gesellschaftlichen Wandels	172
3	Das Klimaanpassungsprogramm für die Region Dresden	174
4	Bedeutung des regionalen Klimaanpassungsprogramms in der Praxis	182
5	Schlussfolgerungen und Ausblick	186
	Zusammenfassung	187
	Literatur	188

---

[a] Leibniz-Institut für ökologische Raumentwicklung. [b] Technische Universität Dresden. [c] Landeshauptstadt Dresden.
[d] Sächsisches Staatsministerium für Umwelt und Landwirtschaft.

1 Das REGKLAM-Verbundprojekt in der Modellregion Dresden

Im Vorfeld des Programms KLIMZUG bildete sich in der Region Dresden ein Konsortium, das sich unter dem Akronym REGKLAM am Wettbewerb des Bundesministeriums für Bildung und Forschung (BMBF) beteiligte. REGKLAM steht für „Entwicklung und Erprobung eines regionalen Klimaanpassungsprogramms für die Modellregion Dresden". Das Vorhaben basiert auf der bereits viele Jahre zuvor etablierten Zusammenarbeit zwischen den wichtigsten Projektbeteiligten, unter anderen dem Leibniz-Institut für ökologische Raumentwicklung (IÖR), der Technischen Universität (TU) Dresden, der Landeshauptstadt Dresden sowie staatlichen Stellen der Region.

Die sächsische Landeshauptstadt Dresden und deren Umland wurden als Modellregion benannt. Hier fand ein Großteil der Untersuchungen des Projekts statt und hier sind auch die meisten Projektpartner und Adressaten der Arbeitsergebnisse angesiedelt. Das Gebiet umfasst das Stadtgebiet von Dresden, die umliegenden Landkreise Meißen und Sächsische Schweiz/Osterzgebirge sowie angrenzende Teile der Landkreise Bautzen und Mittelsachsen einschließlich der Stadt Freiberg (Abbildung 9.1).

Überblick über die Modellregion Dresden — Abbildung 9.1

Das regionale Klima ist beeinflusst von einem Wechsel maritimer westeuropäischer und kontinentaler osteuropäischer Luftmassen. Klimatisch ist das Gebiet über die Grenzen der eigentlichen Modellregion hinaus repräsentativ. Die klimatologischen Ergebnisse sind damit generell übertragbar auf mitteleuropäische Mittelgebirgsregionen bis circa 900 Meter Höhe über Normalnull (NN) – wie das Osterzgebirge –, das Hügelland und auch das sächsische Tiefland im Elbtal bis circa 100 Meter über NN.

Die Region bildet einen der wichtigsten Wirtschaftsstandorte in den ostdeutschen Bundesländern. Im Großraum Dresden konzentrieren sich vorwiegend Unternehmen aus den Bereichen Mikroelektronik, Elektrotechnik und Maschinenbau sowie aus dem Ernährungsgewerbe. Die Wirtschaftsstruktur ist hauptsächlich von kleinen und mittleren Unternehmen geprägt. Mehrere Universitäten mit überwiegend technischer Ausrichtung und die Ansiedlung zahlreicher außeruniversitärer Forschungseinrichtungen sichern die Ausbildung qualifizierter Fachkräfte. Ungefähr 1,23 Millionen Menschen leben in der Region. Landwirtschaftlich ist sie rund um die Stadt Lommatzsch und besonders in der Elbtalregion begünstigt, Weinbau ist hier möglich. Die höheren Lagen des Erzgebirges werden von Wäldern dominiert. Waldgebiete, Kulturlandschaften und viele Schutzgebiete (etwa im Elbsandsteingebirge) bieten eine große landschaftliche Vielfalt, die neben der Kulturstadt Dresden als touristischer Anziehungspunkt wirkt.

Das zentrale Ziel des REGKLAM-Vorhabens war die Entwicklung und Erprobung eines „Integrierten Regionalen Klimaanpassungsprogramms" für die Modellregion Dresden. An dieser Zielsetzung orientierten sich der Aufbau des REGKLAM-Netzwerks und die thematische Ausrichtung des Vorhabens:

- Erarbeitung klimatologischer und gesellschaftlicher Grundlagen für die Anpassung an die Folgen des Klimawandels;
- Analyse der Klimawandelfolgen und möglicher Anpassungsoptionen in den Themenfeldern Stadtstrukturen/Gebäude, Wassersysteme, Land- und Forstwirtschaft, gewerbliche Wirtschaft. Naturschutz wurde als zusätzliches Thema identifiziert und in das Bearbeitungsspektrum des Vorhabens aufgenommen;
- Synthese und Ergänzung der Ergebnisse im Integrierten Regionalen Klimaanpassungsprogramm für die Region Dresden.

Die Arbeit in REGKLAM wurde von einem breiten Konsortium aus Wissenschaft und Praxis getragen, koordiniert durch das Wissenschaftliche Projektmanagement des REGKLAM-Vorhabens sowie durch ein Regionales Koordinationsbüro. Zum engeren Konsortium gehörten formal die Partnerinstitutionen: das Leibniz-Institut für ökologische Raumentwicklung (Koordination); die Technische Universität Dresden mit den Bereichen Baukonstruktion, Betriebliche Umweltökonomie, Bodenkunde und Bodenschutz, Forstbotanik, Hydrologie, Meteorologie, Raumentwicklung, Siedlungswasserwirtschaft, Standortlehre und Pflanzenernährung sowie Wasserversorgung; die Technische Universität Bergakademie Freiberg; das Leibniz-Institut für Troposphärenforschung; die Landeshauptstadt Dresden; das Dresdner Grundwasserforschungszentrum e. V. und die Stadtentwässerung Dresden GmbH.

Außer der inhaltlichen Arbeit war die Bildung eines einzigartigen Netzwerks von Partnern aus Wissenschaft, öffentlicher Verwaltung und Wirtschaft von herausragender Bedeutung. Als assoziierte Partner haben unter anderem das Sächsische Ministerium für Umwelt und Landwirtschaft, das Landesamt für Umwelt, Geologie und Landwirtschaft, die Industrie- und Handelskammer des Bezirks Dresden sowie der Regionale Planungsverband Oberes Elbtal/Osterzgebirge wesentliche Beiträge zur inhaltlichen Erarbeitung, zur Abstimmung der Themen mit den Adressaten oder durch Mitwirkung in Entscheidungsgremien geleistet.

Darüber hinaus haben sich zahlreiche weitere Akteure aus Wirtschaft, öffentlicher Verwaltung und Zivilgesellschaft intensiv in den Diskurs eingebracht und wichtige Aspekte zum Gesamtergebnis beigetragen.

2 Regionale Szenarien des klimatischen und gesellschaftlichen Wandels

Klimawandel in der Region Dresden

Der globale Klimawandel macht sich in der Region Dresden bereits heute bemerkbar. Die Aussagen hierzu basieren auf der Auswertung von Klimabeobachtungen des Zeitraums 1961 bis 2010 und von Klimamodelldaten bis zum Ende des 21. Jahrhunderts. Aussagen über künftige Entwicklungen sind immer durch Unsicherheiten gekennzeichnet. Um diesem Umstand Rechnung zu tragen, sind Ergebnisse unterschiedlicher Klimamodelltypen sowie verschiedene Szenarien der gesellschaftlichen Entwicklung und der Emission von Treibhausgasen in die Untersuchung eingeflossen.

Die festgestellten Klimaänderungen in der Region sind gekennzeichnet durch gestiegene Durchschnitts- und Maximaltemperaturen sowie durch abnehmende Wasserbilanzen. Das Elbtal mit der Stadt Dresden und die angrenzenden Gebiete sind davon am stärksten betroffen, weil hier aufgrund der geschützten Lage im Elbtal die höchsten Temperaturen auftreten (Bernhofer et al., 2009).

Speziell in den dicht bebauten Stadtteilen Dresdens kann die zunehmende Hitze im Frühjahr und Sommer in Kombination mit dem städtischen Wärmeinseleffekt schon heute zum Problem werden. Heiße Tage mit mehr als 30 Grad Celsius und Tropennächte, in denen die Temperatur nicht unter 20 Grad Celsius fällt, haben zugenommen und beeinflussen das Bioklima und damit zum Beispiel den Schlafkomfort negativ. Gleichzeitig hat im Winter die Zahl der Frost- und Eistage abgenommen. In den Höhenlagen des Erzgebirges sind die Temperaturen zwar ebenfalls gestiegen, bleiben aber auch in der warmen Jahreszeit erträglich.

Am Ende des Jahrhunderts könnte es bei künftig moderaten Emissionen weltweit durchschnittlich um bis zu 4 Grad Celsius wärmer sein als heute, im Extremfall um bis zu 6 Grad Celsius. Dieser Temperaturanstieg ist dramatischer als auf den ersten Blick ersichtlich, denn er entspricht der Erderwärmung am Ende der letzten Eiszeit vor 12.000 Jahren. Diesmal allerdings findet diese Erwärmung in nur einem einzigen Jahrhundert statt. Welche Folgen das hat, ist heute kaum abzuschätzen. Wir wissen aber: Mensch, Gesellschaft und Natur müssen sich sehr kurzfristig auf die neuen Klimabedingungen einstellen.

Die wahrscheinlichen Änderungen sind für verschiedene Klimakenngrößen wie Niederschlag und Temperatur oft jahreszeitlich unterschiedlich stark ausgeprägt und nicht immer gleichermaßen belastbar (Bernhofer et al., 2011). Die Erwärmung betrifft alle Jahreszeiten, besonders kritisch für die Region Dresden sind jedoch die Veränderungen im Sommer: Selbst wenn man nur von einer Temperatursteigerung von 2 bis 3 Grad Celsius ausgeht, bedeutet das in der Praxis mindestens eine Verdopplung der Zahl der heißen Tage. Tropennächte mit Temperaturen von 20 Grad Celsius und mehr werden wesentlich häufiger vorkommen als heute (Tabelle 9.1).

Die zunehmende Wärme wird vor allem in dicht bebauten städtischen Gebieten zum Problem. Dort bilden sich Wärmeinseln, die speziell für ältere Menschen eine hohe gesundheitliche Belastung darstellen. Daher muss kurzfristig in die Kühlung und Verschattung von Wohn- und Arbeitsräumen investiert werden.

Die Niederschläge werden sich ebenfalls verändern. Es ist sehr wahrscheinlich, dass die Winter nasser werden, wobei mehr Regen als Schnee fallen wird. Im Sommer dürften Trockenperioden zunehmen, unterbrochen durch seltene, aber lokal heftige Niederschläge. Weil durch die Wärme im Sommer gleichzeitig mehr Wasser verdunstet, geht das natürliche Wasserangebot zurück.

Die Veränderung des Klimas bringt je nach Standort und Blickwinkel Risiken, aber auch Chancen mit sich. Fest steht: Die möglichen Vorteile nutzen und den Gefahren vorbeugen kann die Region nur, wenn sie sich rechtzeitig auf klimatische Veränderungen einstellt.

Temperaturen in der Region Dresden

Tabelle 9.1

Beobachtete und projizierte Entwicklung

Klimakenngröße[1]	1961–1990 (gemessener Mittelwert)	2021–2050 (Änderung gegenüber gemessenem Mittelwert)	2071–2100 (Änderung gegenüber gemessenem Mittelwert)
Temperatur Sommerhalbjahr (in Grad Celsius)	13,9	+0,5 bis +1,3	+1,1 bis +3,2
Anzahl Sommertage (maximale Temperatur ≥ 25 Grad Celsius)	31,4	+6,3 bis +20,0	+13,1 bis +48,7
Anzahl heiße Tage (maximale Temperatur ≥ 30 Grad Celsius)	5,4	+1,8 bis +9,1	+3,5 bis +24,6
Anzahl Tropennächte (minimale Temperatur ≥ 20 Grad Celsius)	0,7	+0,2 bis +2,0	+0,5 bis +9,0

[1] Die Klimakenngrößen beziehen sich auf ein mittleres Jahr der jeweils genannten Zeitperiode in der Region Dresden. Die projizierten Werte wurden aus verschiedenen Modellen und Szenarien entwickelt.
Quelle: Bernhofer et al., 2011, aktualisierte Werte

Nicht nur das Klima ändert sich

Außer dem Klima ändern sich in der Modellregion Dresden auch die gesellschaftlichen und wirtschaftlichen Rahmenbedingungen. Es ist daher wichtig, Vorhersagen zum Klimawandel sowie zu demografischen und wirtschaftlichen Veränderungen in Zukunftsszenarien zusammenzuführen.

Auf der Basis heute verfügbarer Daten lassen sich manche Trends zuverlässig vorhersagen. So gilt als sicher, dass die Bevölkerungszahl in der Region insgesamt sinkt – trotz der Tatsache, dass Dresden gegenwärtig zu den geburtenstärksten Städten Deutschlands gehört. Die Einwohnerzahl der gesamten Region wird bereits bis zum Jahr 2025 um 5,7 Prozent schrumpfen (Sauer/Schanze, 2011). Das bedeutet unter anderem, dass dem Freistaat Sachsen und den Kommunen weniger Geld zur Verfügung steht. Die Gesamteinnahmen des Freistaats werden bis 2025 real um rund 3 Milliarden Euro sinken (Thum et al., 2012). Vor diesem Hintergrund kommt es ganz besonders darauf an, bei den regionalen Klimaanpassungsmaßnahmen Synergien zwischen den Handlungsfeldern zu nutzen.

3 Das Klimaanpassungsprogramm für die Region Dresden

Das Integrierte Regionale Klimaanpassungsprogramm für die Modellregion Dresden bildet das zentrale Ergebnis des REGKLAM-Vorhabens und vereint die meisten der Arbeitsergebnisse des Projekts (REGKLAM-Konsortium, 2013; Müller, 2013). Es bereitet die Grundlagen des klimatischen und gesellschaftlichen Wandels auf und entwickelt Handlungsoptionen für eine angepasste Region auf Basis eines Leitbilds, welches drei Kernpunkte anstrebt:

- gesunde und attraktive Lebens- und Arbeitsbedingungen erhalten,
- wirtschaftliche Chancen nutzen, Risiken minimieren und
- natürliche Lebensgrundlagen bewahren.

Basierend auf diesem Leitbild präsentiert das Klimaanpassungsprogramm Ziele und Maßnahmen zur Anpassung an die Folgen des Klimawandels in der Region Dresden für fünf strategische Themen:

- „Städtebauliche Strukturen, Grün- und Freiflächen sowie Gebäude",
- „Wasserhaushalt und Wasserwirtschaft",
- „Land- und Forstwirtschaft",
- „Gewerbliche Wirtschaft" und
- „Naturschutz".

Mit diesen Themen werden zentrale Handlungsfelder zur Klimaanpassung in der Modellregion Dresden angesprochen, die gemeinsam mit maßgeblichen Vertretern öffentlicher Verwaltungen auf Landesebene, der Region und der Kommunen sowie der regionalen Wirtschaft als die fünf wichtigsten ausgewählt worden sind. REGKLAM setzt damit bewusst Akzente. Für jedes Thema werden die spezifischen Herausforderungen der

Klimaanpassung, ein themenspezifisches Leitbild sowie Handlungsschwerpunkte ausgearbeitet und konkrete Ziele und Maßnahmen formuliert.

Die den einzelnen Themen zugeordneten Ziele und Maßnahmen weisen dabei sehr oft sektorübergreifende inhaltliche Überschneidungen und Wechselwirkungen auf. So sind etwa die im Bereich Städtebau angesiedelten Aspekte der Regenwasserbewirtschaftung eng verknüpft mit wasserwirtschaftlichen Fragestellungen der Kanalbewirtschaftung. Die Erosionsproblematik in der Landwirtschaft ist wiederum eng verbunden mit Fragen der Gewässerbewirtschaftung und des Naturschutzes. Die Wechselbeziehungen sind im Programmtext jeweils hervorgehoben.

Städtebauliche Strukturen, Grün- und Freiflächen sowie Gebäude

Siedlungen mit den dazugehörenden Gebäuden, Grün- und Freiflächen sind im Zuge des Klimawandels vor allem durch die Verstärkung stadtklimatischer Effekte betroffen. Wesentlich sind hier die häufig überproportionale Aufheizung des Elbtals und die ungenügende Abkühlung der dicht bebauten Innenstädte während der Nachtstunden. Die wichtigsten Handlungsschwerpunkte zur Anpassung in Siedlungen betreffen daher die Gestaltung der potenziell betroffenen Siedlungsräume, die aktive, klimatisch wirksame Nutzung vorhandener Flächenpotenziale sowie der systematische und zielgerichtete Umbau von Siedlungsstrukturen (Korndörfer, 2008; Wende et al., 2014) und des Gebäudebestands (Weller et al., 2013).

Die Gestaltung von Gebäuden, Grünflächen und der Verbindungen zwischen den Komponenten des Siedlungsraums beeinflusst maßgeblich die Lebens- und Aufenthaltsqualität in Städten und Gemeinden. Angesichts der begrenzten Möglichkeiten zu großräumigen siedlungsstrukturellen Veränderungen im Bestand bedarf es der Vielfalt und der Kombination freiraumplanerischer und städtebaulicher Ansätze, um eine Verbesserung der mikro- und bioklimatischen Situation zu erreichen oder eine Verschlechterung zu vermeiden. Quartiersbezogene Ansätze können die abgestimmte Umsetzung von Maßnahmen auch unter Nutzung von Synergien zwischen verschiedenen Entwicklungszielen ermöglichen. Besondere Chancen bieten dabei Ansätze, die auf der Kooperation zwischen öffentlicher Hand und privaten Eigentümern basieren und die Potenziale öffentlicher und privater Flächen für eine freiraumorientierte Siedlungsentwicklung nutzen.

Für eine Etablierung langfristig klimatisch wirksamer und ökonomisch tragfähiger Freiraumsysteme eröffnen die bestehenden Siedlungs- und Freiraumstrukturen zusammen mit der Vielzahl der in den Siedlungsbereichen der Region vorhandenen Brachflächen umfangreiche Entwicklungsmöglichkeiten. Diese Flächen gilt es zu nutzen, um im Wechselspiel verdichteter Baustrukturen und einer leistungsfähigen „grünen Infrastruktur" effiziente (Stichworte: Unterhaltskosten, Klimaschutz) und zugleich qualitativ wertvolle Siedlungsräume zu schaffen. Vor allem Brachflächen bergen das Potenzial, zu multifunktionalen Freiflächen entwickelt zu werden. Solche Flächen verbessern das Stadtklima und können zudem das Risiko urbaner Hochwässer verringern, wenn sie als temporäre Rückhalteräume für Regen ausgebaut werden. Die mikroklimatische Wirksamkeit vorhandener Frei- und Grünflächen und von großen Straßenbäumen muss langfristig erhalten und erweitert werden, zum Beispiel durch die Umsetzung angepasster Freiraumkonzepte und den Einsatz geeigneter Pflanzenarten.

Eine besondere Herausforderung ist der Umbau der bestehenden Siedlungsstrukturen einschließlich der größtenteils vorhandenen technischen Infrastrukturen, der Grün- und Freiflächen und der (im Raum Dresden) oft denkmalgeschützten Gebäude. Grundsätzlich verfügen die Städte und Gemeinden der Region über eine gute Ausstattung mit öffentlichen und auch mit privaten Grünflächen. Dennoch erfordert der Klimawandel Anpassungsmaßnahmen, um die klimatische Leistungsfähigkeit öffentlicher Grünflächen als vielseitige Ausgleichs- und Erholungsräume zu erhalten und zu fördern. Zum einen muss der Gebäudebestand angepasst werden, um Risiken für die Bausubstanz aus den häufigeren und zum Teil sich verstärkenden Naturgefahren (Starkregen, Hagel, Hitze etc.) zu senken. Zum anderen muss auch das Innenraumklima öffentlicher und privater Gebäude stärker in das Blickfeld der zuständigen Akteure rücken, um gesundheitliche Belastungen an Arbeitsplätzen, in Schulen und in Wohnräumen zu minimieren.

Einen Lösungsansatz bietet das Konzept der „kompakten Stadt im ökologischen Netz" (Abbildung 9.2), verankert im Landschaftsplan der Landeshauptstadt Dresden (Korndörfer, 2012). Damit hat das Umweltamt der Stadt einen Vorschlag entwickelt, wie sich scheinbar widersprüchliche Forderungen kombinieren lassen. Kompakte Siedlungsbereiche sind in ein Netz miteinander verbundener Grünflächen eingebettet, welches vielfältige ökologische Funktionen für Mensch und Umwelt erfüllt. Um diesen Plan umzusetzen, müssen Flächen in einem auf Jahrzehnte angelegten Prozess systematisch und gezielt entsiegelt und bepflanzt werden.

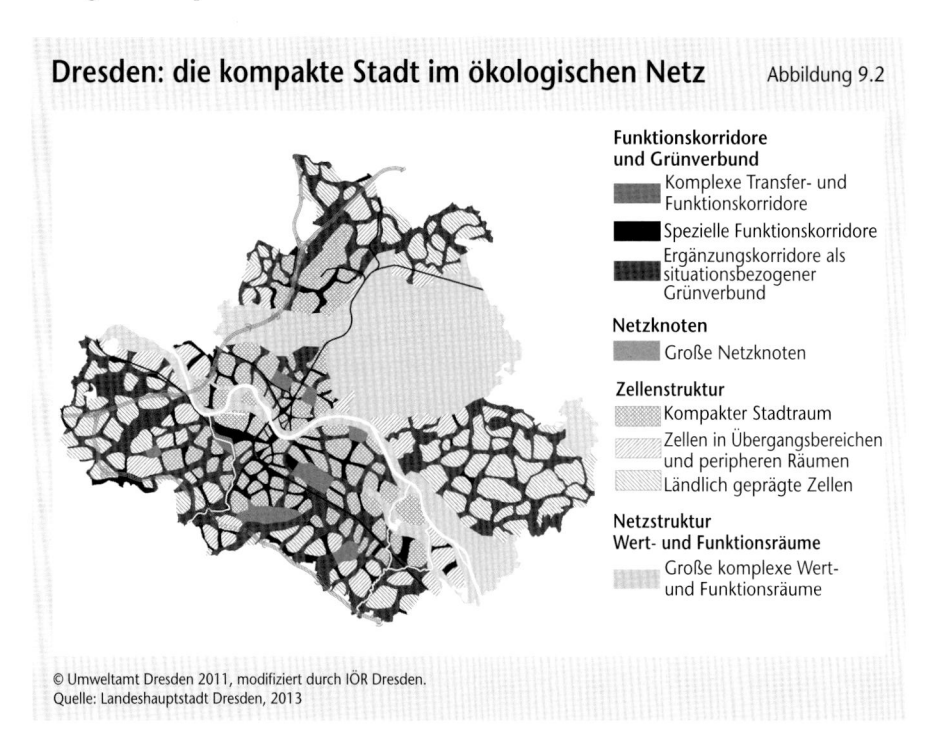

Dresden: die kompakte Stadt im ökologischen Netz Abbildung 9.2

Funktionskorridore und Grünverbund
- Komplexe Transfer- und Funktionskorridore
- Spezielle Funktionskorridore
- Ergänzungskorridore als situationsbezogener Grünverbund

Netzknoten
- Große Netzknoten

Zellenstruktur
- Kompakter Stadtraum
- Zellen in Übergangsbereichen und peripheren Räumen
- Ländlich geprägte Zellen

Netzstruktur Wert- und Funktionsräume
- Große komplexe Wert- und Funktionsräume

© Umweltamt Dresden 2011, modifiziert durch IÖR Dresden.
Quelle: Landeshauptstadt Dresden, 2013

Wasserhaushalt und Wasserwirtschaft

Die Wassersysteme in der Region Dresden sind in vielfältiger Weise mittel- und unmittelbar vom Klimawandel betroffen und mit den anderen Handlungsfeldern verknüpft. Einer feuchter werdenden Herbst- und Wintersaison könnten insgesamt trockenere Frühjahre und Sommer gegenüberstehen, in denen es aber häufiger zu Starkregenereignissen kommt. Letztere haben beispielsweise Auswirkungen auf technische Infrastrukturen (Abwassersysteme etc.), die Bodenerosion und folglich auch auf den Eintrag von Nährstoffen in Gewässer und Schutzgebiete sowie auf die Gefährdung von Siedlungsräumen durch Überschwemmungen oder Erdrutsche. Steigende Temperaturen führen zu einer Verlängerung der Vegetationsperiode, aber auch zu einer Erhöhung der Verdunstung, was bei geringen Niederschlägen saisonal zu Trockenstress bei den Pflanzen führen kann (Hänsel et al., 2013).

Ein wichtiges Leitprinzip für die Anpassung an den Klimawandel ist die Stabilisierung des ruralen und des urbanen Wasserhaushalts in Quantität und Qualität. Ziel ist einerseits die Erhaltung von Grund- und Oberflächenwasser als aquatische Ökosysteme und als Ressource für Trink- und Brauchwasser sowie für energetische Nutzungen. Andererseits geht es auch um die Schaffung und Erhaltung leistungsfähiger und dauerhaft effizienter technischer Infrastrukturen, zum Beispiel von Abwassernetzen.

Sowohl im urbanen als auch im ruralen Raum ist es im Zuge der Landnutzung und der fortschreitenden Besiedelung zu einem umfangreichen Wirkungsgeflecht zwischen natürlichen und anthropogenen Einflussfaktoren auf den Wasserhaushalt gekommen. Das Selbstregulationsvermögen der natürlichen Systeme ist vielerorts gestört, was diese anfälliger macht für klimawandelbedingte Veränderungen. Die Erhaltung oder Rückgewinnung der Selbstregulationsfähigkeit der Oberflächengewässer und der Grundwasserkörper ist daher die wichtigste Voraussetzung dafür, dass die Wirkungen des Klimawandels durch die dem Ökosystem innewohnende Widerstandsfähigkeit (Resilienz) und dessen Potenzial zur Selbstregulierung besser abgepuffert werden können.

In der Modellregion geht es um die Reduzierung der anthropogenen Stressoren, die aus der starken menschlichen Überprägung der Siedlungsflächen sowie der land- und forstwirtschaftlichen Flächen herrühren. Zu möglichen Maßnahmen zählen etwa: die Verminderung des Eintrags von erodiertem Boden in die Fließgewässer oder von Wärme, Nähr- und Schadstoffen in das Grundwasser; die mengenmäßige Bewirtschaftung des Grundwassers; der teilweise Rückbau großflächig angelegter Entwässerungsanlagen in der Landwirtschaft.

Darüber hinaus sind Maßnahmen von Bedeutung, die beitragen zur langfristigen Sicherung der Nutzbarkeit eines qualitativ und quantitativ ausreichenden Wasserdargebots und zur Senkung des Wasserverbrauchs. Dazu gehören beispielsweise: die Anpassung der Bewirtschaftungsvorgaben für Oberflächengewässer und für das Grundwasser; die Verminderung stofflicher Belastungen der Wasserkörper aus urbanen und ruralen Flächennutzungen; die Überprüfung rechtlicher Vorgaben für die Einleitung von Wärme in das Grundwasser; die Erhaltung und Erneuerung einer effizienten Bewässerungsinfrastruktur in der Landwirtschaft. Vor allem müssen Oberflächen- und Grundwasserressourcen strategisch schon heute unter Berücksichtigung möglicher künftiger Veränderungen geschützt werden.

Abwassernetze sind zum einen betroffen von einer erhöhten Belastung in Trockenperioden. Mangelnder Wasserdurchfluss birgt die Gefahren von Sedimentations- und Fäulnisprozessen und einer dadurch induzierten Korrosion des Materials, von Geruchsbelastungen in Siedlungsräumen sowie von steigendem Wartungs- und Instandsetzungsaufwand. Zum anderen geht von den Netzen bei Überlastung infolge von Starkregen vermehrt das Risiko eines unkontrollierten Überstaus aus. Schäden an Infrastrukturen und Gebäuden wären die Folge. Zahlreiche Ansätze erlauben hier Anpassungen, die den Entwässerungskomfort unter Beibehaltung der Effizienz im Betrieb aufrechterhalten können. Dazu gehören die Verringerung der Flächenversiegelung, die Regenwasserbewirtschaftung oder die Anpassung von Bewirtschaftungsplänen und der Wartungstechnik (etwa durch Kanalspülwagen).

Land- und Forstwirtschaft

Die Modellregion Dresden verfügt über ertragreiche landwirtschaftliche Standorte mit einer darauf basierenden leistungsfähigen Nahrungsmittelindustrie und über eine traditionell starke Forstwirtschaft. Risiken und Chancen des Klimawandels liegen in der Land- und Forstwirtschaft sowie im Obst- und Weinbau dicht beieinander. Eine verlängerte thermische Vegetationsperiode und höhere Temperaturen begünstigen die Ertragsaussichten vor allem in den kühleren Anbaugebieten der Region und eröffnen zudem Möglichkeiten für wärmeliebende Ackerfrüchte, Gemüsearten und Rebsorten. So wird sich beim Weinbau das Spektrum zugunsten von Rebsorten ausweiten, die bisher vorwiegend in südlichen Ländern wie Frankreich oder Italien angebaut werden. Diesen Vorteilen stehen Nachteile wie geringere Planungssicherheit und mögliche Ertragseinbußen gegenüber – zum Beispiel durch häufigere Trockenperioden schon im Frühjahr, häufigere Starkregen- oder Hagelereignisse, neue Schädlinge, zunehmende Bodenerosion und Waldbrände, aber auch durch Spätfröste, die bei einem früheren Vegetationsbeginn zu höheren Schäden führen.

Eine besondere Herausforderung besteht in der grundsätzlichen Erhaltung von Standorten und von Produktionsvorteilen der Land- und Forstwirtschaft trotz der vielerorts dynamischen Flächennutzungsentwicklung in den Gemeinden. Gute Standorte für die landwirtschaftliche Produktion und die Forstwirtschaft sind ein wichtiger Wettbewerbsfaktor, beispielsweise für die regionale Nahrungsmittelindustrie. Der Flächenverbrauch muss vor allem auf den am besten geeigneten Standorten deutlich reduziert oder gestoppt werden. Die dafür nötigen Instrumente stehen Kommunen und der Regionalplanung zur Verfügung und sind konsequent anzuwenden.

Ein wichtiger Beitrag zur Steigerung der Robustheit der Nutzungssysteme ist auch vom betrieblichen Risikomanagement zu leisten. Dazu zählen die Erhaltung der Ertragsfähigkeit der Böden durch konservierende Bodenbearbeitung und die Einführung von geeigneten Fruchtfolgen und von Dauerbegrünung besonders erosionsgefährdeter Flächen. Durch integrierten und ökologischen Landbau und durch die Verwendung angepasster Kulturen und Sorten können sich sogar Chancen für Absatz- und Einkommenssteigerungen ergeben. Wärmeliebende und trockenheitsresistente Feldfrüchte wie Hirse und Miscanthus bieten mittel- und langfristig auf den trockenen Böden eine neue Ertragsperspektive. Kurzumtriebsplantagen zur Erzeugung von Biomasse zur Energiegewinnung sind eine weitere Alternative.

Für die Forstwirtschaft ist es unerlässlich, durch Waldumbau die Struktur der Wälder und die Zusammensetzung der Baumarten anzupassen – weg von den dominierenden standortsfernen Fichtenforsten, hin zu naturnahen widerstandsfähigen Mischwäldern. Eine Reduzierung des Wildbestands durch konsequentere Bejagung ist dafür unerlässlich.

Die sich mit dem Klimawandel ändernden Umweltbedingungen verlangen auch zwecks Verbesserung der Umweltqualität nach Anpassungen bei der Landnutzung. Die oft einseitige Orientierung der Landwirtschaft an ökonomischen Kriterien (etwa durch stete Erhöhung der Biomasseproduktion) hat vielerorts die Fruchtfolgen stark eingeengt, ökologisch bedeutsame Strukturen beseitigt und zu einer Verstärkung von Bodenerosion und Gewässerverschmutzung sowie zu einem Verlust von Lebensräumen geführt. Künftig müssen bei der Flächennutzung neben wirtschaftlichen auch im weiteren Sinne ökologische Kriterien eine größere Rolle spielen.

Um den Anstieg bei der Erosion einzudämmen, den Wasserhaushalt der Flächen zu stabilisieren und die Vielgestaltigkeit der Landschaft und ihrer Lebensräume zu erhöhen, muss mittel- und langfristig eine funktional ausgerichtete Flurneuordnung umgesetzt werden, welche die Wirkungszusammenhänge einzelner Nutzungen in der Landschaft berücksichtigt und zugleich die Produktionsstandorte für Land- und Forstwirtschaft langfristig sichert. Die Voraussetzung hierfür ist die multikriterielle Flächennutzungsbewertung, die unterschiedliche Nutzungsansprüche und Funktionen verschiedener Flächen wie auch die Wirkungen möglicher Nutzungsänderungen abbilden kann. Mittels der Softwares GISCAME und LandCaRe lassen sich Wirkungen von Entscheidungen und Investitionen für ausgewählte Landschaftsausschnitte simulieren. Beide Softwares bieten Entscheidungshilfesysteme für den ländlichen Raum und sind im Rahmen von REGKLAM weiterentwickelt worden.

Gewerbliche Wirtschaft

Der Raum Dresden, als eine der größten und dynamischsten Wirtschaftsregionen im Osten Deutschlands, zeichnet sich aus durch die Branchenvielfalt, die vielen kleinen und mittleren Unternehmen, die Innovationskraft und die Nähe zur Forschung. Die hohe Lebensqualität ist darüber hinaus ein bei qualifizierten Arbeitskräften geschätzter weicher Standortfaktor. Für die regionale Wirtschaft kann die Anpassung an den Klimawandel zu einem lukrativen Geschäftsfeld werden, beispielsweise für innovative und flexible Unternehmen im Bereich Umwelttechnologien. Die Bauwirtschaft dürfte durch Anpassungsmaßnahmen an Gebäuden profitieren. Auch die Verlängerung der touristischen Sommersaison birgt Potenziale.

Unternehmen müssen aber auch damit rechnen, dass sich durch den Klimawandel die Produktionsbedingungen verschlechtern, beispielsweise durch Hitze und Trockenheit, Staubbelastung, Unwetter oder abnehmende Schneesicherheit. Negative Effekte sind ebenfalls hinsichtlich der Arbeitsbedingungen (Hitzestress), der Qualität von Produkten (etwa von Nahrungsmitteln) und der Kosten für die Qualitätssicherung zu erwarten oder auch für ganze Geschäftsfelder wie den Wintertourismus. Zudem kommen auf die

Betriebe höhere Kosten zu, etwa durch einen höheren Kühlenergiebedarf (nach aktuellen Schätzungen ist hier schon bis circa zum Jahr 2050 eine Zunahme um 25 Prozent zu erwarten; vgl. Bernhofer et al., 2011) oder durch Investitionen in leistungsfähigere Klimaanlagen.

Dennoch sind sich die meisten Unternehmen einer Betroffenheit durch den Klimawandel nicht bewusst. Deutschlandweite Umfragen aus den Jahren 2010 und 2013 (vgl. etwa Stechemesser/Günther, 2011) haben gezeigt, dass rund drei Viertel der Unternehmen aus dem Verarbeitenden Gewerbe sich nicht vom Klimawandel betroffen fühlen.

Wissenschaft, Kammern, Beratungsfirmen und Verwaltungen sind gefordert, die Unternehmen für die Herausforderungen des Klimawandels zu sensibilisieren. Um Chancen und Risiken rechtzeitig erkennen und nutzen zu können, sind Maßnahmenkataloge, Anpassungsleitfäden und spezialisierte Beratungsformate erforderlich. REGKLAM hat viel zur Etablierung des Themas in der Region beigetragen – durch Bereitstellung von Programmunterlagen sowie branchen- und prozessspezifischen Faktenblättern, die Durchführung von Regionalforen und Weiterbildungsveranstaltungen sowie durch die Gründung eines Wirtschaftsbeirats (in Zusammenarbeit mit der Industrie- und Handelskammer). Der Politik und der Verwaltung kommt für die weiteren Schritte eine wichtige Rolle als Wegbereiter zu.

Die rechtzeitige Anpassung an die Folgen des Klimawandels verlangt aber auch von den Unternehmen Flexibilität und Innovationsstärke, um die eigenen Produktionsbedingungen und Wettbewerbsvorteile zu sichern oder sogar auszubauen. Die Entwicklung neuer Technologien und Dienstleistungen, die Anpassung der Produktportfolios oder die Senkung der Produktionskosten (etwa durch größere Ressourceneffizienz) sind dabei nur einige Möglichkeiten. Die Realisierung von Anpassungsmaßnahmen bedarf jedoch der systematischen Auseinandersetzung mit Zukunftsszenarien und der Bereitschaft, in Technologien zu investieren oder Prozesse zu verändern.

Um eine frühe Handlungsfähigkeit der Betriebe zu erreichen und wirtschaftliche Nachteile zu vermeiden, ist es wichtig, die Anpassung an den Klimawandel im Unternehmensmanagement zu verankern. Szenarioanalysen können dabei helfen, die eigene Betroffenheit zu erkennen und sowohl kurzfristige als auch mittel- und langfristige Strategien zu entwickeln. Anpassungsmaßnahmen sind oft gut im Zuge der üblichen Investitionszyklen umsetzbar. Gemeint sind hier Maßnahmen wie die Verbesserung des Sonnenschutzes an Arbeitsplätzen, ein Regenwasserrückhalt auf dem Betriebsgelände, die Einrichtung einer Energienotversorgung, die Prüfung der Klimatisierungstechnik auf Toleranzen gegenüber Luftfeuchtigkeit, Hitze und Feinstaub, die Auslegung der Kälte- und Klimatisierungstechnik, die Verlagerung sensibler Technik (etwa von Servern) aus sensiblen Gebäudebereichen oder die Verbesserung der Dämmung (Hitze/Kälte).

Im Mittelpunkt der Szenarioanalysen (Meyr/Günther, 2011) steht die Entwicklung solcher Szenarien, die den Unternehmen dabei helfen, individuelle Strategien und Maßnahmen abzuleiten (Übersicht 9.1). Bei der Bewertung benötigen die Betriebe allerdings Unterstützung durch Fachleute. Eine bevorzugte Strategie kann für das ganze Unternehmen, für einzelne Unternehmensbereiche oder für bestimmte Stufen der Wertschöpfungskette gelten.

Unternehmerische Strategien zur Anpassung an die Folgen des Klimawandels

Übersicht 9.1

		Substituieren	Flexibilisieren
	hoch (niedrig)	z. B. Rohstoffe wie Saatgut, Beton; neue Anbaugebiete; Auf-/Ausbau von Wasserreservoirs; Recycling von Brauchwasser	z. B. Lagerbedingungen; Arbeitszeiten (Einführung Gleitzeit, flexible Pausenzeiten)
Reaktionsfähigkeit (Kapitalbindung, Fristigkeit, FuE-Zeiten)		Antizipieren	Vermeiden oder Versichern
	niedrig (hoch)	z. B. Einbau/Auslegung von Klimaanlagen und Kühlungssystemen; Entwicklung innovativer, an den Klimawandel angepasster Produkte wie Dachpappe	z. B. klimaresistente Bauweise; Versicherung; Schulungen; Beratung; Notfallpläne
		Klimaänderungen Mittelwerte	Klimaänderungen Extremwerte

Eigene Darstellung in Anlehnung an Meyr/Günther, 2011

Naturschutz

Mit seinen Auswirkungen auf den Wasserhaushalt, die Gewässer und Böden und auf die biologische Vielfalt stellt der Klimawandel eine Herausforderung für den Erhalt der natürlichen Lebensgrundlagen dar. Es steht außer Zweifel, dass der Klimawandel die Tier- und Pflanzenwelt in der Region Dresden beeinflusst. Noch kann man nicht mit Sicherheit vorhersagen, ob die Artenvielfalt insgesamt zu- oder abnimmt. Ganz besonders betrifft der Klimawandel wasserabhängige Ökosysteme und Arten, die durch Trockenheit und eine insgesamt negativere Wasserbilanz bedroht sind.

Die Selbstregulationsfähigkeit der Ökosysteme der Modellregion ist vielerorts durch zahlreiche Nutzungen und Eingriffe stark eingeschränkt. Diese Eingriffe müssen reduziert werden, damit die sensiblen Naturräume ihre natürliche Anpassungsfähigkeit nutzen können. So haben selbst die Moore der Region das Potenzial, stärkere Dürren zu überstehen, wenn künstlich angelegte Entwässerungsanlagen wieder verschlossen und bewaldete Schutzzonen eingerichtet werden. Um die Größe und die Lebensraumqualität von Gewässern und Feuchtgebieten zu erhalten, sind auch die Nährstoffeinträge aus der Landwirtschaft deutlich zu reduzieren. Der Erosionsschutz in Form von angepasster Bodenbearbeitung, geeigneten Fruchtfolgen und begrünten Pufferzonen spielt in diesem Zusammenhang eine wichtige Rolle. „Grüngürtel" rund um die Schutzgebiete müssen ausgedehnt oder neu angelegt werden, um abgetragenes Erdreich abzufangen. Der neue Landesentwicklungsplan für den Freistaat Sachsen (SMI, 2013) legt bereits die Grundlagen für den Schutz des Grundwasserhaushalts und der grundwasserabhängigen Ökosysteme. Vor allem die Regionalplanung, die Kommunen und die Flächenbewirtschafter sind gefordert, die tatsächliche Umsetzung dieser Ziele voranzubringen.

Nicht verhinderbare Eingriffe in die Natur müssen angemessen kompensiert werden, um die betreffenden Funktionen aufrechtzuerhalten. Die oft praktizierten Ausgleichszahlungen sind hier keine ausreichende Lösung. Wird eine Fläche versiegelt, muss an anderer Stelle und mit funktionalem Bezug entsiegelt werden. Ist das Fällen von Bäumen unvermeidlich, so ist dieser Verlust durch adäquate Neupflanzungen auszugleichen. Ausgleichsmaßnahmen lassen sich so gestalten, dass sie mehrere positive Effekte kombinieren, indem sie beispielsweise zusätzlich gezielt den Ausbau eines funktionierenden Biotopverbunds voranbringen. Die Regional- und Bauleitplanung sollte gezielt Flächen für Kompensationsmaßnahmen vorhalten, die solche Synergien unterstützen.

Der Klimawandel verändert die Lebensräume für Flora und Fauna. Pflanzen und Tiere können sich mit den neuen Bedingungen arrangieren, wenn sie die Möglichkeit haben, auf besser geeignete Biotope auszuweichen. Ein funktionierender Biotopverbund gilt daher als eine der wichtigsten Anpassungsmaßnahmen für den Erhalt der Artenvielfalt in der Region. Dabei kommt es darauf an, die Durchlässigkeit der Landschaft zwischen den Schutzgebieten zu erhöhen. Wanderungshindernisse wie Wehre oder Straßen müssen beseitigt oder passierbar gemacht werden, zum Beispiel durch geeignete Fischtreppen oder Wildtierpassagen.

Das Sächsische Naturschutzgesetz fordert bereits ausdrücklich die Biotopvernetzung und auch der aktuelle Landesentwicklungsplan (SMI, 2013) enthält entsprechende Ansätze hierzu. Die Region Dresden weist einen hohen Anteil an Talräumen auf, die wichtige Achsen des Biotopverbunds bilden können. Im Rahmen der Anpassung an den Klimawandel ist die beschleunigte Umsetzung erforderlich. Die planerischen Grundlagen für die Realisierung eines effektiven Biotopverbunds sind allerdings erst noch zu schaffen. Mit den Vorrang- und Vorbehaltsgebieten für den Artenschutz und den Biotopschutz ist das dafür notwendige Instrumentarium gegeben. Regionalpläne können „Entwicklungsflächen" im direkten Umfeld und „Trittsteine" zwischen den Schutzgebieten ausweisen. Das gilt speziell für Gebiete mit großflächiger und intensiver landwirtschaftlicher Nutzung, die dadurch arm an Schutz und Lebensraum bietenden Landschaftsstrukturen sind. Auf dieser Grundlage muss die Umsetzung auch auf kommunaler Ebene erfolgen, etwa im Rahmen der kommunalen Landschafts- oder Flächennutzungsplanung.

4 Bedeutung des regionalen Klimaanpassungsprogramms in der Praxis

Bedeutung des Klimaanpassungsprogramms aus der Perspektive des Freistaates Sachsen

Auch Sachsen insgesamt bleibt vom Klimawandel nicht verschont. Neben einem wirksamen Klimaschutz muss man sich daher auf nicht mehr vermeidbare Auswirkungen des Klimawandels einstellen. Anpassungsmaßnahmen sind besonders auf regionaler und lokaler Ebene sinnvoll, denn vor allem dort bestehen Handlungsoptionen und sind Anpassungserfolge direkt spürbar. Die Frage ist hier jedoch, welche Strategien und Maßnahmen flexibel und robust genug sind, um – angesichts der bestehenden Unsicherheiten der Klimamodelle in den Aussagen zur Variabilität des künftigen Klimas – auch auf unerwartete Entwicklungen wirksam reagieren zu können.

Der Freistaat Sachsen hat sich mit dem Staatsministerium für Umwelt und Landwirtschaft sowie dem Staatsministerium des Innern als assoziierter Partner im Projekt REGKLAM engagiert, insbesondere in strategischer Hinsicht. Die Staatsregierung war dabei vor allem an neuen wissenschaftlichen und praxisrelevanten Erkenntnissen interessiert, welche die Kommunen bei der Wahrnehmung ihrer Aufgaben zur Daseinsvorsorge und damit auch zur Anpassung an den Klimawandel unterstützen. Mit dem fachlichen Know-how des Landesamts für Umwelt, Landwirtschaft und Geologie, des Staatsbetriebs Sachsenforst und der Landestalsperrenverwaltung wirkte die sächsische Umweltverwaltung darüber hinaus ganz konkret im Rahmen der genannten Aufgabenschwerpunkte mit.

Aus Sicht der Staatsregierung stellen die in REGKLAM für die Modellregion Dresden erzielten Ergebnisse für die künftige Anpassung sächsischer Kommunen an den Klimawandel wichtige Anregungen dar. Denn diese sind praxisrelevant und hinreichend konkret, um auf kommunale Zusammenhänge in ganz Sachsen übertragen werden zu können. Von entscheidendem Vorteil für die Übertragbarkeit der Ergebnisse ist es, dass die Zwischenresultate und die daraus abgeleiteten Empfehlungen im Projektverlauf wiederholt – unter anderem auch mit kommunalen Entscheidungsträgern und Akteuren – in verschiedenen Veranstaltungsformaten diskutiert und dabei auf ihre Praxistauglichkeit geprüft wurden. Dadurch lassen sie sich künftig landesweit in der Breite für die Anwendung nutzbar machen.

Die Auflistung einiger Beispiele aus der Vielzahl der im Projekt erarbeiteten Lösungen zeigt die Praxisrelevanz der Ergebnisse und Handlungsempfehlungen für die Kommunen auf: Gebäude werden für die zunehmende Hitzebelastung fit gemacht, indem sie durch effiziente Speicher unter dem Haus passiv gekühlt werden. Grün- und Freiflächen in Städten werden in ihrer Größe, Struktur und Vegetation so geplant, dass sie in Hitzeperioden tagsüber und nachts eine optimale Abkühlungswirkung für ihre Umgebung entfalten. Städtische Entwässerungssysteme werden durch Rückstausicherungssysteme und durch eine dezentrale Rückhaltung und Versickerung von Niederschlagswasser an drohende extreme Starkregen angepasst. Die voraussichtlich vom Klimawandel besonders betroffenen wasserabhängigen Ökosysteme werden stabilisiert und es werden geschützte Biotope großräumig vernetzt, um klimabedingte Wanderungsbewegungen von Pflanzen- und Tierarten zu unterstützen.

REGKLAM hat es über die kommunalen Verwaltungen hinaus geschafft, auch weiteren Zielgruppen wie Unternehmen oder Land- und Forstwirten die Notwendigkeit der Anpassung an den Klimawandel verständlich und hinreichend konkret zu vermitteln. Dazu wurden klare Betroffenheiten identifiziert, realistische Handlungsoptionen aufgezeigt und deren konkreter Mehrwert deutlich gemacht. So wurden beispielsweise Empfehlungen für die Unternehmen der gewerblichen Wirtschaft erarbeitet, sich auf betriebliche Anpassungsmaßnahmen einzustellen, welche die Gebäude, die Produktionsanlagen sowie die Energie- und Wasserversorgung betreffen. Für die Landwirte bereitet die sächsische Umwelt- und Landwirtschaftsverwaltung die Ergebnisse aus REGKLAM gesondert auf und gibt ihnen damit umsetzbare Hinweise an die Hand, wie sie ihre Bewirtschaftung an den neuen Herausforderungen des Klimawandels ausrichten können.

Künftig muss es nun darum gehen, noch weitere betroffene Zielgruppen (Unternehmer, Landnutzer, Planer und Bauherren etc.) für Anpassungsmaßnahmen zu sensibilisieren und ihnen zu deren Umsetzung die entsprechenden Erkenntnisse aus REGKLAM zur Verfügung zu stellen. Speziell für die Kommunen soll auch geprüft werden, inwieweit sich dazu bereits bestehende und erfolgreich eingeführte Managementsysteme nutzen und erweitern lassen. Im neuen Energie- und Klimaprogramm „Sachsen 2012" sind im Rahmen der klimapolitischen Strategie „Betroffenheiten ermitteln, Klimafolgen abschätzen und Anpassungsstrategien entwickeln" schon REGKLAM-Ergebnisse berücksichtigt worden.

Das Projekt REGKLAM steht in Sachsen im Bereich der Klimafolgenforschung nicht allein, sondern ordnet sich in eine ganze Reihe entsprechender Vorarbeiten und Ansätze auf Landesebene ein, ergänzt diese oder baut auf diesen auf. Als Beispiele genannt seien an dieser Stelle die Strategie zur Anpassung der sächsischen Landwirtschaft an den Klimawandel, der Aufbau eines landesweiten Klimafolgenmonitorings oder das bundesweit bislang einmalige länderübergreifende Regionale Klima-Informationssystem Sachsen, Sachsen-Anhalt und Thüringen (ReKIS) im Internet.

REGKLAM hat deutlich gemacht, dass die Herausforderungen des Klimawandels nur gemeinsam gelöst werden können. Deshalb ist es wichtig, dass das in der Region Dresden entstandene Netzwerk auch nach dem Ende des Projekts weiter aktiv ist und als landesweiter Multiplikator wirkt – und somit das Thema Klimawandel nicht aus dem Blickfeld gerät.

Bedeutung des Klimaanpassungsprogramms für die Landeshauptstadt Dresden

Der Klimawandel und die Anpassung an dessen Folgen haben bereits seit dem Jahr 1998 Bedeutung für das Handeln der Stadtverwaltung Dresden. Die Stadt Dresden ist aufgrund ihrer Lage im Tal der Elbe und ihrer dichten Bebauung in der historischen Altstadt sehr stark von sommerlicher Hitzeinselbildung betroffen. Zudem stellen die Elbe und die im Stadtgebiet abfließenden Flüsse und Bäche bei langanhaltenden Regenereignissen eine ernsthafte Hochwassergefahr dar. Dies zeigte sich eindrücklich bei der sogenannten Jahrhundertflut im August 2002. In der Folge wurde im Umweltamt intensiv an der Verbesserung des Hochwasserschutzes gearbeitet. Dazu wurde, einem umfassenden Ansatz folgend, das gesamte Gewässersystem einschließlich Grundwasser und Kanalisation betrachtet. Eventuelle klimabedingte Änderungen im Wasserhaushalt sollten berücksichtigt werden – doch auf welcher Grundlage?

Eine andere drängende Frage ist, ob die weitere Stadtentwicklung angesichts der zu erwartenden Erwärmung weiter dem Leitbild der „steinernen Stadt" folgen kann. Untersuchungen zum Stadtklima machen die Wichtigkeit von Freiflächen und Großgrün zur Temperaturregulierung deutlich. Im begrenzten Raum von Städten wie Dresden müssen viele Nutzungsansprüche den notwendigen Platz bekommen. Die Bearbeitung dieser und vieler weiterer Fragen und Themen in einem so groß angelegten interdisziplinären Forschungsvorhaben stellt für eine Kommunalverwaltung eine Chance dar, aber auch eine außerordentliche Beanspruchung der Kapazitäten.

Ein Instrument zur Erhöhung der Anpassungskapazität auf städtischer Ebene ist die Landschaftsplanung. Das langfristige strategische Leitbild Dresden – „Die kompakte Stadt im ökologischen Netz" – setzt Impulse für eine nachhaltige Sicherung und Entwicklung günstiger Umweltverhältnisse in einer kompakten, anpassungsfähigen und lebendigen Stadt. Mit dieser Raumstrategie wird ein langfristiger Stadtumbauprozess planerisch vorbereitet. Der Begriff „ökologisch" steht dafür, dass die Stadt als komplexes, vielschichtiges Ganzes in den Blick genommen wird; Mensch und Natur, Ökologie und Ökonomie werden künftig noch engere Bindungen eingehen. Umweltfunktionen, die von großer Bedeutung sind für die menschliche Existenz oder für die natürlichen Ökosysteme selbst und für deren Regeneration, werden nach Möglichkeit räumlich zusammengeführt. Daraus resultieren in der Regel bandförmige Strukturen als Grundgerüst (vgl. Abbildung 9.2, Abschnitt 3) für das ökologische Netz Dresden.

Synergien zwischen den einzelnen Umweltfunktionen und den stadtplanerischen Zielsetzungen ergeben sich aus der gebündelten Entwicklung und Vernetzung der Funktionsräume. Mit dem ökologischen Netz können sehr vielschichtige Funktionen für das Stadtklima, die Gesundheitsförderung und den Naturhaushalt realisiert und bis in den zentralen Stadtraum hinein wirksam werden.

Die in das ökologische Netz eingebetteten Zellen sind bereits bebaute und gut erschlossene Stadtbereiche, die für den weiteren städtebaulichen Konzentrationsprozess die Bausteine des polyzentralen Stadtorganismus sind. Die weitere Entwicklung der Zellen des Stadtraums hat zum Ziel, die städtischen Daseinsfunktionen mit minimalem Ressourcenverbrauch entsprechend den Bedürfnissen der heutigen wie der künftigen Dresdner Bevölkerung zu ermöglichen. Durch die Kombination kompakter urbaner Zellen und effizienter Infrastrukturen mit einem funktionalen Netz verbundener und ökologisch wirksamer Grünflächen wird das Image der Landeshauptstadt Dresden als vorbildlich durchgrünte und großzügig angelegte Stadt weiter gestärkt.

Die Ausgestaltung des ökologischen Netzes folgt nach Möglichkeit den vorhandenen Strukturen wie Gewässerläufen, Gartenanlagen, Bahn- oder Industriebrachen, die als „Spangen" des ökologischen Netzes fungieren. An diesen Strukturen anzusetzen, ist auch dann sinnvoll, wenn diese im aktuellen Zustand zunächst nur rudimentär oder nur punktuell vorhanden sind. Die ökologische Leistungsfähigkeit und Funktionssicherheit der Spangen wird umso größer, je länger die betreffenden Abschnitte sind und je besser es mit der Zeit gelingt, sie miteinander zu verbinden. Eine große strukturelle Vielfalt gibt auch bedrohten Tier- und Pflanzenarten bessere Überlebenschancen. Die Umsetzung des Leitbilds bedarf einer fortlaufenden Beobachtung, Steuerung und Anpassung an die reale Entwicklung der Rahmenbedingungen.

Durch die Beteiligung der Landeshauptstadt am Verbundprojekt REGKLAM konnten die in der Stadt Dresden schon existierenden Lösungsansätze weiterentwickelt und durch neue Themen erweitert werden. Die während der Projektlaufzeit erarbeiteten Lösungsstrategien sind im Wesentlichen in Planungen der Stadt umzusetzen. So können die gewonnenen Erkenntnisse angewendet und die daraus resultierenden Planungen robuster werden. Der wichtigste Schritt auf diesem Weg ist ein umfassendes politisches Bekenntnis des Verwaltungsvorstands. Die größten Hindernisse dabei sind die nach wie vor existierenden Unsicherheiten bezüglich des zu erwartenden Klimawandels und dessen Ausprägung sowie die teilweise erheblichen Kosten von möglichen Anpassungsmaßnahmen. Vor allem Letztere stehen einer effektiven Umsetzung im Wege. Da die Kosten einer Unterlassung aufgrund der beschriebenen Unsicherheiten eher abstrakt erscheinen, sind Schwierigkeiten in der Kommunikation des Notwendigen immanent. Jedoch hat sich bei dem extrem Hochwasser im Juni 2013 klar gezeigt, dass die zwischenzeitlich realisierten Maßnahmenpakete aus dem umfassenden Plan Hochwasservorsorge die Schäden wirksam reduziert haben. Die eingesetzten Investitionen haben sich binnen eines Zeitraums von weniger als zehn Jahren durch vermiedene Flutschäden bezahlt gemacht.

Das Projekt REGKLAM selbst und das Engagement der Landeshauptstadt innerhalb des Forschungs- und Entwicklungsvorhabens haben in den vergangenen Jahren einen großen Beitrag dazu geleistet, eine breitere Basis für die Kommunikation von Aspekten des Klimawandels zu schaffen und damit sowohl Fachleute innerhalb der Verwaltung als auch politische Entscheidungsträger für die Auseinandersetzung mit dem Thema „Anpassung an den Klimawandel" zu sensibilisieren. Während dieses Prozesses konnten darüber hinaus weitere zu untersuchende Themen identifiziert werden, deren Bearbeitung sich während der Laufzeit des Projekts jedoch noch nicht oder nicht umfassend genug realisieren ließ. Hierzu zählen vor allem die Themen menschliche Gesundheit und Naturschutz. Die Beschäftigung mit der Klimaanpassung wird auch in den kommenden Jahren entscheidend für die Zukunftsfähigkeit Dresdens sein; weitere, bisher noch unbearbeitete Themen müssen hierfür ebenfalls ins Blickfeld rücken. REGKLAM hat hierzu einen initialen Beitrag geleistet.

5 Schlussfolgerungen und Ausblick

Insgesamt sollte man REGKLAM als einen großen Schritt für die Modellregion Dresden und den Freistaat Sachsen hin zu einer umfassend klimagerechten Entwicklung auffassen, welcher die vielfältigen anderen Schritte zu einem besseren Klimaschutz unterstützt und begleitet. Geht es bei Letzterem darum, einen lokalen und regionalen Beitrag dazu zu leisten, den Klimawandel abzuschwächen, verfolgte das Verbundprojekt das Ziel, mit den unvermeidbaren Folgen des Klimawandels besser umzugehen. Insofern ergänzen sich die beiden Ansätze in idealer Weise.

Dies wurde auch daran deutlich, dass REGKLAM in der Region Dresden wie auch im Freistaat Sachsen insgesamt auf enorm großes Interesse eines breiten Kreises wichtiger Akteure gestoßen ist. Diese haben sich umfassend an der Erarbeitung des Klimaanpassungsprogramms beteiligt, die Impulse aus dem Programm aufgegriffen und in ihre eigenen Arbeiten, beispielsweise in den Landesentwicklungsplan und den Flächennutzungsplan der Stadt Dresden, integriert.

Das Vorhaben hat zudem gezeigt, dass Klimaanpassung nur dann erfolgreich ist, wenn alle betroffenen Akteure eng zusammenarbeiten. Denn nur dann ist es möglich, das Denken und Handeln in „Silos", das heißt innerhalb der engen sektoralen Grenzen von fachlichen Zuständigkeitsbereichen, zu überwinden und zu neuen, integrierten Perspektiven zu gelangen. In diesem Sinne sind auch die vielfältigen Initiativen zur Fortführung der Zusammenarbeit in der Region Dresden über das Projektende hinaus zu verstehen.

Zusammenfassung

- Der Klimawandel macht sich in der Region Dresden bereits durch erhöhte Temperaturen und eine veränderte Niederschlagsverteilung bemerkbar.
- Vor allem die Bildung von Hitzeinseln in verdichteten Gebieten stellt die Stadtplanung vor Herausforderungen. Für ein angenehmes Stadtklima und zum Schutz der menschlichen Gesundheit müssen langfristige Konzepte für eine klimagerechte Siedlungsentwicklung erarbeitet und schrittweise realisiert werden.
- Urbane Abwassernetze müssen im Zusammenwirken der Bewirtschafter und der Kommunen an häufigere Überlastungen infolge von Starkregen angepasst werden. Multifunktionale Flächennutzungen bieten zudem Möglichkeiten für attraktive Maßnahmen zur Siedlungsentwicklung.
- Die Lebensraum- und die Ressourcenfunktionen von Gewässern sind eng miteinander verknüpft. Durch entschiedene Umsetzung von Wasserrahmenrichtlinie und Grundwasserrichtlinie lassen sich die Qualität und die Quantität des Trinkwassers langfristig sichern und wasserabhängige Ökosysteme in der Region schützen.
- Bei der Land- und Forstwirtschaft sowie im Weinbau liegen Risiken und Chancen des Klimawandels dicht beieinander. Speziell im Hügelland und im Elbtal ist mit leichten Vorteilen zu rechnen. Ein Risiko ergibt sich jedoch aus den Wetterextremen.
- Betriebe der gewerblichen Wirtschaft benötigen gezielte Sensibilisierung, Beratung und Information, damit sie sich rechtzeitig auf die Auswirkungen des Klimawandels einstellen können; dann lassen sich aber zum Teil auch neue Chancen ergreifen.
- Die Ökosysteme der Region sind durch menschliche Nutzungen teilweise dramatisch in ihrer Selbstregulationsfähigkeit eingeschränkt. Großflächige Entwässerungen um Feuchtgebiete sind zurückzunehmen und die Durchgängigkeit der Landschaft zwischen den Schutzgebieten muss hergestellt werden.

Literatur

Bernhofer, Christian / **Matschullat**, Jörg / **Bobeth**, Achim (Hrsg.), 2009, Das Klima in der REGKLAM-Modellregion Dresden, REGKLAM-Publikationsreihe, Heft 1, Berlin

Bernhofer, Christian / **Matschullat**, Jörg / **Bobeth**, Achim (Hrsg.), 2011, Klimaprojektionen für die REGKLAM-Modellregion Dresden, REGKLAM-Publikationsreihe, Heft 2, Berlin

Hänsel, Stephanie et al. (Hrsg.), 2013, Regionaler Wasserhaushalt im Wandel. Klimawirkungen und Anpassungsoptionen in der Modellregion Dresden, REGKLAM-Publikationsreihe, Heft 5, Berlin.

Korndörfer, Christian, 2008, Was bedeutet ein fortschreitender Klimawandel für die sächsischen Gemeinden? Ansätze zur Bewältigung der Klimafolgen in der Landeshauptstadt Dresden, Sachsenlandkurier, Heft 5, Dresden

Korndörfer, Christian, 2012, Anpassung der Landeshauptstadt Dresden an eine Zukunft mit verändertem Klima und knappen Ressourcen, in: Grünewald, Uwe et al. (Hrsg.), Wasserbezogene Anpassungsmaßnahmen an den Landschafts- und Klimawandel, Stuttgart

Landeshauptstadt Dresden, 2013, Entwurf Landschaftsplan Dresden in der Fassung vom April 2013, Dresden

Meyr, Julian / **Günther**, Edeltraud, 2011, Denken in Zukünften. Möglichkeiten der Szenariotechnik, in: Karczmarzyk, André / Pfriem, Reinhard (Hrsg.), Klimaanpassungsstrategien von Unternehmen, Marburg, S. 203–222

Müller, Bernhard (Hrsg.), 2013, Risiken beherrschen, Chancen nutzen. Die Region Dresden stellt sich dem Klimawandel, Strategiekonzept zum Integrierten Regionalen Klimaanpassungsprogramm für die Region Dresden, Leibniz-Institut für ökologische Raumentwicklung, Dresden

REGKLAM-Konsortium (Hrsg.), 2013, Integriertes Regionales Klimaanpassungsprogramm für die Region Dresden. Grundlagen, Ziele und Maßnahmen, REGKLAM-Publikationsreihe, Heft 7, Berlin

Sauer, Axel / **Schanze**, Jochen, 2011, Methode/Modell zur Projektion von Raumnutzungsänderungen bzw. Änderungen des Flächenbedarfs, Leibniz-Institut für ökologische Raumentwicklung, REGKLAM-Bericht, Nr. P2.4e, Dresden

SMI – Sächsisches Staatsministerium des Innern, 2013, Landesentwicklungsplan 2013, durch die Sächsische Staatsregierung am 12.7.2013 als Rechtsverordnung beschlossen, Dresden

Stechemesser, Kristin / **Günther**, Edeltraud, 2011, Herausforderung Klimawandel. Auswertung einer deutschlandweiten Befragung im verarbeitenden Gewerbe, in: Karczmarzyk, André / Pfriem, Reinhard (Hrsg.), Klimaanpassungsstrategien von Unternehmen, Marburg, S. 59–83

Thum, Marcel / **Baum**, Katja / **Nagel**, Wolfgang, 2012, Volkswirtschaftliche Szenarien für die Modellregion Dresden, REGKLAM-Bericht, Nr. P2.3b, Dresden

Weller, Bernhard / **Fahrion**, Marc-Stefan / **Naumann**, Thomas (Hrsg.), 2013, Gebäudeertüchtigung im Detail für den Klimawandel, REGKLAM-Publikationsreihe, Heft 4, Berlin

Wende, Wolfgang / **Rößler**, Stefanie / **Krüger**, Tobias (Hrsg.), 2014, Grundlagen für eine klimawandelgerechte Stadt- und Freiraumplanung, REGKLAM-Publikationsreihe, Heft 6, Berlin